中国工程院中长期咨询研究项目

重大水利工程安全
基础理论发展战略研究

本项目组　编

中国水利水电出版社
www.waterpub.com.cn

·北京·

内 容 提 要

本书内容来源于中国工程院中长期咨询研究项目，围绕重大水利工程建设和长期运行安全中存在的关键科学问题以及学科领域发展的国际前沿问题，从水工材料性能演化理论、高坝结构性能演变理论、高陡边坡安全控制理论、复杂坝基渗控安全与抗滑稳定理论、高坝建设智能监控理论、高坝泄流消能与安全防护理论、高坝抗震安全理论、跨流域调水及地下工程安全理论、梯级水库群调度运行安全理论、水力发电系统耦联动力安全理论及重大水利工程修复加固理论与技术等 11 个领域开展了重大水利工程安全基础理论发展战略研究，系统总结了各领域目前的研究现状和发展趋势，并对各领域的优先发展方向给出了具体的建议。本书的出版将推动我国重大水利工程安全基础理论研究创新发展，为今后开展重大水利工程建设与安全运行研究提供指导，具有重要的参考价值。

本书适合水利水电工程专业高校师生，以及科研院所、建设管理单位、设计及施工单位相关专业人员使用。

图书在版编目（CIP）数据

重大水利工程安全基础理论发展战略研究 / 重大水
利工程安全基础理论发展战略研究项目组编. -- 北京：
中国水利水电出版社，2019.9
中国工程院中长期咨询研究项目
ISBN 978-7-5170-8068-8

Ⅰ.①重… Ⅱ.①重… Ⅲ.①水利工程－安全管理－
研究 Ⅳ.①TV513

中国版本图书馆CIP数据核字（2019）第217422号

书　　名	中国工程院中长期咨询研究项目 **重大水利工程安全基础理论发展战略研究** ZHONGDA SHUILI GONGCHENG ANQUAN JICHU LILUN FAZHAN ZHANLÜE YANJIU
作　　者	本项目组　编
出版发行	中国水利水电出版社 （北京市海淀区玉渊潭南路 1 号 D 座　100038） 网址：www.waterpub.com.cn E - mail：sales@waterpub.com.cn 电话：（010）68367658（营销中心）
经　　售	北京科水图书销售中心（零售） 电话：（010）88383994、63202643、68545874 全国各地新华书店和相关出版物销售网点
排　　版	中国水利水电出版社微机排版中心
印　　刷	清淞永业（天津）印刷有限公司
规　　格	184mm×260mm　16 开本　14.5 印张　344 千字
版　　次	2019 年 9 月第 1 版　2019 年 9 月第 1 次印刷
印　　数	0001—1000 册
定　　价	**75.00 元**

本项目组成员名单

项目负责人： 钟登华（天津大学）

顾　　问： 马洪琪（华能澜沧江水电股份有限公司）

　　　　　　缪昌文（东南大学）

编 写 人 员： 钮新强（长江勘测规划设计研究院）

　　　　　　孔宪京（大连理工大学）

　　　　　　贾金生（中国水利水电科学研究院）

　　　　　　李庆斌（清华大学）

　　　　　　许唯临（四川大学）

　　　　　　周创兵（南昌大学）

　　　　　　练继建（天津大学）

　　　　　　程春田（大连理工大学）

　　　　　　胡少伟（水利部交通运输部国家能源局南京水利科学研究院）

　　　　　　刘国华（浙江大学）

　　　　　　周　伟（武汉大学）

前言 FOREWORD

  中华人民共和国成立 60 多年来，我国的水利建设事业取得了辉煌的成就，长江三峡、黄河小浪底等重大工程的成功建设和运行，充分显示了我国水利工程建设水平和水利科技发展成就。"十二五"期间，我国水利建设完成总投资超过 2 亿元，再创历史新高，大批重大水利工程投入建设，水利工程师们攻坚克难，复杂环境条件下高坝建设等难题都一一得到了解决，我国水利工程建设水平进一步得到了提高。"十三五"时期是全面建成小康社会的决胜阶段，也是加快水利改革发展、全面提升水安全保障能力的关键时期，重大水利工程的安全基础理论研究至关重要。在这样的背景下，本书对水工材料性能演化理论、高坝结构性能演变理论、高陡边坡安全控制理论、复杂坝基渗控安全与抗滑稳定理论、高坝建设智能监控理论、高坝泄流消能与安全防护理论、高坝抗震安全理论、跨流域调水及地下工程安全理论、梯级水库群调度运行安全理论、水力发电系统耦联动力安全理论及重大水利工程修复加固理论与技术等 11 项内容进行了探索和研究，总结出现阶段的研究现状和发展趋势，为各个学科理论的优先发展方向给出建议。

  全书共分为 13 章，第 1 章为绪论，阐述了国内外重大水利工程安全研究现状与发展趋势，并指出了本研究的战略地位和意义。第 2～12 章分别围绕水工材料性能演化理论、高坝结构性能演变理论、高陡边坡安全控制理论、复杂坝基渗控安全与抗滑稳定理论、高坝建设智能监控理论、高坝泄流消能与安全防护理论、高坝抗震安全理论、跨流域调水及地下工程安全理论、梯级水库群调度运行安全理论、水力发电系统耦联动力安全理论及重大水利工程修复加固理论与技术等 11 项内容分析总结了重大水利工程安全基础理论的研究进展，凝练出各个方向拟解决的关键科学问题，并指出了各自的优先发展方向。第13章为总结与展望，对全书进行了总结与归纳，并提出了相应的措施或政策建议。本书为重大水利工程安全基础理论研究工作提供了统一的科学认识、强有力的技术支撑和方向引导。

本书在中国工程院咨询研究项目资助下，由"重大水利工程安全基础理论发展战略研究"项目组编写。项目组主要成员包括钟登华院士、马洪琪院士、缪昌文院士、钮新强院士、孔宪京院士、贾金生教高、李庆斌教授、许唯临教授、周创兵教授、练继建教授、程春田教授、胡少伟教授、刘国华教授、周伟教授等。

在本书编写过程中，得到了其他许多学者及专家的大力支持与指导，在此一并表示衷心的感谢。

作者
2019 年 5 月

目录

CONTENTS

前言

第1章 绪论 ……………………………………………………………… 1

1.1 国内外重大水利工程安全研究现状 …………………………………… 1

1.1.1 水工材料性能演化理论研究现状概述 …………………………… 1

1.1.2 高坝结构性能演变理论研究现状概述 …………………………… 2

1.1.3 高陡边坡安全控制理论研究现状概述 …………………………… 3

1.1.4 复杂坝基渗控安全与抗滑稳定理论研究现状概述 ……………… 4

1.1.5 高坝建设智能监控理论研究现状概述 …………………………… 4

1.1.6 高坝泄流消能与安全防护理论研究现状概述 …………………… 5

1.1.7 高坝抗震安全理论研究现状概述 ………………………………… 6

1.1.8 跨流域调水及地下工程安全理论研究现状概述 ………………… 6

1.1.9 梯级水库群调度运行安全理论研究现状概述 …………………… 7

1.1.10 水力发电系统动力安全理论研究现状概述 …………………… 8

1.1.11 重大水利工程修复加固理论与技术研究现状概述 …………… 8

1.2 国内外重大水利工程安全研究发展趋势 ……………………………… 9

1.2.1 水工材料性能演化理论研究发展趋势概述 ……………………… 9

1.2.2 高坝结构性能演变理论研究发展趋势概述 ……………………… 9

1.2.3 高陡边坡安全控制理论研究发展趋势概述 ……………………… 9

1.2.4 复杂坝基渗控安全与抗滑稳定理论研究发展趋势概述 ………… 10

1.2.5 高坝建设智能监控理论研究发展趋势概述 ……………………… 10

1.2.6 高坝泄流消能与安全防护理论研究发展趋势概述 ……………… 10

1.2.7 高坝抗震安全理论发展趋势概述 ………………………………… 11

1.2.8 跨流域调水及地下工程安全理论发展趋势概述 ………………… 11

1.2.9 梯级水库群调度运行安全理论发展趋势概述 …………………… 11

1.2.10 重大水利工程修复加固理论与技术发展趋势概述 …………… 11

1.3　国内外重大水利工程安全研究战略地位和意义 ……………………… 12

第2章　水工材料性能演化理论发展趋势研究 ………………………… 14

2.1　水工材料性能演化理论发展趋势研究进展 ……………………… 14

2.1.1　概述 ……………………………………………………… 14

2.1.2　水工混凝土材料 ………………………………………… 15

2.1.3　新型水工混凝土材料 …………………………………… 19

2.1.4　其他水工材料 …………………………………………… 21

2.1.5　混凝土材料强度理论 …………………………………… 24

2.1.6　混凝土材料变形及损伤理论 …………………………… 25

2.1.7　混凝土材料耐久性 ……………………………………… 25

2.1.8　水工混凝土材料损伤与断裂 …………………………… 26

2.1.9　水工混凝土材料动态特性研究 ………………………… 29

2.2　水工材料性能演化理论发展趋势研究关键科学问题 …………… 30

2.2.1　严酷环境下材料劣化与结构性能演变交互机制 ……… 30

2.2.2　水工材料环境友好及其长效服役性能演化机制 ……… 31

2.2.3　基体表面与防护材料结合过程机理 …………………… 31

2.2.4　水工结构长效服役指标体系与评定方法 ……………… 31

2.2.5　多场耦合下水工材料的本构及模拟理论 ……………… 32

2.3　水工材料性能演化理论发展趋势研究重点发展方向 …………… 32

2.3.1　节能降耗、环境友好型水泥基材料设计与制备 ……… 32

2.3.2　严酷条件下水工材料施工与自养护、自修复、自免疫混凝土技术 … 33

2.3.3　水工材料长期服役特性与长效调控机制 ……………… 34

2.3.4　特高坝混凝土高抗裂性、超高耐久性及动力学特性研究 … 34

2.3.5　水工混凝土服役性能新型检测评估技术与新型修补材料及加固技术 … 35

参考文献 ………………………………………………………………… 35

第3章　高坝结构性能演变理论发展趋势研究 ………………………… 38

3.1　高坝结构性能演变理论发展趋势研究进展 ……………………… 38

3.1.1　高重力坝 ………………………………………………… 38

3.1.2　高拱坝 …………………………………………………… 42

3.1.3　高土石坝 ………………………………………………… 47

3.1.4　高胶结材料坝 …………………………………………… 48

3.1.5　胶凝砂砾石坝 …………………………………………… 48

3.1.6　堆石混凝土坝 …………………………………………… 50

3.2　高坝结构性能演变理论发展趋势研究关键科学问题 …………… 51

3.2.1　高效超大规模的大坝结构与仿真方法 ………………… 51

3.2.2　大坝结构性能演变机理与规律 ………………………… 52

3.2.3　大坝破坏准则与安全评估方法 ………………………… 53

3.3　高坝结构性能演变理论发展趋势研究优先发展方向 ·············· 53

   3.3.1　高坝材料真实性能及其演变机理·························· 53

   3.3.2　高坝真实性能及其演变机理 ····························· 54

   3.3.3　高坝安全分析方法与控制技术 ··························· 55

 参考文献 ·· 56

第4章　高陡边坡安全控制理论发展趋势研究 ······················· 58

4.1　高陡边坡安全控制理论发展趋势研究进展 ···················· 58

   4.1.1　高陡边坡孕育演化历史与坡体结构特征 ················· 59

   4.1.2　高陡边坡开挖扰动机制与爆破振动控制 ················· 60

   4.1.3　高陡边坡锚固支护机理与性能演化规律 ················· 61

   4.1.4　高陡边坡渗流分析理论与控制技术 ····················· 63

   4.1.5　高陡边坡变形与稳定分析理论与控制技术 ··············· 65

   4.1.6　高陡边坡安全监测、反馈与预警技术 ··················· 67

   4.1.7　高陡边坡安全控制理论与优化设计方法 ················· 68

4.2　高陡边坡安全控制理论发展趋势研究关键科学问题 ············ 69

   4.2.1　复杂环境下高陡边坡变形与稳定性演化机制 ············· 69

   4.2.2　复杂环境下高陡边坡渗流与变形协同控制理论 ··········· 70

4.3　高陡边坡安全控制理论发展趋势研究优先发展方向 ············ 71

   4.3.1　高陡边坡锚固机理与长期性能演化特征 ················· 71

   4.3.2　复杂环境下高陡边坡变形与渗流协同控制理论 ··········· 72

   4.3.3　高陡边坡全生命周期安全监测与预警技术 ··············· 72

 参考文献 ·· 72

第5章　复杂坝基渗控安全与抗滑稳定理论研究 ··················· 75

5.1　复杂坝基渗控安全与抗滑稳定理论研究进展 ·················· 75

   5.1.1　基础渗控安全研究进展 ································· 75

   5.1.2　抗滑稳定理论研究进展 ································· 80

5.2　复杂坝基渗控安全与抗滑稳定理论研究面临的关键科学问题 ···· 84

   5.2.1　基础渗控安全研究 ····································· 84

   5.2.2　抗滑稳定理论研究 ····································· 85

5.3　复杂坝基渗控安全与抗滑稳定理论研究优先发展方向 ·········· 88

   5.3.1　基础渗控安全研究 ····································· 88

   5.3.2　抗滑稳定理论研究 ····································· 89

5.4　小结 ·· 90

 参考文献 ·· 91

第6章　高坝建设智能监控理论发展趋势研究 ····················· 93

6.1　高坝建设智能监控理论发展趋势研究进展 ···················· 93

   6.1.1　高坝建设进度仿真与控制研究进展 ····················· 94

6.1.2 高坝建设质量监控研究进展 ·· 95

6.1.3 高混凝土坝建设温控研究进展 96

6.1.4 高坝岩基灌浆质量监控研究进展 ·· 98

6.2 高坝建设智能监控理论发展趋势研究关键科学问题 ···························· 100

6.3 高坝建设智能监控理论发展趋势研究优先发展方向 ···························· 101

6.3.1 高寒复杂条件下高坝工程建设进度智能仿真理论与方法 ···················· 101

6.3.2 高寒复杂条件下高坝建设质量智能监控理论与方法 ·························· 101

6.3.3 高坝工程岩基灌浆智能监控理论与方法 ·· 102

6.3.4 高寒复杂条件下混凝土坝多场耦合模拟及全生命期真实工作性态实时动态
反馈仿真方法 ·· 102

6.3.5 高坝建设性能动态评估与调控方法 ·· 103

6.3.6 高坝建设过程智能监控集成系统与智能工程管理体系 ······················ 103

参考文献 ··· 103

第7章 高坝泄流消能与安全防护理论发展趋势研究 ······························ 106

7.1 高坝泄流消能与安全防护理论发展趋势研究进展 ······························ 106

7.1.1 消能与防冲研究从传统的总流理论发展到流场理论 ························· 107

7.1.2 空化空蚀与掺气减蚀研究从传统宏观尺度深化到细观尺度 ················ 109

7.1.3 流固耦合研究从单纯的破坏防治发展到过流结构的实时检测 ·············· 111

7.1.4 泄洪雾化预测形成了计算和试验相结合的模拟方法体系 ··················· 113

7.1.5 水气二相流的界面作用机制和高速气流运动研究不断深化 ················ 114

7.1.6 数值模拟成为高坝泄洪消能的重要研究方法之一 ··························· 115

7.1.7 高坝泄洪消能对周围环境生态的影响日益受到关注 ························ 117

7.2 高坝泄流消能与安全防护理论发展趋势研究关键科学问题 ···················· 118

7.2.1 高坝泄流消能多相流动细观尺度行为与水力调控机制 ······················ 118

7.2.2 高速水流与结构物的相互作用及振动传播规律 ······························ 119

7.2.3 模型与原型的相似性及缩尺效应 ·· 120

7.2.4 高坝泄流特殊水力现象的数值模拟新方法 ···································· 120

7.2.5 高坝泄洪消能的环境生态影响 ·· 121

7.3 高坝泄流消能与安全防护理论发展趋势研究优先发展方向 ···················· 122

7.3.1 从细观到宏观、理论到工程的多相、多尺度分析 ···························· 122

7.3.2 高坝泄洪精细数值模拟方法与技术 ·· 122

7.3.3 高坝工程泄流消能对生态环境的影响及减缓措施 ···························· 122

7.3.4 高坝泄流消能与安全保障技术 ·· 123

7.3.5 全服役期高坝泄流安全的预测、预报、预警 ·································· 123

7.3.6 低气压环境高速水流特性 ·· 123

参考文献 ··· 123

第8章　高坝抗震安全理论发展趋势研究 ·· 126

　8.1　高坝抗震安全理论发展趋势研究进展 ··································· 126

　　8.1.1　抗震设防标准及地震动作用 ·· 127

　　8.1.2　筑坝材料的静动态力学特性 ·· 130

　　8.1.3　高坝地震响应分析技术 ·· 132

　　8.1.4　高坝抗震安全评价准则 ·· 134

　　8.1.5　大坝抗震安全风险评估及抗震措施 ································ 135

　8.2　高坝抗震安全理论发展趋势研究关键科学问题 ····················· 139

　8.3　高坝抗震安全理论发展趋势研究重点研究方向 ····················· 144

　　8.3.1　地震动特征及其作用机制 ·· 144

　　8.3.2　筑坝材料动力特性及基于应变率的静动态统一本构模型 ········ 145

　　8.3.3　强震下高坝非线性地震响应分析技术与方法 ···················· 145

　　8.3.4　高坝基于性能的抗震设防和评价标准及抗震工程措施 ·········· 146

　8.4　小结 ··· 147

　参考文献 ··· 147

第9章　跨流域调水及地下工程安全理论发展趋势研究 ·············· 149

　9.1　跨流域调水及地下工程安全理论发展趋势研究进展 ················· 149

　　9.1.1　深埋隧洞工程的勘探、试验及测试技术 ························· 149

　　9.1.2　深埋隧洞围岩开挖卸荷响应规律与动态调控机制 ··············· 154

　　9.1.3　穿越活动断层的衬砌结构形式选择与抗断措施 ·················· 156

　　9.1.4　隧洞围岩-衬砌结构联合承载机理与设计理论 ·················· 159

　9.2　跨流域调水及地下工程安全理论发展趋势研究关键科学技术问题 ···· 162

　　9.2.1　深埋隧洞超前地质预报 ·· 162

　　9.2.2　突水突泥灾害预测预警及防治 ····································· 162

　　9.2.3　深埋隧洞开挖围岩响应模式与灾变机制 ························· 162

　　9.2.4　深埋隧洞围岩-支护体系协同承载机理、灾害防控理论与技术 ··· 163

　　9.2.5　深埋隧洞的长期运行安全与全寿命设计理论 ···················· 163

　9.3　跨流域调水及地下工程安全理论发展趋势研究重点研究方向 ········ 163

　　9.3.1　深埋隧洞工程勘探、测试技术与围岩分类方法 ·················· 163

　　9.3.2　深埋隧洞围岩大变形及岩爆预测与防控技术 ···················· 164

　　9.3.3　隧洞穿越活断层围岩-衬砌灾变机制与抗断技术 ················ 164

　　9.3.4　深埋隧洞围岩-支护体系协同承载机理与全寿命设计理论及方法 · 165

　　9.3.5　高压水害等不良地质条件下深埋长隧洞施工灾害处治技术 ······ 166

　参考文献 ··· 166

第10章　梯级水库群调度运行安全理论发展趋势研究 ················ 169

　10.1　梯级水库群调度运行安全理论发展趋势研究进展 ·················· 169

　　10.1.1　梯级水库群优化调度运行发展过程 ····························· 170

　　10.1.2　梯级水库群优化调度求解方法研究进展 ·· 176

10.2　梯级水库群调度运行安全理论发展趋势研究关键科学问题 ············· 182

　　10.2.1　从全局和系统多时空尺度研究水库群调度 ····························· 182

　　10.2.2　超大规模梯级水库群调度系统的"维数灾"问题 ····················· 182

　　10.2.3　耦合复杂社会-经济因素的梯级水库群体调度运行优化 ············· 183

10.3　梯级水库群调度运行安全理论发展趋势研究优先发展方向 ············· 183

　　10.3.1　库群和电网耦合调度理论 ··· 183

　　10.3.2　库群-河网-电网复杂系统的量能质耦合理论 ·························· 188

参考文献 ··· 192

第11章　水力发电系统耦联动力安全理论发展趋势研究 ·························· 194

11.1　水力发电系统耦联动力安全理论发展趋势研究进展 ······················ 194

　　11.1.1　水轮发电机组的空化与磨蚀研究进展和趋势 ·························· 195

　　11.1.2　水力发电系统瞬态动力学及机组运行控制策略研究进展和趋势 ··· 196

　　11.1.3　水轮发电机组-厂房结构耦联振动研究进展和趋势 ··················· 196

　　11.1.4　水力发电系统在线状态监测、故障诊断与安全预测研究进展和趋势 ·· 201

　　11.1.5　水电站运行综合优化和智能化运行研究进展和趋势 ················· 202

11.2　水力发电系统耦联动力安全理论发展趋势研究关键科学问题 ··········· 203

　　11.2.1　非定常多相流动的空蚀空化及磨蚀问题 ······························· 203

　　11.2.2　水力发电系统瞬态动力学与控制理论问题 ···························· 203

　　11.2.3　水轮发电机组与厂房结构耦联振动机理与预测理论问题 ··········· 204

　　11.2.4　水力发电系统故障诊断与安全保障问题 ······························· 204

　　11.2.5　多特性能源与电网互响应机制与耦合优化问题 ······················ 204

11.3　水力发电系统耦联动力安全理论发展趋势研究优先发展方向 ··········· 204

参考文献 ··· 205

第12章　重大水利工程修复加固理论与技术发展趋势研究 ······················ 208

12.1　重大水利工程修复加固理论与技术发展趋势研究进展 ··················· 208

　　12.1.1　安全监测技术进展 ·· 208

　　12.1.2　工程安全评价技术进展 ·· 209

　　12.1.3　水利工程质量检测与健康诊断技术 ······································ 210

　　12.1.4　修补加固技术 ··· 210

12.2　重大水利工程修复加固理论与技术发展趋势研究关键科学问题 ········· 211

　　12.2.1　整体真实安全度评估理论与方法 ··· 211

　　12.2.2　全寿命过程仿真理论与状态预测方法 ··································· 211

　　12.2.3　考虑高压水等复杂环境作用的材料劣化老化机制 ··················· 211

12.3　重大水利工程修复加固理论与技术发展趋势研究优先发展方向 ········· 212

　　12.3.1　全寿命过程真实性态仿真与整体真实安全度评估理论 ············· 212

　　12.3.2　大坝隐患探测技术与病害诊断方法 ······································ 212

12.3.3　深水疏浚与水下构筑物修复技术与装备 ················ 213

12.3.4　大坝深水检测修补潜水器与加固平台 ················ 214

参考文献 ·· 214

第 13 章　总结与展望 ·································· 216

第 1 章

绪论

1.1 国内外重大水利工程安全研究现状

1.1.1 水工材料性能演化理论研究现状概述

水工混凝土是水工结构的基本单元，对水工材料性能的演化规律进行研究，是工程结构分析的基础，更关乎重大水利工程的建设与运行安全。水工混凝土的材料组成多样，而在重大水利工程建设中，已有许多新型水工材料得以研发和使用，比如碾压混凝土、微膨胀混凝土、纤维混凝土等，这些材料的应用提高了水工混凝土的力学性能，很大程度上满足了工程对材料的耐久性、抗裂性等的要求。

水工混凝土材料的本构关系与强度理论是进行结构分析的基础，在现有的研究中，双剪强度理论和统一强度理论均获得了新的研究成果，但是由于许多模型需要实验数据的支持且需要参数众多，使得许多强度理论仍然未能得到广泛的推广和应用。

裂缝的扩张演变是水工结构中的常见问题，针对裂缝的性态和扩展过程，学者运用有限元数值模拟技术、混沌理论和分形几何方法等对裂缝性态演化进行了研究。由于混凝土结构往往处于带缝工作状态，为了防止由于裂缝的扩张导致结构损伤，学者们对材料的损伤断裂理论进行了研究。混凝土损伤力学模型的研究经历了从非线性断裂模型到混凝土虚拟裂缝模型，再到裂缝带模型的过程。现有的研究中，基于虚拟裂缝模型提出了混凝土双 K 断裂理论与新 KR 阻力曲线理论，揭示了混凝土断裂过程中的韧度增值机理，这个理论得到了国际学者的广泛关注。经过多年研究，混凝土断裂损伤过程的离散裂缝模拟与弥散裂缝模型之间的差异在逐渐缩小，现有研究将模型试验与数值模拟相结合，以双 K 断裂为准则开发数值模拟子程序，对动态荷载作用下混凝土的断裂损伤过程进行了模拟研究，但是仍然需要通过不断的实验和模拟计算分析混凝土断裂损伤过程，为混凝土工程的抗裂设计提供坚实可靠的理论基础。

同时，大坝混凝土的动态抗拉强度是影响大坝抗震安全的关键因素，是大坝混凝土动态抗力试验研究的重点内容。现有研究中一般通过数值模拟方法对混凝土动态特性进行研究，但是研究较少，仍然需要更多地探索和研究，更好地描述混凝土的动态特性。

1.1.2　高坝结构性能演变理论研究现状概述

对于高碾压混凝土坝、高拱坝、高堆石坝和胶结材料坝这四种坝型的结构设计与性能分析已取得了重要的理论研究成果。

对于重力坝，尤其对于高碾压混凝土重力坝，其工作性能与抗震能力是目前高重力坝的研究热点。由于碾压混凝土重力坝采用通仓浇筑、分层碾压的施工方式，加之其采用有别于常态混凝土的施工材料，对其结构设计和性能分析也有别于常态混凝土坝。随着碾压混凝土坝坝高的提升，其温控问题得到了广泛的关注，许多学者对其温度场、应力场进行分析，研究碾压混凝土坝温度裂缝控制措施；同时，层间结合面是碾压混凝土坝的薄弱环节，层间结合面的抗渗性以及扬压力作用下的坝踵安全是碾压混凝土重力坝的研究重点；对于高碾压混凝土重力坝的抗震安全评价是提高大坝安全性的研究重点，经过多年的研究，抗震安全评价体系得到了改进和发展，地震作用的分析也日趋精细，抗震措施的研究和抗震安全风险分析也取得了很大进展。

对于高拱坝，①由于实验室获取的材料热、力学参数与实际情况有所差距，为了获取真实的材料性能，学者提出了改进的实验技术，提高了实验的精度；②对混凝土在蓄水过程中的性能演变进行研究十分有必要，目前的研究集中于混凝土内水分运动、实验室渗透实验和混凝土应用渗流研究等，仍然需要针对动态荷载状态下混凝土内水分作用进行研究，描述各种水环境中混凝土的真实性能演变；③横缝是拱坝结构性能演变的重要环节，对于混凝土微观结构的研究产生了许多微观界面黏结模型，但是对于新老混凝土界面黏结机理的研究多为实验分析方法，得到的是定性分析结果；④有限元数值模拟方法被应用于混凝土的结构断裂性能分析，但是对于混凝土的真实断裂性能和演变的分析还需进一步研究；⑤在高拱坝全生命周期的安全控制研究中，针对温度控制、变形控制和人员参与方面都取得了一定的研究成果，为大体积混凝土的温度计算和控制、施工进度管理、复杂工程施工运行过程的管理提供了有效且科学的方法。

对于高土石坝，围绕变形控制与防渗安全这两个核心问题开展了一系列研究，包括：①通过室内实验和现场实验，结合数值模拟和实际工程的反演分析，对土石坝的筑坝材料的工程特性进行探索和研究，发展丰富了实验方法、本构模型等；②复杂条件下土石坝性态演变预测模拟技术取得了长足的进步和发展；③对坝体变形协调控制与面板抗裂进行了研发，解决了因变形不协调引起的面板积压破坏等安全问题，同时提出了动态稳定止水新理念，为解决高混凝土面板堆石坝防渗安全问题提供了有效的方法；④提出了数字大坝理论，对土石坝坝体填筑施工质量进行实时监控，并应用新兴技术对大坝变形进行自动化测量，提高了高土石坝填筑质量与安全控制效率。

对于高胶结材料坝，这是一种新型的坝型，分为胶结砂砾石坝和堆石混凝土坝。目前的研究为胶结砂砾石坝的材料设计和结构设计提供了有效的方法，并提出了施工流程和质量控制体系；为堆石混凝土坝提供了强度、抗渗性能和热物理的实验参数结果，开展了自密实混凝土实验和数值模拟，对复杂堆石体的密实度和交界面的物理特性进行了研究。

1.1.3　高陡边坡安全控制理论研究现状概述

在我国西南地形复杂地区修建大型水利工程，必然会面临高陡边坡安全控制问题，这也是制约水利水电工程建设与运行的关键技术的难题之一。在十多年的大型水利工程建设的推动下，高陡边坡安全控制理论取得了一定的研究进展。

在高陡边坡孕育与演化历史和坡体结构特征研究方面，学者总结出了我国西南地区高边坡孕育与演化的动力过程和变形破坏机制，并对深部裂缝进行了深入的研究；同时考虑到西南地区活跃的构造运动、快速的河谷演化和强烈的卸荷作用对河谷高边坡的坡体结构带来的影响，学者对河谷地应力场的分布规律和高边坡的变形破坏模式等进行了深入的研究，为高陡边坡稳定性评价和变形分析提供了支撑。

在高陡边坡开挖扰动机制与爆破振动控制研究方面，国外学者针对深部围岩进行了研究，在此基础上，国内学者以实际工程为背景，对岩体开挖扰动区的形成机制进行了研究；依赖边坡岩体的变形与松弛检测等手段对边坡岩体开挖扰动区的时空演化规律进行了研究和分析；依托实际工程，国内学者应用现场实验或工程类比方法对高陡边坡开挖扰动效应控制进行研究，提出了高应力区边坡的合理爆破开挖方案和优化的轮廓爆破方式，但是计算理论和设计方法还需要进一步的研究和探索。

在高陡边坡锚固支护机理与性能演化规律研究方面，大量的研究与工程实践表明预应力锚杆对于高陡边坡具有良好的加固效果。学者在实际工程的基础上，建立了一系列预应力阻滑效应理论分析模型和锚固岩体综合力学模型，为高陡边坡加固效果的评价提供了重要支撑；同时，对两种联合加固措施的相互作用机制和优化设计方法进行了研究，为高陡边坡联合加固措施的优化设计提供了依据。由于锚固体系的耐久性至关重要，许多学者对预应力锚索的长期性能演化规律等进行了研究，并研发了新型的外锚头段防护结构和预应力锚索工作性态智能诊断系统，能够实现对锚固体系的安全评价。

在高陡边坡渗流分析理论与控制技术研究方面，学者对工程枢纽区的水文地质条件、岩体渗透特性、地下水渗流规律、渗流场数值模拟方法、渗流控制技术、优化设计方法与检测反馈分析等方面进行了研究，并取得了长足的研究进展，对高陡边坡的变形和稳定性评价以及安全控制提供了有效的理论与技术支撑。

在高陡边坡变形、稳定分析理论与控制技术研究方面，针对高陡边坡的变形破坏机制、边坡岩体的时效力学特性与本构模型、变形与稳定性的分析理论方法与控制技术等方面的研究成果为边坡开挖和加固设计方案的优化提供了依据，保障了边坡的长期稳定、安全。

在高陡边坡安全监测、反馈与预警技术研究方面，依托变形、射流、应力和微震监测信息以及实际工程，高陡边坡反馈分析与安全评估、长期变形与稳定性预测预警研究取得了显著的成果，并建成了用于岩质边坡的微地震监测系统，为深切河谷区高拱坝谷幅变形分析、预测与控制提供了有效的手段。

在高陡边坡安全控制理论与优化设计方法研究方面，针对实际工程中高陡边坡的复杂特性，学者对高陡边坡在长期运行中的变形、渗流与稳定性进行了监测、反馈、评价和动态调控研究，提出了基于性能演化或变形稳定性的综合评价指标体系和基于过程控制或全生命周期性能演化的边坡动态优化方法，在高陡边坡安全控制方面取得了较大的成果。

1.1.4　复杂坝基渗控安全与抗滑稳定理论研究现状概述

在基础渗控安全研究方面，①国内外学者对高性能灌浆材料进行了探索和研究，研究灌浆材料在土体中的扩散机理，并进行了灌浆新技术的研究和开发，为复杂基础的灌浆处理提供了新的方法，保障了基础的渗控安全；②对渗透性参数的测试方法进行了研究，提出了微水试验等快速、高效的渗透性参数测试方法，并针对岩体的渗透性对岩体的裂隙特征进行了模拟和分析；③当前研究一般通过等效连续介质方法、离散网络方法和双重介质方法等进行渗流分析，在此基础上对渗流进行控制，渗流控制已发展为防渗和排水并重，学者根据实际的工程地质条件，对渗流控制系统的优化设计方法进行研究；④学者对新型的减压井进行了研究开发，并对工程全过程的渗流安全评价和调控进行了研究。

在抗滑稳定理论研究方面，目前主要应用有限单元法对高坝抗滑稳定理论模型进行数值模拟，在此基础上，学者发展出了一些新的理论方法，为精确模拟岩体裂隙和破坏机理提供了有效的方法；材料参数取值存在很大的不确定性，这也是当今研究的重点和难点。针对计算方法的精致与材料参数的粗糙之间存在的矛盾，学者引入可靠度理论来解决，但是对于抗滑安全稳定的评价并不能够考虑大坝的渐进破坏机理和稳定性演化过程，相关的理论和方法还需要进一步的研究和探索；而对于复杂地质条件下高坝坝基静动力抗滑稳定分析理论与控制方法的研究取得了重大的研究进展，包括考虑变形全过程的高坝基础整体稳定安全分析理论、基于极限状态设计的重力坝稳定分析方法、高坝整体稳定地质力学模型试验技术及安全评价方法，这些理论与方法为高坝坝基的抗滑稳定问题提供了有力的解决方案，为保障工程安全提供了技术手段。

1.1.5　高坝建设智能监控理论研究现状概述

在高坝建设进度仿真与控制研究方面，①国内外学者采用系统工程的观点分析高坝建设过程，利用离散事件仿真技术构建相应的施工仿真模型，对高坝建设过程进行模拟，从而仿真得到建设工期、施工强度、机械利用率等施工参数；②对仿真过程和结果可以利用三维可视化技术进行直观表现，系统提出了可视化仿真研究理论与方法；③随着虚拟现实技术的发展，提出了基于虚拟现实技术的高坝建设仿真理论与方法，使用户能够沉浸在虚拟仿真环境中，并对仿真过程进行实时交互查询与分析。

在高坝建设质量监控研究方面，随着信息化、网络化和计算机技术的发展，高坝建设过程在传统的以人工采集手段为主的施工控制的基础上，逐渐向数字化发展，提出了数字大坝理论与技术，实现了对大坝施工质量、进度等方面施工信息的实时采集和动态处理，在有效减少人力投入的前提下，实现了施工信息的全过程、实时、在线分析，以及施工信息的集成和共享，为建设者进行施工信息决策和施工过程控制提供了强大的科学手段。

在高混凝土坝建设温控研究方面，有限元仿真分析方法已经成为把握混凝土温度与应力变化过程的主要研究手段。围绕混凝土硬化过程中的热力学模型、通水冷却的模拟、动态温度边界条件的模拟、各种缝的性态模拟等方面开展了大量卓有成效的研究工作，并结合实际高混凝土坝工程取得了较好的应用效果。

在高坝基础灌浆监控研究方面，在对包括钻孔参数、压水实验及灌浆施工参数等灌浆参数的自动记录及动态监测方面取得了较多的研究成果，采用数值模拟的手段对浆液在裂隙的扩散过程进行分析也取得了初步研究进展，对灌浆质量的评价也从以往的单一指标评价逐渐向综合评价方向发展。

1.1.6 高坝泄流消能与安全防护理论研究现状概述

随着我国水利工程规模日益增大，高坝工程也越来越多，泄流消能与安全防护问题也获得了越来越高的重视。近年来，依托实际工程，高坝泄流消能与安全防护理论研究取得了一定的进展。

消能放冲研究从传统的总流理论发展到流场理论：提出了基于复杂三维流动研究成果的新型消能型式，但是泄洪消能方案要根据枢纽位置的地形地质条件等因地制宜地进行设计，并根据不同的消能型式分析水流形态和水力特性，保障消能工程的有效和安全。

空化空蚀与掺气减蚀研究从传统宏观尺度深化到细观尺度：高坝工程空化空蚀问题的主要研究方式是通过水流空化数和初生空化数的预判，继而通过详细的压力测量和减压箱试验进行论证和优化。在这种宏观尺度的研究基础上，对细观尺度的进一步研究揭示了更多的复杂机理；掺气减蚀的技术水平得到了显著提升，但是模型实验中存在缩尺效应，尤其是对于气泡等的细观尺度行为，其缩尺效应更为显著，因此，这些相关的理论与技术问题仍然需要进一步的探索和研究，为高坝泄水建筑物安全运行提供更为有利的科学技术支撑。

流固耦合研究从单纯的破坏防治发展到过流结构的实时检测：对于流体诱发结构振动的内在机理开展了大量的研究，提出了不同的物理模型，但是对于高速水流诱发结构振动问题的机理研究尚需深入；针对流激振动的模拟进行了研究，并研制了力学特性的水弹性模型相似材料，实现了对混凝土结构、钢结构和低级的动力学特性模拟；把高速水流脉动压力为激励源，分析结构响应，形成了一套结构损伤检测的新方法；同时流激振动的研究范围扩大到了坝区以外的周边区域，对泄洪方式进行了优化研究。

泄洪雾化预测形成了计算和试验相结合的模拟方法体系：对泄洪雾化多年的研究，形成了模拟计算、模型实验和原观资料对比分析并举的雾化预测体系，考虑到影响泄洪雾化的因素众多且复杂，学者引入了许多方法对雾化进行模拟计算，显著提高了雾化预测的精度，这也很大程度上降低了泄洪雾化问题对工程正常运行的影响。

水气二相流的界面作用机制和高速气流运动研究不断深化：明渠自掺气水流计算方法体系等的提出以及现代试验技术水平的提高，促进了水气界面作用机制的研究，液滴下落冲击液面的精细研究也开始起步，有助于人们对泄洪雾化的认识。

数值模拟称为高坝泄洪消能的重要研究方法之一：数值模拟具有成本低、周期短、不存在缩尺效应等优点，近年来已成为高坝泄洪消能的重要方法，其中光滑粒子水动力学（Smooth Particle Hydrodynamics，SPH）是最具代表性的一种，将数值模拟方法与实体模型试验相结合，很大程度上提高了对高速水流和泄水建筑物设计、优化的研究水平。

高坝泄洪消能和安全防护对周围环境生态的影响日益受到关注：学者通过原型观测方法初步分析了泄洪消能对环境的影响，随着对泄洪雾化认识的深入，对雾化的主要雾源、影响范围分级分区有了较为明确的鉴定，但是泄洪消能对周围环境的影响评价方法等仍需进一步的研究。

1.1.7 高坝抗震安全理论研究现状概述

高坝抗震安全评价涉及强震作用下大坝从材料裂纹的萌生、融合、扩展到结构的局部损伤、渐近破坏、整体失稳、直至垮塌的强非线性、多尺度全过程分析，涉及复杂的力学和数学问题。国内外近些年的研究主要包括：坝址地震动作用的确定、筑坝材料的非线性动态力学特性、大坝地震响应分析技术、大坝抗震安全评价标准以及大坝的地震风险分析等许多方面。

在抗震设防标准及地震动作用的确定方面，不同国家大坝地震设防标准并不一致，国际水利水电工程抗震设计采用的地震动包括最大可信地震、最大设计地震、运行基本地震、设计基本地震、水库诱发地震、施工地震、安全评价地震等。地震动设防标准确定了地震动输入参数确定的基准。目前针对震源-高坝枢纽场址地质地形条件的地震动参数研究工作，成果十分有限，亟须深入研究。

在筑坝材料的非线性动态力学特性方面，目前关于混凝土材料的应变率效应的物理机制还未有统一认识；基于物理试验验证的数值仿真模型进行复杂应力状态下的混凝土动态强度特性、多尺度破坏机理及相应的非线性本构关系的研究，还有待于进行更深入一步的研究；还未有统一的关于土石料变形与强度指标（包括残余变形和强度）的取值范围以及适用的本构关系的理论。

在高坝的地震响应分析方面，目前的模型大都建立在均质无限地基假定的基础上，含有一定的近似性，无法精细和精确地反映非均质无限地基的动力相互作用的影响；同时，三维开裂与破坏仿真分析理论和方法尚不成熟，难以开展高坝在地震作用下三维整体模型的裂纹萌生、裂纹追踪、失稳破坏发展过程的强非线性大变形仿真分析。

在大坝抗震安全评价标准以及大坝的地震风险分析方面，大坝抗震安全评价准则主要基于20世纪二三十年代欧美坝工建设的经验，以单一安全系数（包括基于可靠度分析的分项系数）为主要安全评价模式。随着动力非线性分析技术的不断成熟，高坝抗震安全评价逐渐由过去单纯基于容许应力的强度准则和基于刚体极限平衡的稳定准则，向考虑坝体横缝开度、坝体损伤程度及坝-基整体变形等指标综合评价的方向发展。同时，由于地震动的强烈不确定性、结构损伤破坏过程的强非线性、混凝土材料本构特性的复杂性等诸多因素，高坝的抗震设计仍停留在半经验半理论的水平。目前，正在建立基于性能的高坝抗震安全风险分析和抗震安全评估技术。

1.1.8 跨流域调水及地下工程安全理论研究现状概述

跨流域调水工程是实现国家水资源优化配置的重大战略举措。国内外近些年的研究主要包括：深埋隧洞工程的勘探、试验及测试技术，深埋隧洞围岩开挖卸荷响应规律与动态调控机制，穿越活动断层的衬砌结构形式选择与抗断措施，隧洞围岩-衬砌结构联合承载机理与设计理论。

在深埋隧洞工程的勘探、试验及测试技术方面，由于物探方法多解性和地质复杂性，往往导致超前地质预报的准确性低、可靠性差、多解性强，目前针对含水体的三维定位及水量估算难题，已经开展了部分研究工作；适用于全断面硬岩隧道掘进机（Tunnel Boring Machine，TBM）复杂环境的超前探测技术仍处于初级阶段；超前探测结果的解释过于依赖探测人员的经验，部分结论可信度存疑，目前尚缺少切实可行的物探数据自动化、智能化专家判识系统。

在深埋隧洞围岩开挖卸荷响应规律与动态调控机制方面，对于突水突泥灾害的致灾机理和前兆特征的研究还不够完善，缺少一套广泛认同且方便适用的地质灾害预警系统模型，缺少实用的突发灾害实时化、自动化、全面化、多元化监测技术与装备；深埋隧道高压动水封堵难题尚未解决，岩体富水软弱破碎的加固技术还不够完善；针对 TBM 施工隧道突发灾害的防治技术尚不成熟；隧洞突水突泥灾害治理与控制技术水平参差不齐，缺乏规范标准。

在穿越活动断层的衬砌结构形式选择与抗断措施方面，目前的研究均没有明确表述断层的分类，使得现有的统计分析方法无法明确表述断层类别对相应关系式产生的影响及其影响机制；对错动中断层自身变形的力学机制模型建立研究成果不多，使得在对断层错动问题进行分析时，难以区分不同地质成因、不同错动机制的断层，制约了隧洞抗错断分析结果的可信度；针对各种断层错动机制的研究在分析方法上仍然以连续方法为主，不能在分析中反映断层错动中出现的大变形及局部破裂现象，且缺少对各类错动机制下隧洞错断破坏的统一认识，隧洞在不同机理的断层错断作用条件下破坏模式的具体标准有待建立；对于在特定工程案例下隧道抗错断措施的效果研究较多，但缺少针对各种断层机理下抗错断措施的适用性进行针对性分析。

在隧洞围岩-衬砌结构联合承载机理与设计理论方面，目前的研究主要集中在裂隙岩体的渗流损伤耦合作用机理、隧洞外水压力折减系数的修正以及隧道结构的可靠性设计等方面，关于深埋水工隧洞设计的理论体系尚未建立。

1.1.9　梯级水库群调度运行安全理论研究现状概述

水电是我国实现能源结构转型的重要着力点，各流域均在干流梯级规划或建成控制性水库，流域大规模水库群联合调度的格局已逐步形成。流域大规模水库群的合理调度关系到社会、经济以及生态环境可持续发展等诸多方面，已经成为影响国家水资源和能源安全、制约国家国民经济发展和科技竞争力的重大问题。目前，梯级水库群调度运行已经形成了完整的理论方法体系。常见的水电调度模型分别从提高水能利用率、保证防洪安全、满足水库供水和生态需求、调节电网负荷过程、提高水电经济效益的角度，对水电调度方法展开研究，保证了模型的可靠性及实用性，满足了水电站和水电系统的实际调度需求。同时，梯级水电站优化调度优化经过多年的研究，已经产生了许多好的优化方法。但这些理论和方法主要建立在中小规模梯级水库群调度基础之上，没有将库群与河网、电网紧密结合起来进行研究，不足以支撑我国长江流域、西南地区超大规模梯级水库调度运行安全，特别是在水资源短缺和环境恶化的今天，径流的量（供水）-能（发电）-质（环境）相互影响，互为关联，在气候变化和强人类活动下，量能互馈关系是一个动态演进过程，与河道内、流域内外、左右岸、区域内外的不同利益主体密切相关，需要从全局和系统多时空尺度研究梯级水库群调度问题。并且，由于水库群调度问题规模庞大，呈现高度非线性且含有多重约束条件，当前算法应用于此类问题时仍面临很多困难，尚需进一步深入研究。

1.1.10　水力发电系统动力安全理论研究现状概述

在水轮发电机组的空化与磨蚀研究方面，国内外学者对空化机理进行了大量理论探索和试验研究，取得了长足的进展，认为空化作用包括机械作用、化学腐蚀作用、电化学作用和热力学作用等，而造成空化破坏的主要原因是机械作用。

在水力发电系统瞬态动力学及机组运行控制策略研究方面，机组运行过程中不同工况内部的不稳定流动、水轮机内部压力脉动的模型和原型相似规律及压力脉动产生的振动问题是大型水轮机设计优化方面的研究热点。同时，随着机组尺寸的加大，水轮机机及发电机的各部分结构强度及在瞬态流动中的动力响应逐渐成为影响机组稳定运行的关键。

在水轮发电机组-厂房结构耦联振动研究方面，进行了水轮发电机组与厂房结构在水力-机械-电磁各类振源作用下的振动特性分析与评价，旨在实现水电站机组和厂房结构稳定、高效及可靠的运行，且经数十年发展，在理论分析、数值模拟以及试验验证方面均获得了显著的进展，为水电站安全稳定运行提供了有力支撑。

在水力发电系统在线状态监测、故障诊断与安全预测研究方面，改变了传统的水力发电系统运行区划分，而以水轮机实际运行的压力脉动和结构动应力为主要依据，兼顾机组振动、摆度、空化、磨损等因素；对振动故障诊断和治理方面的研究，依靠智能算法等取得了一定的学术成果和实践经验。

在水电站运行综合优化和智能化运行研究方面，在综合考虑机组运行效率、耦合系统稳定性、组合及启停过程的水电站运行优化决策研究方面取得了一定的成果。同时，随着多个千万千瓦级风-光-水多能互补系统的建成，规模化风-光能源接入将显著改变梯级水电站群运行决策的输入条件，这也是目前的重要方向。

1.1.11　重大水利工程修复加固理论与技术研究现状概述

我国是世界上水库大坝、堤防、调水工程最多的国家，重大水利工程的安全评估和修复加固是我国长期面临的重大问题。不同水利工程反映出不同的病害类型和特征。对于实际工程，首先需要研究病害产生的机理及其发生、发展过程，在此基础上对病害程度及工程结构现有的状态进行全面分析以评估工程当前安全状况，根据研究分析，有针对性地制定修复加固方案，确定采用的修复加固技术，以确保修复加固工程达到既定目标。这其中涉及安全监测和安全评估、病害诊断和检测以及修补加固技术等。

在工程安全评估方面，各种缺陷和老化对大坝工程的安全性的影响属于未认知性的领域，需要进一步研究完善安全评估理论与方法；我国工程安全风险管理研究尚处于起步阶段，基于风险分析技术的工程安全评价、应急管理体系尚未建立，需要进一步开展不同类型水工程的破坏模式与破坏机理、风险评价方法与风险等级确定技术研究，提出重大水利工程风险控制方法和应对不同风险的应急处置方法；工程安全评估的关键在于是否可对工程状态进行预测，已有模型和方法因为不完善、不全面而导致状态预测不准

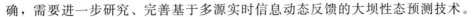

确，需要进一步研究、完善基于多源实时信息动态反馈的大坝性态预测技术。

在病害诊断和检测方面，目前已开展大量研究，取得显著进展，研发了具有一定适用范围和适用条件的系统、设备，然而水下渗漏检测定位技术研究尚处在起步阶段，病害快速探测和诊断技术仍不完善。

在修补加固技术方面，我国现有技术和装备只能满足 60m 以内水深的检测和修补加固要求，很多已建工程可能需要在水深 100m 以上进行检测和加固处理，需要进一步研发修补加固工艺装备。

1.2　国内外重大水利工程安全研究发展趋势

1.2.1　水工材料性能演化理论研究发展趋势概述

水工混凝土材料的损坏过程受许多复杂因素的影响，一方面由于混凝土材料本身的抗拉强度较低、耗能能力和岩性较差，使得混凝土硬化后可能形成裂缝；另一方面由于外界因素具有不确定性，使得损坏过程具有复杂性和不确定性。因此，现有工程对混凝土的耐久性、抗裂性等提出了更高的要求，大量的室内外试验、数值仿真模拟以及理论分析方法被应用于水工材料与结构特性的演化研究中。在混凝土损伤本构理论的研究基础上，考虑不确定性因素对材料系统损坏过程的影响，对水工材料系统的损坏过程进行全面分析，对工程的安全性进行全面评价，是现阶段水工材料性能演化研究的重点，也是重大水利工程安全研究的关键。

对于水工材料性能演化的研究发展趋势主要集中在以下几个方面：①克服现有水泥基材料的不足，实现节能降耗、环境友好型材料设计与制备；②研发能够适应严酷环境条件的新型材料，研究水工材料施工与自养护、自修复、自免疫混凝土技术；③研究水工材料的强度与变形破坏规律，模拟混凝土静态与动态损伤过程，研究能够提高混凝土耐久性和抗裂性的技术，提出能够实现水工材料长期服役的机制。

1.2.2　高坝结构性能演变理论研究发展趋势概述

随着水利工程规模的日益增大，高坝结构性能演变理论也需要得到更进一步的研究与发展。从机理与规律、理论与模型、方法与集成三个层面，未来对于高坝结构性能演变理论的研究主要集中在以下几个方面：①探索复杂环境条件下，高效超大规模的大坝结构模拟与仿真方法，为大坝全生命周期内的性能提供有效的分析方法，为高坝的设计提供坚实的理论依据；②研究复杂条件下高坝施工期的温度荷载、自重累积荷载、初期蓄水过程等对大坝结构性能演变机理与规律的影响，耦合大坝建设质量、进度与性能，优化高坝全生命周期的建设与运行方案；③高坝在建设全生命周期内的破坏过程受到多种确定性和不确定性因素的影响，研究在这种条件下大坝安全评价指标体系和风险评估准则，为高坝建设与运行安全提供科学依据。

1.2.3　高陡边坡安全控制理论研究发展趋势概述

由于高陡边坡的安全控制理论对于我国西南地区的重大水利工程安全建设具有重大的意义，在现有研究的基础上，结合相关学科国际学术前沿，高陡边坡安全控制理论的研究发展趋势主要为：①深入分析高陡边坡地质特征、开挖扰动效应、锚固支护系统等，研究复杂环境下高陡边坡变形与稳定性演化机制，揭示不同环境下高陡边坡的性能演化机制，为复杂环境下岩体及工程措施的耐久性研究提供建议，为高陡边坡的长期稳定性与安全评价提供理论和技术支持；②由于重大水利工程大多位于复杂环境下，因此需要对高陡边坡水文地质条件的演化和地下水渗流场的动态特征进行研究，研究渗流场变化过程中边坡岩体的水岩作用机制和高陡边坡防渗排水系统的渗流控制效应，揭示谷幅变形的诱发机理与长期演化趋势，深入发展高陡边坡渗流与变形协同控制理论。

1.2.4　复杂坝基渗控安全与抗滑稳定理论研究发展趋势概述

结合复杂地质条件下高坝基础渗控安全的研究现状，未来的研究发展趋势应当针对高水头水利工程基础渗流特性与动态演化规律、深厚覆盖层坝基渗流-变形耦合特性与协同控制技术这两个关键问题进行深入的研究；高坝坝基抗滑稳定研究要针对理论模型和计算方法与基岩物理力学参数取值这两个问题进行深入的研究和探索，对复杂岩体力学特性的静动力本构模型、复杂地质条件下高坝坝基渐进失稳过程的数值模拟方法和复杂地质条件下高坝坝基失稳细观机理和工程控制标准进行进一步的研究，为复杂地质条件下重大水利工程的基础渗控安全与抗滑稳定理论取得更为显著的研究成果，为实际工程全生命周期的安全控制提供坚实的理论和技术支撑。

1.2.5　高坝建设智能监控理论研究发展趋势概述

今后我国高坝工程建设将集中在高海拔、高寒地区，进一步加强高坝建设智能监控基础理论研究，是我国高坝工程建设领域研究的总体发展趋势。在高坝施工进度控制研究方面，应进一步结合智能理论与方法，开展智能化与自适应动态仿真理论方法研究，将智能仿真与高坝施工仿真系统结合，增强仿真建模能力，提高仿真模型的交互性与准确性；在高坝建设质量监控研究方面，应进一步结合人工智能技术、自动控制技术、大数据分析技术等新兴信息技术手段，实现对高坝施工质量信息的全面实时自动采集，并进行智能分析与反馈决策，提高高坝施工质量管理的科学化、精细化水平；在混凝土坝建设温控研究方面，应进一步提高温度控制智能化研究水平，可根据实际施工条件和温控措施，对全坝各坝块进行全过程仿真分析，及时了解大坝坝体各坝块的温度与应力状态以及各种温控措施的实际效果，并研发针对混凝土生产、运输、浇筑、保温等全环节的混凝土坝温控防裂智能监控系统；在高坝基础灌浆监控研究方面，研究集灌浆参数监测、信息集成管理、灌浆地质预报分析、灌浆参数分析和灌浆质量评价的统一集成平台，对灌浆的可灌性开展深入分析研究，进一步提高灌浆监控的智能化水平。

1.2.6　高坝泄流消能与安全防护理论研究发展趋势概述

随着高坝泄流消能与安全防护问题的日渐突出，高坝泄流消能与安全防护理论的研究也成了重点，现有的研究中的理论与方法仍然需要进一步的研究和完善，未来的研究发展趋势主要包括以下几个方面：①利用计算机技术、现代试验技术以及数值模拟计算方法，实现高坝泄洪消能水流细观尺度行为规律的研究，并在此基础上，对水力调控技术进行研究，为泄水建筑物优化体型、高坝泄流高效消能与安全防护有效实施提供更为坚实的理论和技术支持；②在原有的流固耦合数学模型和物理模型基础上，采用先进的数值模拟方法进一步对流激振动进行研究，并研发基于泄洪激励的在役泄流结构安全动态监测和诊断新技术，取得高速水流与结构物的相互作用及振动传播规律的新成果；③针对高坝泄流消能与安全防护中存在的缩尺效应，研究模型与原型的相似性及其缩尺效应有关的理论，提高模型试验与数值模拟试验的精度；④越来越多的新型泄洪消能形式得到了应用，需要探索对高坝泄流特殊水力现象进行数值模拟的新方法，实现不同工程、不同环境条件、不同泄洪消能型式下高速水流的模拟，保障消能建筑物以及工程的安全；⑤高坝泄流消能技术对周围生态环境存在直接的影响，需要针对不同的泄洪消能方式、不同的高速水流，研究高坝泄流消能技术对周围生态环境的影响评价方法，建立完善的综合评价指标体系，采取合理的措施最大程度地降低对周围生态环境的影响。

1.2.7　高坝抗震安全理论发展趋势概述

今后重大水利工程抗震安全的发展趋势将在理论分析和数值模拟的基础上，与大坝场址地震监测，国内外有关地震和震害实测资料的收集、整理和反演分析，计算模型及其验证等方面的研究相结合，在深化对地震动和高坝结构地震响应的认识，改进分析研究方法，更新设计理念以及完善大坝抗震理论与安全评价方法等方面进一步发展。

1.2.8　跨流域调水及地下工程安全理论发展趋势概述

今后重大水利工程修复加固理论与技术的发展趋势，将在进一步提高仪器测量精度和超前预报方法的探测精度的基础上，研究并建立实用有效的多元预报信息联合反演理论与综合超前预报方法；研究各种柔性、刚性支护与围岩的协同承载机理与控制效应；研究围岩与各种工程措施的相互作用机理、灾害预测预报及防控理论与技术；建立国内外关于深埋水工隧洞设计的理论体系、隧洞的长期安全评价方法和全寿命设计理论。

1.2.9　梯级水库群调度运行安全理论发展趋势概述

今后梯级水库群调度运行安全理论的发展趋势将是：调度目标由单目标向多目标，由水库发电、防洪等简单目标到流域梯级发电效益最大，再到考虑生态、供水、通航、电力系统节能经济运行等复杂需求的多目标；调度规模由初期的单库优化调度到流域梯级电站优化运行，再到跨流域、跨省、跨区域的库群、河网水电站群联合优化调度，水电调度理论从简单到复杂，从确定性调度到不确定性调度。同时，在耦合复杂社会-经济因素、综合考虑多利益主体需求的基础上，从全局和系统多时空尺度研究水库群调度。

1.2.10　重大水利工程修复加固理论与技术发展趋势概述

今后重大水利工程修复加固理论与技术的发展趋势，将在理论分析和数值模拟的基础上，进一步研究、完善安全评估理论与方法，重点包括带缺陷大坝工程的承载能力和损伤破坏机理、老化、群裂缝和结构面等缺陷对大坝安全影响的评估方法，以及工程全生命期安全评估理论和方法；进一步研究不同类型水工程的破坏模式与破坏机理、风险评价方法与风险等级确定技术，建立风险分析技术的工程安全评价、应急管理体系；进一步研发修补加固工艺装备，尤其是适应于深水作业的工艺装备，重点研究、完善作业环境狭窄的闸门前、泄洪洞内淤积物的疏浚技术，构筑物表明附着物的清理技术，集中渗漏通道和表面缺陷的封堵技术，以及构筑物和闸门槽等的水下修复技术。

1.3 国内外重大水利工程安全研究战略地位和意义

现阶段在建和拟建的重大水利工程较多，且大多数工程位于高寒、高海拔地区，需要研发新型混凝土材料来适应不确定性严酷环境下工程对材料的需求，保障大坝结构安全。

高坝结构性能演化理论的研究与发展，对大坝结构进行模拟与仿真，揭示大坝结构性能演变机理与规律，提供大坝破坏准则与安全评估方法，为高坝的设计提供了理论支撑，为高坝的建设与运行提供了理论支持，为高坝的建设与运行安全提供了科学依据。

我国西南地区河谷深切、岸坡陡峻、地质环境复杂，在该地区修建的大型水利水电工程均面临着高陡边坡的变形与稳定性控制难题。在工程建设过程中，将形成一系列人工开挖高边坡，高陡边坡施工期稳定性问题突出；在蓄水运行期，高陡边坡将长期处于库水涨落和泄洪雾化雨周期性作用的恶劣运行环境中，从而诱发山体蠕变、谷幅收缩等一系列突出问题，严重威胁高陡边坡及枢纽工程的安全运行。因此，高陡边坡的安全控制问题是制约水利水电工程建设与运行的关键技术难题之一。

渗流安全和抗滑稳定安全是影响水利水电工程稳定与安全的重要因素，而我国在建和拟建的高坝大库越来越多，这对渗流安全和抗滑稳定安全控制理论提出了更高的要求，而现阶段的研究中仍然存在理论模型、计算方法、失稳机理以及控制标准等方面的问题没能够得到很好的解决，研究渗流安全和抗滑稳定安全理论，解决复杂岩体下基础渗控安全、坝基抗滑稳定安全问题，是保障重大水利工程全生命周期设计、建设与运行的重要手段，能够为我国重大水利工程的设计、施工和安全运行提供理论依据和技术支撑。

当前，我国高坝工程将越来越多的在条件更为艰苦复杂的高寒、高海拔地区建设，如何在现代化高科技的基础上深度融合智能建造理论与技术，开展研究高坝工程建设智能监控理论与关键技术具有重要的理论意义和时代意义。

对高坝泄洪消能和安全防护理论的研究对于重大水利工程的安全必不可少，从宏观尺度到细观尺度了解高速水流，研究降低高速水流对泄洪建筑物、大坝周围环境等的影响，从理论和实际工程角度均具有重大意义，是保障重大水利工程安全运行的关键。

我国西部地区发震频度高、地震强度大，因而我国西部水电建设中的高坝大库必须面对难以避让抗震安全问题的严重挑战。新建工程的抗震设计和已建工程的抗震安全评价是保障这些重大工程安全的重要环节，是我国水电开发的关键。

跨流域调水工程是实现国家水资源优化配置的重大战略举措。目前在建和拟建的长距离输水隧洞多面临自然环境恶劣、地震烈度高、地形地质条件复杂等不利因素，工程建设难度大。跨流域调水及地下工程安全理论研究可为跨流域调水地下工程提供科学指导，在防灾减灾方面发挥巨大作用，能够有效保障隧洞工程的安全高效建设。

新形势下，我国电力供给盈余，水电资源的利用逐渐由单一发电转为多元化需求利用，梯级水库群的建立为社会经济、生态环境、人类生活提供保障，使库群、河网和电网间的结合更加紧密，在供电安全性和可靠性方面具有重要作用。因此，流域大规模水

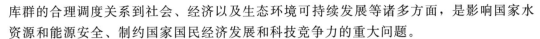

库群的合理调度关系到社会、经济以及生态环境可持续发展等诸多方面，是影响国家水资源和能源安全、制约国家国民经济发展和科技竞争力的重大问题。

我国是世界上水库大坝、堤防、调水工程最多的国家，随着运行时间的增加，重大水利工程长期安全问题逐步显现，重大水利工程的安全评估和修复加固是我国长期面临的重大问题。重大水利工程修复加固理论与技术研究为进一步健全我国大坝安全保障体系提供技术支撑，具有显著的社会效益、经济效益和生态环境效益。

第 2 章

水工材料性能演化理论发展趋势研究

2.1 水工材料性能演化理论发展趋势研究进展

2.1.1 概述

水工材料泛指用于构筑水工建筑物的材料。其中，水工混凝土分为常态混凝土、碾压混凝土、堆石混凝土、沥青混凝土等。其显著特点包括：①服役运行环境严酷，长期与水接触，承受高水压力，遭受冻融循环、干湿循环等多种因素的叠加作用，容易老化，耐久性要求高；②水工建筑物体积庞大，属少配筋或无配筋混凝土结构，温控防裂要求高；③水工建筑物中大体积混凝土的最大骨料粒径采用 80mm 或 150mm，需要研究全级配混凝土特性；④水工建筑物一般地处偏远，为了合理地进行资源利用，需要充分利用当地原材料配制满足工程要求且经济合理的混凝土。

水工材料作为水工结构物的基本单元，已成为推动大坝建设工艺发展及变革的决定性因素和核心推动力。水工结构物的种类多种多样，其性能除满足基本的力学性能要求外，还需要有高耐久性、高体积稳定性、高抗裂性等要求。

1993 年，关于三峡工程耐久性和大坝安全运行年限的大讨论，使得"耐久性设计"的理念得到迅速普及和广泛认可，并提升到了"耐久性设计与强度设计并重，强度服从耐久性"的认识高度，推动了水工材料在"耐久性机理""微结构与耐久性""多因素耦合作用""寿命预测""合理使用年限"等方面的研究和进步。可以认为，目前国内已经掌握了冻融、碱-骨料反应、溶蚀、碳化等单因素作用下水工混凝土的耐久性机理、控制因素和提高耐久性的技术措施，研究热点已转向"混凝土的老化模式、全寿命周期性能演变、耐久性状态识别和评价"等方面。

水工材料与结构特性演化规律与驱动机制关乎水利水电工程长效安全性、服役周期等。通过大量的室内外试验、数值仿真模拟以及理论分析，对水工材料与结构特性的研究取得了很多有价值的研究成果。与此同时，诸如弹塑性力学、断裂力学、损伤力学、极限分析、能量理论等现代力学理论以及有限元、边界元、离散元、无单元法、不连续变形分析（Discontinuous Deformation Analysis，DDA）等现代数值分析方法被广泛地应用于材料与结构特性演化模型的理论推导和多尺度仿真模拟。

材料的本构关系与强度理论是进行结构分析的基础，是研究人员长期关注的一个研究重点，从早期的最大正应力理论、最大应变理论、Mohr-Coulomb 强度理论、Von Mises 强度理论，到多轴蠕变、多轴损伤、断裂、破坏力学和细观力学的各种新强度理论，材料本构与强度理论一直在不断地发展。这些理论既有线性的，也有非线性的；既有一个屈服面或破坏面的单一强度理论，也发展了含有一系列屈服面或破坏面，形成极限面族，能适应多种材料的统一强度理论。到 21 世纪后，已有上百个理论模型或准则。但是，很多的强度理论并没有得到推广和应用，这一方面是由于很多的模型缺乏足够的试验数据支持；另一方面由于计算公式复杂，所需参数众多，需要较多的试验才能确定材料参数。

水工混凝土作为一种人工合成的多相复合准脆性材料，其抗拉强度较低，耗能能力和延性较差，其力学行为受许多复杂因素的影响，例如混凝土硬化以后仍有自由水和孔隙，并可能形成许多复杂的微观裂缝。随着荷载的增加，这些微观裂缝可能不断扩展，形成宏观裂缝。混凝土的变形还与时间有关，具有徐变和自身体积变化的效应。经过多年的研究，混凝土本构模型已经从线弹性模型、非线性弹性模型、弹塑性模型发展到内时理论模型、断裂力学模型和损伤力学模型及各种组合模型，还提出了虚拟裂缝模型、钝裂缝带模型等。为克服混凝土断裂分析中的尺寸效应和网格敏感性，在固定裂缝模型的基础上，发展了旋转裂缝模型。非局部平均化的思路已经在弹塑性、损伤、弥散裂缝和微平面等类型的本构模型中得到应用和发展。另外，混凝土损伤理论的研究首先着眼于混凝土损伤本构理论的研究上，从各向同性损伤本构模型发展到各向异性脆弹性损伤本构模型，从静力损伤发展到动力损伤。

水工结构材料系统损坏过程是气象、水文、地质、结构、材料以及人类活动等多种因素综合作用的结果。这些外因的不确定性，直接导致了损坏过程的复杂性和不确定性。由于多种不确定性因素的耦合作用机制及水利水电工程结构材料系统特性演化规律，国内外尚没有统一认识，更缺少深入的定量分析。因此，将水利水电工程结构材料系统特性的变化与外部环境变化相关联，定量描述工程结构材料系统劣化的不确定性，评价工程的安全性，构成了我国水利水电工程长期健康安全运行研究的关键科学问题。

2.1.2 水工混凝土材料

2.1.2.1 水泥基胶凝材料

最广泛使用的水工材料是混凝土材料。混凝土核心组分是水泥，除了普通水泥，大体积混凝土常采用低水化热的水泥，常用的大坝水泥有中热硅酸盐水泥、低热硅酸盐水泥和低热矿渣硅酸盐水泥，此外还常利用掺合料、外加剂等进一步减少或延缓水化热的产生。

水工混凝土对水泥品种没什么特别要求，主要包括硅酸盐水泥、普通硅酸盐水泥、矿渣硅酸盐水泥、火山灰硅酸盐水泥、粉煤灰硅酸盐水泥和复合硅酸盐水泥，依据特殊的环境选用具有特殊功能的水泥。国内的水工混凝土多选用强度等级为 42.5MPa 的硅酸盐水泥或普通硅酸盐水泥，在配制混凝土的过程中再加入适量掺合料，如粉煤灰、磷矿渣等。对于水工大体积混凝土，目前在国内使用最多的是中热硅酸盐水泥。中热硅酸盐水泥是常用的大坝水泥的一种，是由适当成分的硅酸盐水泥熟料加入适量石膏，经磨细制成的具有中等水化热的水硬性胶凝材料，强度等级为 42.5MPa 等级，是根据其 3d 和 7d 的水化放热水平和 28d 强度来确定的。中热水泥具有水化热低、抗硫酸盐性能强、干缩低、耐磨性能好等优点。中热水泥在水工水泥中的比例约为 30%，是我国目前用量最大的特种水泥之一。

由于片面追求水泥的 28d 龄期强度指标，形成了水泥产品越来越细的趋势。水泥细度的增加导致水化时间集中、绝热温升增大、温控难度增大、后期强度增长乏力等缺陷。从混凝土耐久性考虑，粗水泥配制的混凝土抗裂性更好，且其中富含的未水化水泥对混凝土中的微裂缝可起到自愈合作用，有利于提高自然条件下的抗冻融能力。通过配合比试验和优化，有效提高水泥产品性能指标主要包括强度、水化热、细度等。

水泥品种的选取取决于构筑物的体积、性能、暴露条件，具体应依据以下两个条件进行选取：①结构物设计的强度要求和设计龄期；②水工混凝土所处工程部位的运行和环境条件，如溢流面抗冲磨特性、严寒环境中的抗冻融特性等。根据工程的重要程度以及水工混凝土所处的工程部位，大体积重要建筑物的水工混凝土，宜使用中热水泥、低热水泥或硅酸盐水泥或普通硅酸盐水泥掺入适量掺合料，但在工地掺加掺合料时要考虑水泥中已掺有的混合材料品种与数量；用于一般建筑物或临时建筑物的水工混凝土，可使用强度等级为 32.5MPa 的复合硅酸盐水泥。根据施工现场条件，在有条件现场掺用掺合料的情况下，应优先选用硅酸盐水泥或普通硅酸盐水泥；当无条件现场掺用掺合料时，可选用中热水泥、低热水泥或各种掺有混合材料的硅酸盐水泥或普通硅酸盐水泥并掺入适量掺合料。

2.1.2.2　矿物掺合料

为了改善混凝土性能、减少水化热、节省水泥、调节混凝土强度等级，在混凝土拌和时掺入天然的或人工的掺合料。水工混凝土中使用的掺合料有粉煤灰、矿渣粉及各种天然的火山灰质材料粉末，其中以粉煤灰应用最为普遍。随着粉煤灰的大量使用，粉煤灰供应相对紧张，特别是大量水利水电工程远离粉煤灰料源等原因，工程技术人员不得不寻找新的掺合料资源。

（1）粉煤灰。

粉煤灰具有良好的活性。优质粉煤灰掺入碾压混凝土中能减少混凝土的单位用水量，增加灰浆量，降低混凝土水化温升，减小混凝土出现裂缝的可能性，提高碾压混凝土密实度，改善碾压混凝土层间黏结力等作用。

高品质粉煤灰特别是Ⅰ级粉煤灰已由过去一般作为混凝土填充料变为如今作为功能性材料。粉煤灰品质中的参数值对碾压混凝土各项性能变化有着重要影响。细度和需水量比与抗压强度比呈对数函数递减趋势关系，细度越细，需水量比越低，如掺在碾压混凝土中，碾压混凝土的抗压强度、轴拉强度、极限拉伸值越高，碾压混凝土的抗冻性能也越好。优质Ⅰ级粉煤灰使其形态效应、微骨料效应和火山灰效应得以充分发挥，能起到固体减水剂的作用，一般可使混凝土用水量减少 5%～15%。但由于近年来Ⅰ级粉煤灰供应相对紧张、运输距离长且大坝碾压混凝土对粉煤灰的需求量较大等原因，Ⅰ级粉煤灰供应不足时，用Ⅱ级粉煤灰替代Ⅰ级粉煤灰的研究也在进展。研究证实，掺Ⅱ级粉煤灰的碾压混凝土的抗压强度、轴拉强度、极限拉伸值略低，抗冻性能稍差，抗渗性能相当。

（2）粒化高炉矿渣。

矿渣粉是粒化高炉矿渣粉的简称，是一种优质的混凝土掺合料，由符合《用水水泥中的粒化高炉矿渣》（GB/T 203—2008）标准的粒化高炉矿渣，经干燥、粉磨，达到相应细度且符合相应活性指数的粉体组成，分为 S105、S95、S75 三个级别。对矿渣粉主要有八项技术要求，按《用于水泥和混凝土中的粒化高炉矿渣粉》（GB/T 18046）的规定进行检测和判定。

粒化高炉矿渣的化学组成主要是氧化钙、二氧化硅、氧化铝，三者占总量的90%以上，还有少量的氧化亚铁和一些硫化物，如硫化钙、硫化锰等。用作混凝土掺合料的矿渣一般以氧化钙、氧化铝含量较高，氧化硅含量较低者活性较大，质量较好。矿渣的活性不仅与其化学成分有关，而且还在很大程度上取决于成粒条件和矿渣的结构形态等多种因素，经过骤冷处理的粒状矿渣，由于在骤冷过程中熔融状态的矿渣黏度增加较快，来不及结晶，故大部分形成了玻璃质结构，处于不稳定状态，储存了大量的化学内能，在碱性激发作用下，呈现出较强的水硬活性。在矿渣源较丰富的地区，可以用矿渣作为掺合料拌制水工混凝土。

（3）石粉。

石粉是指人工砂生产过程中产生的粒径小于 0.16mm 的微细颗粒。在混凝土中掺入适当数量的微细颗粒，可以增加混凝土的密实性，对水工混凝土的性能有一定的改善作用，还可以降低工程造价。

对于采用天然砂石骨料的碾压混凝土坝，如果天然砂的细度模数偏大，级配不好，则可以考虑采用石粉代砂，代砂量以体积比计为 4%～7%，取得与粉煤灰代砂相同的效果。石粉也可以部分替代粉煤灰，中国已建和在建的碾压混凝土坝几乎都使用了低水泥用量高掺粉煤灰的富胶凝材料混凝土配合比，粉煤灰掺量一般为 50%～70%。在碾压混凝土硬化以前，粉煤灰主要发挥"填充效应"，保证碾压混凝土的和易性和可碾性；碾压混凝土硬化以后，粉煤灰还能发挥"火山灰"活性效应，使碾压混凝土获得较高的后期强度增长。石灰石粉没有"火山灰"活性效应，在保持水泥用量不变的条件下，用石灰石粉部分替代粉煤灰，最大替代量以基本不降低碾压混凝土工作性和力学强度为限，或以能满足设计要求为限。

石粉用作碾压混凝土掺和料可以分为以下三种形式：①与矿渣类活性掺和料复合使用，视磨细矿渣活性大小的不同，复合掺合料中石粉与磨细矿渣的比例可在 70∶30～40∶60 之间调整，石粉的作用在于调节磨细矿渣的活性，降低碾压混凝土绝热温升；②单独用做碾压混凝土掺合料，这种情况下需要增加碾压混凝土中的水泥用量，以满足设计要求的力学性能和耐久性；③与粉煤灰复合使用，复合掺合料中石粉与粉煤灰的比例为 80∶20～60∶40，其中粉煤灰主要用做优化碾压混凝土的和易性和可碾性。

（4）其他掺合料。

锰硅渣是一种很有前途的、优良的活性混合材，在一定范围内可用于混凝土中的掺合料。但目前使用锰硅渣粉的水电工程实例极少，研究也不够充分，因此在水工混凝土中应进一步试验研究和收集工程应用实例，做论证后谨慎使用，以达到变废为宝、节约资源的目的。

部分工程中也使用磷矿渣作为掺和料，磷矿渣其活性较好，掺入后对改善混凝土的和易性和各种性能均有益处，但由于其磨细加工的成本略高，目前在水工混凝土中并未得到较好的应用，因此需要进一步扩大磷矿渣的使用面，降低其生产成本，以更好的将其推广应用，达到变废为宝的效果。与粉煤灰碾压混凝土相比，磷矿渣碾压混凝土的后期力学性能均有所提高，除其早期干缩略大外，其耐久性、热学性能均比粉煤灰碾压混凝土略优。

2.1.2.3　集料

水工混凝土中集料体积大约占混凝土体积的75%，由于集料占有相当大的比例，无论是对混凝土的生产成本或是对混凝土的性能均能产生相当大的影响。对混凝土集料的基本要求是：能配制符合要求的混凝土拌和物，强度符合要求，耐久性符合要求。在整个设计年限内，它的性能在使用环境中保持稳定，不对混凝土的性能产生有害的影响。故混凝土集料应是坚硬的，具有足够的机械强度；洁净的，不含有害物质；级配良好。集料是一种地方性材料，应该是技术上符合要求，价格经济合理。

根据粒径的大小，混凝土集料可分为细骨料和粗骨料，粒径大于5mm的骨料称为粗骨料，粒径小于5mm的骨料称为细骨料。粗骨料中有卵石、碎石之分，根据产地的不同，卵石可分为河卵石、海卵石、山卵石。水工混凝土中一般使用碎石较多，小型水工建筑物偶尔有使用卵石配制混凝土。

近几年，随着对环境保护要求的提高，矿山开采受到极大限制，应运而生的是建筑垃圾经破碎后作为粗骨料配制混凝土，在工民建和路桥建筑中多有报道，但水工混凝土使用建筑垃圾作为粗骨料的事例未见报道。近些年，优质河砂资源短缺，而在水工混凝土中，研究发现机制砂、特细砂和石粉按一定比例混合制成的细骨料完全可以取代天然砂，且质量稳定，有利于现有骨料资源在水工混凝土中的多元化应用。

2.1.2.4　外加剂

水工混凝土施工具有浇筑仓面大、强度高、温控要求严、设计耐久年限长等特点，这决定了水工混凝土的性能向微膨胀、高极限拉伸、中弹、低温升、高抗冻融等方面发展。实践表明，解决这些关键技术最直接、最有效的措施就是应用高性能混凝土外加剂，外加剂是实现混凝土高性能化的关键技术。混凝土外加剂可以从工作性、凝结时间、物理力学、抗侵蚀性等方面提升混凝土的性能。

混凝土中使用多种单一性能的外加剂进行复配，使各复配成分共同作用而产生"叠加效应"，以满足混凝土对各种性能的需要。但几种外加剂共同作用的效果并不一定是这些外加剂效能线性叠加的结果，可能存在相互抑制或相互促进作用，有些甚至是不相容的。

水工混凝土中常用的外加剂有如下几种。

（1）引气剂。

在水工混凝土中，引气剂能改善其工作性和流变性，减少干缩变形，提高耐久性。

在混凝土拌和物中加入相对均匀分布的气泡，可改善拌和物的工作性和流变性，更重要的是，硬化后这些气泡能阻断混凝土中毛细管通道，缓冲混凝土内水分结冰时所产生的压力，从而提高混凝土的抗冻性能。但另一方面，气泡减小了混凝土的有效受力面积，混凝土强度受到少许损失。引气剂所产生气泡的大小、均匀性和稳定性，以及与其他外加剂的兼容性等，也是配制水工混凝土时应该关注点。

目前，常用的混凝土引气剂类型有：①松香类（松香皂类、松香热聚物类），具有制备简单、价格便宜、起泡性好、气泡大等特点；②烷基苯磺酸盐类，具有起泡性好、气泡大、稳泡性差等特点；③皂苷类，具有水溶性好、易潮解、气泡结构好等特点；④脂肪酸及其盐类，具有起泡性不佳、气泡小等特点；⑤脂肪醇聚氧乙烯醚硫酸盐类新型混凝土引气剂，兼具阴离子和非离子型引气剂的优点。

高吸水聚合物（Super Absorbent Polymer，SAP）颗粒在混凝土拌和时吸纳水分，水化时缓慢析出水分形成气孔，从而可改善混凝土抗冻性能，且与传统引气剂的造孔能力相比，SAP 产生的气孔系统更稳定，不会因泵送、振捣和压实等施工工序而产生气泡逃逸或破灭。SAP 对低水灰比的高强度混凝土还具有内养护的作用，可补偿因气孔而导致的强度损失。研究表明，反相悬浮聚合法合成的球形 SAP 对提升混凝土抗冻性能最有利，可媲美引气剂。球形 SAP 颗粒的表面残留有活性剂组分，会产生额外气体，造成新拌混凝土含气量增大和抗冻性能提升，而并不是 SAP 释水形成的气孔结构的单独作用。然而，由于表面活性组分的存在，使得气孔结构参数和抗冻性能不甚稳定。

（2）减水剂。

目前水工混凝土常用的减水剂有聚羧酸型减水剂和萘系减水剂，工程应用经验及试验结果表明，聚羧酸型减水剂的减水率远高于萘系减水剂，用聚羧酸型减水剂配制的混凝土坍落度损失较小，而且对混凝土强度无不良影响。从经济方面考虑，采用聚羧酸型减水剂时每立方米混凝土中减水剂成本与采用萘系减水剂时每立方米混凝土中减水剂成本相差不大，但混凝土的性能有了明显改善。聚羧酸类减水剂是一种新型的高性能混凝土外加剂，与萘系减水剂相比，不仅具有碱含量低、增强效果好等特点，而且还可减少混凝土收缩。

水工混凝土中掺入减水剂有利于提高混凝土和易性，改善混凝土力学性能，提高抗压和抗拉强度，提高极限拉伸值。另外，减水剂还有利于降低坝体混凝土早期的温升，延缓温升峰值的出现，从而可全面提高大坝混凝土的抗开裂性能。

2.1.3 新型水工混凝土材料

水利水电工程建设中应用较多的新型混凝土有碾压混凝土、微膨胀混凝土、纤维混凝土、水下不分散混凝土、再生混凝土等。

（1）碾压混凝土。

我国对碾压混凝土的配合比设计、层间结合、凝结时间、渗透特性、施工仓面质量控制等问题进行了全面、系统的试验研究，通过采用低水泥用量、高粉煤灰掺量、复合外加剂等措施以及提出的变态混凝土概念和施工方法，解决了不少重大技术问题，形成了我国特色的碾压混凝土筑坝技术。碾压混凝土对水泥品种没有特别要求，国内碾压混凝土工程多使用硅酸盐水泥或普通硅酸盐水泥。国内越来越多的 200m 级或复杂条件下碾压混凝土（Roller Compacted Concrete，RCC）大坝的快速施工，对 RCC 抗裂性提出了越来越高的要求。近年来水工混凝土界对水泥越来越细的趋势提出了强烈批评，很多大坝混凝土已开始使用粗水泥。Mehta 指出，从混凝土耐久性考虑，细水泥并不优于粗水泥。对于水灰比较低的高性能混凝土而言，粗水泥混凝土的使用年限可能长于细水泥混凝土。

（2）微膨胀混凝土。

微膨胀混凝土可应用于重力坝大坝基础约束区、拱坝的基础垫层和基础深槽、护坦和导流洞封堵、压力钢管外围回填及小型薄拱坝等水工结构中。大体积水工混凝土建筑物中采用控制混凝土的体积变形取代控制温度防裂的方法，可以改变薄层、短浇筑块、长间歇的施工方法，采用厚层短间歇通仓浇筑方法，可省去纵缝灌浆和二期冷却（重力坝）等工艺，加快工程进度，增强大坝的整体性。硫铝酸盐型和 MgO 型混凝土是水工混凝土常用的两种产生微膨胀的混凝土类型。MgO 微膨胀混凝土的研究日趋成熟，我国已在刘家峡、白山、红石、水口、铜街子等水利水电工程中采用 MgO 筑坝技术，积累了不少经验。

（3）纤维混凝土。

20 世纪 90 年代以来，我国较多单位开展了聚丙烯纤维混凝土的研究和应用工作，虽然起步较晚，但发展迅速。钢纤维混凝土是研究和应用较早的纤维混凝土，我国除对钢纤维混凝土的常规力学性能开展研究外，还对钢纤维混凝土的抗弯冲击强度、疲劳强度、抗冲耐磨性能、抗渗性能、与老混凝土的结合性能、增强机理等方面开展了研究，并在电站隧洞支护及衬砌、薄壳闸门、水工（港工）建筑物的修补及桩基等工程中得到应用。由于钢纤维混凝土本身具有较高的抗裂、抗拉、抗弯、抗冲刷能力，体积收缩小，再加上喷射工艺，使得钢纤维混凝土致密、与基材的黏结强度高，因此喷射钢纤维混凝土已被广泛地应用于水利工程中的洞室、闸墩、护坦及边坡加固、隧道衬砌和矿山基道加固、裂损桥墩加固等。

（4）水下不分散混凝土。

水下不分散混凝土是指掺加絮凝剂后具有水下抗分散性的混凝土，具有很强的抗分散性和较好的流动性，实现水下混凝土的自流平、自密实，抑制水下施工时水泥和骨料分散，并且不污染施工水域。在水中落差 0.3～0.5m 时，其抗压强度可达同样配比时陆上混凝土强度的 70% 以上。

新拌水下不分散混凝土性能与新拌普通混凝土性能相比较具有以下特性。

1）高抗分散性。可不排水施工，即使受到水的冲刷作用，也能使在水下浇筑的水下不分散混凝土不分散、不离析、水泥不流失。

2）优良的施工性。水下不分散混凝土虽然黏性大，但富于塑性，有良好的流动性，浇筑到指定位置能自流平、自密实。

3）适应性强。新拌水下不分散混凝土可用不同的施工方法进行浇筑，并可通过各种外加剂的复配，满足不同施工性能的要求。

4）不泌水、不产生浮浆，凝结时间略延长。

5）安全环保性好。掺加的絮凝剂经卫生检疫部门检测，对人体无毒无害，可用于

饮用水工程，新拌水下不分散混凝土在浇筑施工时，对施工水域无污染。

水下不分散混凝土与普通混凝土硬化后性能有如下差别。

1）抗压强度。掺絮凝剂的水下不分散混凝土与普通混凝土一样，遵守水灰比定则，强度受水灰比、水泥品种、胶结料用量、絮凝剂掺量、龄期等因素的影响。水下不分散混凝土的水中成型试件的抗压强度与陆上成型试件抗压强度比称为水陆强度比，一般28d水陆强度比为70％以上。

2）静弹性模量。静弹性模量与普通混凝土静弹性模量相近或略低一些。

3）干缩。水下不分散混凝土比普通混凝土干缩值略大。

4）抗冻性。水下不分散混凝土的抗冻性比普通混凝土略差，抗冻性要求高的水工混凝土要掺适量引气剂。

5）其他。如耐蚀性、抗渗性等与普通混凝土类同。

我国石油天然气总公司工程技术研究所、中国水科院、南京水科院、河海大学等单位均已成功研制水下不分散混凝土，并且在大港油田勘探人工岛、钱塘江大堤加固等石油、水利、军工、铁道、交通、城建等部门的许多工程中水下不分散混凝土得到应用。

（5）再生混凝土。

再生混凝土的强度与基体混凝土的强度密切相关，随着基体混凝土强度的降低而降低。由于再生混凝土内部再生骨料与新旧水泥砂浆之间结合较弱，故一般情况下，再生混凝土的抗压强度比基体混凝土或相同配合比普通混凝土低0～30％。而对于低设计强度或基体混凝土强度较低的情况，由于再生骨料与新拌水泥浆之间的兼容性较好，其再生混凝土的强度反而高于基体混凝土。因而在水工建筑物中，再生混凝土一般会采用低设计强度的再生混凝土。

由于再生混凝土所利用的再生骨料中存在大量硬化水泥砂浆，性能较差。故需要通过物理强化，去除突出的棱角和表面的硬化水泥砂浆，改善再生粗骨料的粒型和级配，才可以达到与天然骨料相近的基本性能，这就是高品质的再生混凝土粗骨料。通过提升再生粗骨料的质量，再生混凝土的强度、耐久性都能有很大的提升。另外，再生细骨料的技术也不断发展，出现了全再生细骨料技术，将废弃混凝土全部破碎为再生细骨料。全再生细骨料在制备C30和C50混凝土中基本能全取代河沙与机制砂。再生粗骨料混凝土具有良好的抗冻融性，但是再生细骨料混凝土抗冻融性较差。

将再生混凝土与纤维混凝土相结合从而形成纤维再生混凝土也是一项有效提高性能的措施。钢纤维的加入可以提高再生混凝土的抗压强度和抗折强度；玻璃纤维增强塑料（Glass Fiber Reinforced Plastic，GFRP）约束再生混凝土可使其强度明显提高，变形性能有所改善；掺入聚丙烯纤维后，再生混凝土的抗压、抗折、劈拉强度和抗渗、抗裂、抗冲击等性能均有较大幅度提高。

2.1.4 其他水工材料

（1）水工高分子材料。

高分子材料在水利工程的应用非常广泛，常用的有防腐蚀涂料、土工合成材料、河道整治材料、灌浆材料、密封嵌缝材料、聚合物砂浆和混凝土、聚合物纤维增强混凝土、混凝土外加剂、高分子吸水材料、水处理剂等。高分子护面材料因施工方便、成本低、效果好、后期维修容易且维修成本低，得到了迅速的发展，目前已成为水工泄水建筑物抗冲磨护面的首选材料。高分子抗冲磨护面材料包括纯高分子材料和有机无机复合材料，可分为喷涂弹性体、聚合物砂浆和抗冲耐磨涂料等。

聚脲弹性体具有反应速度快、防渗效果好、抗冲磨性能高、力学性能优异、耐冲击、防水、防腐等优点，然而由于聚脲的反应速度过快，与基面的浸润能力差从而影响与混凝土基面的附着力，同时其耐老化性能差，需配合其他涂料一起形成复合涂层使用。

用于聚合物砂浆的聚合物主要有树脂和乳液两大类。树脂包括环氧树脂、不饱和聚酯树脂、聚氨酯树脂、丙烯酸树脂等；乳液包括丙烯酸酯乳液、氯丁胶乳液、丁苯胶乳液、聚醋酸乙烯酯乳液等。用于水利工程抗冲磨保护的砂浆主要是环氧树脂砂浆（简称环氧砂浆）和丙烯酸酯乳液砂浆（简称丙乳砂浆）。

环氧砂浆是由环氧树脂、固化剂、增塑剂、稀释剂及填料按一定比例配制而成，具有固化收缩小、与混凝土黏结力强、机械强度高、抗冲磨气蚀性能好等优点。为避免环境冷热循环引起的开裂、脱空剥落破坏，一般将环氧砂浆用于温变不频繁且变幅小的部位的修补。通过研制多种能在潮湿、水下、低温环境中固化的固化剂，环氧砂浆能够和潮湿、水下混凝土面有较高的黏结强度。新型环氧砂浆的研发主要在改性与原材料两方面。改性方面，通过革新合成工艺，对环氧树脂进行改性，降低环氧树脂的黏度，增加柔韧性，使固化反应趋于缓和；另外，也可对固化剂进行改性，降低毒性，缓和固化反应。原材料方面，开发新型的脱黏剂，如聚硅氧烷液体，能降低环氧砂浆的黏附性。

丙乳砂浆是丙烯酸酯共聚乳液水泥砂浆的简称，其制作是将丙乳以一定比例与水泥砂浆混合。丙乳聚合物颗粒填充了砂浆空隙，提高了密实度。由于孔隙率的降低，丙乳砂浆的抗渗性、抗冻性大大提高。聚合物加强了水化物与骨料的黏结力，限制了砂浆微裂缝的扩展，有效地提高了抗冲磨性能，降低了变形以及裂缝产生的概率。丙乳砂浆与传统环氧树脂砂浆相比，不仅成本低，而且施工工艺简单，容易控制质量，可与潮湿面黏结，与基础混凝土适应性好，克服了环氧树脂砂浆常因其膨胀系数大于基底混凝土而造成开裂、鼓包、脱落的缺点。目前研究的关注点放在对丙乳液的改性上，如在合成时引入苯乙烯类单体，可以降低成本，提高乳液的耐水性和机械强度；引入有机硅单体，则可以提高乳液的耐候性和耐老化性能。

水利工程上使用的抗冲耐磨涂料主要由成膜树脂、溶剂或活性溶剂、耐磨填料、固化剂及助剂组成。成膜树脂有环氧树脂、丙烯酸树脂、聚氨酯树脂、有机硅树脂、不饱和聚酯树脂及由几种树脂相互改性而形成的树脂。耐磨填料有金刚砂、石英砂、刚玉、玻璃鳞片和陶瓷等硬度高的材料。

采用纳米技术对树脂进行增韧增强改性，提高涂层的综合性能，是抗冲耐磨涂料发展的一个重要方向。纳米粒子具有小尺寸效应、表面效应，与树脂复合后，纳米粒子填充于树脂分子结构中，起到润滑作用，当受到外力冲击时，引发微裂纹，吸收大量冲击能，所以对树脂又起到了增韧的作用。而一般认为涂膜的韧性对其耐磨性的影响大于涂膜硬度对其耐磨性的影响。

（2）防腐蚀涂料。

防腐蚀涂料的发展大致可分为起步、发展和提高发展三个阶段。起步阶段为 20 世纪 50 年代至 60 年代中叶，防腐蚀涂料主要为油性类树脂。发展阶段为 60 年代中叶至 80 年代末。防腐蚀涂料为油性类树脂和合成树脂并用。开始运用湿态附着力理论和阻隔原理指导研发生产，并应用流变助剂。提高发展阶段为 90 年代至今，防腐蚀涂料以合成树脂为主，通过引进吸收国外先进的技术和设备，使得不少产品达到国外 90 年代先进水平，开始注重环保型防腐蚀涂料的开发，对重防腐蚀涂料提出了新的要求，包括高性能、经济、适应不良基材或带锈涂装等。据不完全统计，我国防腐蚀涂料的品种有 1000 多种。

（3）土工合成材料。

土工合成材料是一种新型工程材料，具有过滤、排水、隔离、加筋、防护和防渗等功能，被广泛地应用于水利、海港、铁道、交通等工程中。土工合成材料可分为土工织物、土工膜、特种土工合成材料和复合土工合成材料等类型。浇筑混凝土的土工膜袋在 20 世纪 80 年代末期得到大量推广。黄河小浪底水库上游用土工网植草护岸取得成功。进入新世纪，土工合成材料的发展进一步加快，新产品如膨润土复合防水垫、土工席垫等不断涌现。

（4）河道整治材料。

用聚乙烯或聚丙烯丝编结成网，设置于河道或海岸边滩、深泓等处，能减缓流速，促进水流（或潮流）中挟带的泥沙落淤，为围垦创造条件，或可改变水流结构，刷深航道，淤高边滩，改善航运条件。国内研究者进行了网坝、人工水草和编织袋充泥筑坝等各种河道整治材料的研发，经过海岸及河道中实践检验，效果良好。

（5）水泥基修补材料。

传统的水泥基修补材料是以普通水泥修补砂浆为基础，再与细骨料、水、少量的外加剂和掺合料等混合拌制而成的。因其与旧混凝土有较相近的性质与特性，新老材料的兼容性较好。在普通水泥修补砂浆的基础上，针对某一或某些方面的特性进行改进，从而衍生出了水泥基修补材料。

硅粉砂浆由水泥填充砂的空隙，而水泥的空隙又由极细的硅粉颗粒填充，形成一种更为致密的结构物；硅粉中的无定形 SiO_2 能与水泥水化反应后生成的 $Ca(OH)_2$ 发生二次反应生成 CSH 凝胶，CSH 凝胶优于粗大而多孔的 $Ca(OH)_2$ 晶体，从而改善了砂浆的空隙结构和空隙率；硅粉的微粒填充及火山灰反应使砂浆的力学性能、抗磨蚀、抗冲击、黏结、抗渗、抗冻等诸多性能得以改善，在宏观上表现为其吸水率明显降低，重度增大，抗压强度可达 120MPa，相当于二级花岗岩。

乳胶改性硅粉砂浆具有高强、耐磨、抗空蚀性能强等优良性能，可广泛应用于水工泄水、排沙建筑物护面及有抗渗、抗冻等要求的工程，也能代替钢衬，以解决排气、排水不利的问题。与同类修补材料相比，其施工工艺简便，造价适中，毒性较小，且施工工艺易于掌握，有利于改善施工人员劳动条件。

（6）灌浆材料。

灌浆材料有着悠久的历史，从最初的黏土水泥浆材，到后来的化学浆材再到现在新型浆材。灌浆材料的可灌注性、毒性以及强度都有了明显的改善。其中化学灌浆材料以其黏度低、可灌性好、能灌 1mm 以下缝隙的特点被用于水泥灌浆施工后的加密灌浆，某些化学浆液只要是水能渗入的缝隙，它都可以灌入。

灌浆材料的发展方向是：①避免环境污染，主要是通过改性生成水溶性的高分子灌浆材料，譬如现在正在研究的水溶性环氧树脂灌浆材料，并且使用无毒的固化剂、无毒的催化剂等；②较高的强度，即通过对高分子材料的改性使其具有较高的强度；③施工的便捷性，通过改善材料的渗透性以及浸润性，使施工简单快速高效。

（7）环氧砂浆。

环氧砂浆是由环氧树脂、固化剂、增塑剂、稀释剂及填料按一定比例配制而成，具有固化收缩小、与混凝土黏结力强、机械强度高、抗冲磨气蚀性能好等优点。为避免环境冷热循环引起的开裂、脱空剥落破坏，一般将环氧砂浆用于温变不频繁且变幅小的部位的修补。

新型环氧砂浆的研发主要在改性与原材料两方面。改性方面，通过革新合成工艺，对环氧树脂进行改性，降低环氧树脂的黏度，增加柔韧性，使固化反应趋于缓和；另外，也可对固化剂进行改性，降低毒性，缓和固化反应。原材料方面，开发新型的脱黏剂，如聚硅氧烷液体，能降低环氧砂浆的黏附性。通过研制多种能在潮湿、水下、低温环境中固化的固化剂，环氧砂浆能够和潮湿、水下混凝土面有较高的黏结强度。

（8）丙乳砂浆。

丙乳砂浆与传统环氧树脂砂浆相比，不仅成本低，而且施工与普通水泥砂浆相似，施工工艺简单，容易控制质量，可与潮湿面黏结，与基础混凝土适应性好，使用寿命高于普通水泥砂浆，克服了环氧树脂砂浆常因其膨胀系数大于基底混凝土而开裂、鼓包、脱落等缺点。丙乳砂浆与旧混凝土有良好的黏结性能，有优异的抗裂性能和变形性，其抗渗、抗碳化及抗冻性能大幅度改善，耐老化性能好，与环氧砂浆相比，具有工艺简便、毒性小、成本低及优良的变形适应性等优点。

（9）聚合物砂浆。

随着新型高分子材料不断的研发，聚合物水泥砂浆乳液的种类也不断增多。如乙烯-醋酸乙烯乳液水泥砂浆则具有较高的抗压、抗折、抗拉及黏结强度，极限拉伸率成倍提高，抗拉弹模降低，干缩变形减小，具有优异的抗裂性能，同时抗冲耐磨、抗渗、抗冻、抗碳化性能有大幅度改善，并且材料来源广，成本低。其他常用的聚合物砂浆还有丁苯聚合物乳液砂浆、苯丙聚合物乳液砂浆、VAE707 乳液砂浆。这些聚合物砂浆在力学性能、耐久性方面均具有一定优势。

2.1.5 混凝土材料强度理论

材料的本构关系与强度理论是进行结构分析的基础。水工混凝土的常规强度和变形性能研究已比较成熟，19 世纪以来国内外学者对于强度理论的研究从未停止过，例如单剪系列强度理论从 1864 年的 Tresca 准则到 1900 年的 Mohr - Coulomb 理论。从最早的 4 个古典强度理论以及沈珠江院士提出的双剪力强度理论等单参数强度理论，到二参数的 Mohr - Coulomb 单剪强度理论和广义双剪力强度理论，这些线性强度理论都广泛应用于水工材料本构和强度关系中。在 20 世纪以来的强度理论研究中，有更多的强度理论是非线性强度理论，线性方程与非线性方程在计算机应用中并没有太大区别，但线性方程的强度理论在解析分析中有独特的优点。近年来，双剪强度理论和统一强度理论已被发现在解析分析中有很多优点，目前已有各国学者的 200 多篇文献，在研究中采用双剪强度理论和统一强度理论获得了新的研究成果。

20 世纪 80 年代以来，清华大学、大连理工大学、河海大学、中国水利水电科学研究院等单位，对多轴应力条件下的混凝土强度和变形性能等开展研究，给出了多种受力状况下的应力-应变全曲线方程和相应的参数值；分析和改进了抗剪试验方法，给出了混凝土的抗剪强度值和剪应力-应变曲线方程、剪切模量等的计算公式；确定了试件尺寸和骨料粒径等对混凝土强度和变形的影响，建立了计算公式；完成了不同类型混凝土在不同拉、压应力状态下的多轴强度和变形试验，总结了一般受力规律和典型破坏形态，提出了混凝土破坏准则和本构模型的建议。到目前为止，已有上百个强度理论模型或准则。但是，很多的强度理论并没有得到推广和应用，一方面是由于很多模型缺乏足够的试验数据支持，另一方面是由于计算公式复杂，所需参数众多，需要较多的试验才能确定材料参数。

2.1.6 混凝土材料变形及损伤理论

水工混凝土最常见且对混凝土抗裂影响最大的变形是降温和干燥引起的收缩变形。此外，混凝土的自身体积变形对混凝土抗裂也有重要影响。混凝土的徐变则能使建筑物中的局部应力集中现象得到缓和。为防止产生裂缝，对水工混凝土的极限拉伸值有明确规定，并以该值作为混凝土的抗裂性指标。除此之外，同时引入抗裂度、热强比以及抗裂性系数作为抗裂性优劣的评定指标。裂缝的扩展演变是水工结构中常常遇到的问题，准确的分析裂缝的性态和裂缝扩展过程对于水工结构极其重要。徐世烺、赵国藩等的发现证明，裂缝在失稳破坏前的稳定扩展长度几乎不变，但是宏观裂缝起裂与初始裂缝长度是相关的。同时，有限元数值模拟技术也广泛应用于裂缝性态演化分析中，用来精确计算静态和疲劳裂纹的发展。另外一些学者通过损伤力学、断裂力学二者的结合，从温度应力的角度，对混凝土裂缝扩展徐变进行研究。冯柏林、徐道远就在研究中提出了温度荷载下计算混凝土拱坝中裂缝扩展的断裂力学方法。并且，混沌理论与分形几何方法也被应用于裂缝扩展分析中，例如康玲等的研究就使用了混沌与分形的理论研究了大坝裂变的机理，并建立动力学方程组，通过空间重构来得到裂缝扩展的相关表达式。混沌与分形理论在材料损伤力学研究中的优势就在于可以应用分形几何来描述混凝土裂纹扩展的无规则性。

除了对变形理论进行大量研究之外，还开展了断裂力学研究。1974 年，中国水科院对密云水库溢洪道闸墩裂缝稳定性进行了断裂力学研究，之后，中南勘测设计研究院、河海大学、长江科学院、大连理工大学、清华大学、南京水利科学研究院等单位也相继开展了混凝土断裂力学研究。在线弹性二维和三维计算、线弹性断裂韧度试验和复合型断裂判据、非线性断裂、压剪复合断裂、弹塑性断裂、应力腐蚀断裂等方面取得了许多研究成果，并在新安江大坝、东风拱坝、乌溪江大坝、宿迁船闸等工程的开裂和防裂方面得到广泛应用。

2.1.7 混凝土材料耐久性

与其他行业的混凝土不同，水工混凝土往往工程量巨大，结构体积大，长期与环境水接触，结构上游面水位变化幅度大，受干湿和冻融循环的破坏作用，过流面受冲刷磨损和气蚀作用，要求快速连续高强度施工。混凝土的强度等级不高，但工程设计对混凝土的耐久性、温控防裂以及技术经济性有较高要求。我国对混凝土耐久性的研究始于 20世纪 50 年代，当时治淮工程开工，从国外引入了"混凝土碱-骨料反应破坏和预防"的建议。1962 年由中国水科院编制的《水工混凝土试验规程》给出了碱-活性骨料检验试验方法和混凝土抗冻、抗渗等耐久性试验方法。但是由于当时工程建设中的种种不足、人们耐久性意识薄弱、规范不完善、设计标准偏低、施工质量不良、管理不善等原因，20 世纪 80 年代以前建造的水工混凝土建筑物，混凝土过早地出现了老化和病害。1981—1985 年，中国水科院、南京水科院、长江科学院、河海大学等单位相继对水工混凝土建筑物和海港码头进行了大面积调查，发现在已建的水利水电混凝土工程中耐久性不良的情况较为普遍，有的工程病害严重，危及安全和正常运行。国内针对抗渗、抗冻融、抗离子侵蚀以及抗碳化侵蚀都分别制定了相关的指标并提出了相关的侵蚀模型。对于外界有害物质或离子的侵蚀，目前以 Fick 第二扩散定律为基础对氯离子在混凝土中的扩散和迁移特性进行混凝土结构耐久性评估和预测的方法应用最为广泛。但 Fick 第二扩散定律描述的是一种稳态扩散过程，其数值解有着严格的限制条件，如混凝土材料必须是无限均质材料、氯离子不与混凝土发生反应等，然而氯离子在混凝土中的扩散迁移过程是受很多因素和机制制约的，是一个非线性和非稳态的复杂过程。20 世纪 90 年代以来，重大工程的耐久性问题开始引起国家和技术界的重视。我国自"九五"计划以来，先后制订了一些有关水泥混凝土耐久性的重要研究计划，如国家自然科学基金重大项目"三峡大坝混凝土耐久性及破坏机理研究"，国家"九五"和"十五"重点科技攻关项目"重点工程混凝土安全性研究"与"新型高性能混凝土及其耐久性研究"，国家攀登计划项目"重大土木与水利工程安全性与耐久性的基础研究"和国家"973"计划项目"高性能水泥制备和应用基础研究"等。对混凝土的碱-集料反应、硫酸盐腐蚀、冻融循环和除冰盐破坏等耐久性问题进行了重点研究，取得了一批研究成果。在水工混凝土理论研究的基础上，水工混凝土耐久性得到了行业主管和从业人员的认可，多项有关水工混凝土耐久性的行业、地方设计标准也应运而生，如《水工混凝土耐久性技术规范》（DL/T 5241—2010）、《水利工程混凝土耐久性技术规范》（DB32/T 2333—2013）等。

2.1.8　水工混凝土材料损伤与断裂

在正常服役条件下，混凝土结构往往处于带缝工作状态，一旦拉应力水平过高或者钢筋对混凝土裂缝扩展的抑制作用失效，裂缝将进一步扩展并造成混凝土结构完整性降低。此外，在全生命周期内混凝土结构还有可能遭受强震、爆炸冲击等极端荷载作用，若超过某一临界状态，裂缝甚至会发生失稳扩展，导致混凝土结构安全性急剧下降，甚至发生灾难性的结构破坏。

（1）损伤断裂理论研究。

混凝土损伤力学主要研究裂缝扩展对材料宏观力学性能的影响。通过引入标量损伤变量，并基于有效应力和应变等效假定等概念，Mazars 和 Pijaudier - Cabot（1989）在平均意义上描述微裂缝演化的影响，发展了一般的混凝土标量损伤模型。为了描述微裂缝演化引起的各向异性刚度退化，增加损伤变量的阶数成为发展各向异性损伤模型的直观选择。部分研究人员采用相对简单的二阶损伤张量和应变能等效假定建立了正交各向异性损伤模型；若干学者则基于四阶损伤张量发展了一般的各向异性损伤模型，如Carol等（2001）给出了各向异性损伤模型的一般形式。

20世纪80年代中期，国外利用断裂力学方法分析单个裂缝行为，根据Taylor、微分或Moritanaka等均匀化方法描述所有方向和大小的微裂缝对材料宏观力学行为的影响。90年代以来，国内也进行了类似的工作。细观损伤力学试图从材料细观缺陷（微裂缝、微空洞）形成与发展的角度反映混凝土的宏观力学行为，减少了混凝土宏观损伤模型中的唯象学因素，具有较为坚实的理论基础。然而，尚无好的方法考虑大量微裂缝的相互作用，并且微裂缝的方向和大小分布函数难以通过试验获取而只能依赖人为假定。目前普遍认为纯粹的细观损伤力学理论并不适合描述复杂应力状态下混凝土（包括软化段在内）的非线性行为。

混凝土材料受拉开裂后，直接采用混凝土材料的局部损伤本构模型会导致结构的初边值问题控制方程的性态发生变化，从而导致结构分析出现不适定性。因此，混凝土材料的局部损伤本构模型不能直接应用于结构非线性分析。为了消除混凝土应变局部化引起的分析结果网络敏感性问题，Bazant和Planas（1998）建立了混凝土非局部损伤模型，Jirasek和Zimmermann（1998）则进一步深入比较讨论了不同非局部损伤模型的优缺点，并指出混凝土非局部损伤模型需对驱动损伤演化的损伤能释放率进行空间非局部平均。在此基础上，Peerlings等（1996）将上述混凝土非局部损伤模型进行Taylor展开，将损伤能释放率的高阶梯度引入材料本构关系中，建立混凝土梯度增强型损伤模型，并在其数值实现等方面开展了大量的研究工作。

传统的混凝土损伤力学等模型基于均值假定和强度理论，这些理论在构件没有宏观裂缝的情况下是可行的。但是一旦结构出现宏观裂缝，裂缝的扩展和结构的安全性等问题就需要借助混凝土断裂力学加以解决。针对混凝土自身非线性断裂变形的特点，自20世纪70年代以来国外学者陆续提出了适用于混凝土类准脆性材料的非线性断裂模型，并将其作为定量描述混凝土裂缝发展的工具，预测裂缝发展的稳定性、评估结构的安全性。一般认为，Kaplan最早将断裂力学基本概念应用于混凝土裂缝建模并测定了混凝土断裂韧度参数。事实上，世界公认对混凝土断裂力学做出开创贡献的是瑞典科学家Hillerborg等基于黏聚裂缝模型提出的混凝土虚拟裂缝模型。该模型引入了断裂过程区长度、软化曲线与断裂能三个全新概念，使得混凝土非线性断裂力学真正成为区别于线弹性断裂力学的力学分支。后来，Bazant等提出的裂缝带模型将混凝土断裂能弥散于表征裂缝的裂缝带宽度范围内，构建了传统结构分析方法与混凝土断裂力学之间的桥梁。

20世纪90年代末，徐世烺基于虚拟裂缝模型，提出了将起裂韧度作为控制参数的混凝土双K断裂模型和新KR阻力曲线理论，揭示了混凝土断裂过程中的韧度增值机理。双K断裂理论在"七五"国家科技攻关重点项目"乌江东风水电站的高薄拱坝裂缝评定和防治"中已作为裂缝稳定性分析的理论依据，又被中国长江三峡集团公司作为理论基础，以长江三峡大坝泄洪坝段的混凝土为研究对象，分析了其断裂的基本特征。南京水利科学研究院应用双K断裂准则分析了武都重力坝裂缝的安全性。2001年，双K断裂理论被美国混凝土学会（American Concrete Institute，ACI）446委员会选作美国混凝土断裂参数标准测定方法候选草案之一。2005 年，双 K 断裂理论被确立为我国电力行业标准《水工混凝土断裂试验规程》（DL/T 5332—2005）的理论依据。近年来，该断裂理论和试验方法得到美国、德国、西班牙、印度等国家学者的大量关注和引用。目前，将混凝土双 K 断裂准则指定为国际标准的工作也在紧张进行中，国际材料与结构研究所和实验室联合会确定混凝土裂缝扩展双 K 准则的试验方法技术委员会已分别于 2012 年、2013 年和 2014 年召开了三次全体会议。

尺寸效应问题一直是混凝土断裂研究的焦点，也是断裂理论在混凝土结构应用中的重大障碍。突破该问题，获得不具有尺寸效应的材料参数，实现在普通实验室测定水工结构混凝土的断裂性能，一直是学者追求的目标。由 Bazant 和 Planas（1998）提出的尺寸效应模型，根据一系列几何相似尺寸试件断裂试验结果进行回归分析，可以获得反映材料固有属性的临界能量释放率和临界断裂过程区等效长度。由徐世烺等提出的双 K 断裂模型中的两个重要参数分别为起裂韧度和失稳韧度，当试件高度大于 200mm 时，这两个参数基本不受尺寸效应的影响。Hu 和 Duan（2004）的局部断裂能模型则认为非均匀的局部断裂能分布是断裂能具有尺寸效应的原因，随后 Karihaloo 等（2003）基于局部断裂能和边界效应概念计算出无尺寸效应断裂能，可以看出，在不同混凝土断裂模型中，尺寸效应问题具有不同的解释。胡少伟教授带领的团队 10 多年来开展了 2000 多根不同类型、不同影响因素的一系列试件的静动态损伤断裂试验，全面分析了强度等级、试件尺寸大小、缝高比、跨高比、配筋率、钢筋位置、钢筋类型等变量对不同类型混凝土损伤断裂特性的影响，在物理模型试验的基础上通过扩展有限元和有限元方法对混凝土开裂进行数值仿真分析，给出了裂缝的动态发展过程，准确评价出裂缝扩展对结构承载能力的影响程度，为工程抗裂设计及其相关规范应用提供坚实可靠的理论基础。

（2）数值方法研究。

混凝土损伤与断裂数值模拟一般采用裂缝模型，主要包括弥散裂缝模型和离散裂缝模型。其中，弥散裂缝模型以其概念简单、数值实现容易的优点赢得了工程界的青睐，应用更为广泛。20 世纪 90 年代中期以来，通过对弥散裂缝模型和离散裂缝模型等传统方法各自缺点的改进，研究人员分别提出了混凝土裂缝数值模拟的两类新方法，即嵌入裂缝模型和扩展有限元法。混凝土损伤与断裂数值模拟成为近 10 多年来国际混凝土届的研究热点之一。一批研究人员致力于建立上述两类新型裂缝数值模拟方法的统一理论框架，离散裂缝模型和弥散裂缝模型两者之间的差异正在逐渐缩小。

离散裂缝模型是混凝土数值模拟的传统方法之一。由于裂缝只能沿单元边界扩展，除非能够事先确知裂缝扩展路径并相应划分网格，离散裂缝模型将给出与有限元网格排列方向有关的计算结果。有限元网格重新划分方法可部分解决这一问题，但需耗费大量的时间，且难以给出新、旧网格物理量之间的映射关系。因此，离散裂缝模型的应用受到了较大的限制，相关研究也长期集中于提出更合理的黏聚裂缝软化关系等方面，例如目前一般认为双曲线函数更能反映混凝土混合型裂缝的软化行为。

弥散裂缝模型将开裂单元的裂缝行为弥散至整个单元范围内，其裂缝宽度定义为该单元特征长度。此时，开裂单元的位移保持连续，故可在连续介质力学理论框架内采用含软化段的材料应力-应变关系，在平均意义上描述开裂单元的非线性行为。弥散裂缝模型的计算结果与有限元网格排列方向有关。为了解决网格排列方向敏感性问题，研究人员陆续提出了非局部模型、梯度增强模型等，但须采用非常细密的有限元网格，计算效率很低。此外，由于假定开裂单元内裂缝宽度为恒定值，弥散裂缝模型存在应力闭锁问题，往往导致计算结果严重失真。采用混凝土各向同性损伤模型可以避免出现应力闭锁现象，但与实际混凝土行为不符；混凝土正交各向异性或一般各向异性损伤模型与转动裂缝或固定裂缝模型相类似，同样存在应力闭锁问题。事实上，作为典型的多相复合材料，混凝土材料细观结构的非均质特性和裂缝扩展的多尺度特征是影响其力学性能的决定性因素。Roelfstra 等建议将混凝土细观结构离散为砂浆、粗骨料和界面过渡区等各相材料，并通过数值计算研究混凝土裂缝扩展全过程和材料宏观非线性行为。

胡少伟教授团队通过对扩展有限元基本原理及其实现手段的充分了解与认识，将模型试验与数值模拟相结合，通过断裂韧度、断裂能等将试验数据应用于扩展有限元模拟，开发以双 K 断裂准则为开裂模拟准则的数值模拟子程序，从而形成试验方法与模拟方法的统一与结合。在此基础上，利用动态数值模拟数据研究建立动态荷载作用下考虑率相关性的混凝土本构模型，进行动载下混凝土裂缝扩展过程模拟研究。

2.1.9　水工混凝土材料动态特性研究

在强烈地震作用下，混凝土大坝的动力反应和破坏过程极其复杂，高坝在强震作用下的失效，最终体现为坝体混凝土的严重开裂拓展，致使其丧失挡水能力。因此，大坝结构的抗震设计是否安全、合理，不仅取决于地震动输入和抗震动力分析方法的正确性，而且还取决于设计所采用大坝混凝土材料的动态力学特性参数。但迄今这方面的研究进展还很少，已成为结构抗震安全评价中的"瓶颈"。

目前大坝混凝土的特性和抗力仍用筛去其中粒径大于 40mm 骨料后的湿筛小试件确定，致使混凝土的组分、配合比和试件尺寸等均发生了变化，直接影响到其静、动态的各项真实性能。迄今对全级配的大坝混凝土特性的研究仍很少，特别是对其动态特性和抗力的研究则更为少见。坝体的开裂损伤，特别是在强震作用下，主要由混凝土的抗拉强度控制。混凝土材料的抗拉强度远低于其抗压强度。因此，大坝混凝土的动态抗拉强度是影响大坝抗震安全的关键因素，是大坝混凝土动态抗力试验研究的重点内容。

大坝的应力状态复杂，一般处于多轴应力状态，已有大量试验研究成果表明：混凝土的龄期、养护条件、配合比、水灰比、级配以及骨料类型（刚度、表面纹理）等对混凝土的应变率效应均有影响。在不同加载速率、加载方式以及加载历史作用下，混凝土材料均反映出不同宏观动力特性。不同的研究者所采用的试验设备、测量方法以及混凝土试件的尺寸、形状不同所得到的试验结果也不相同。基于大量的试验成果总结，研究者们得出混凝土材料动态力学性能的基本规律如下。

（1）应变率效应是固体材料的共性，可以认为是一种基本的材料特性。

（2）非均质材料较均质材料的应变率效应更为显著。混凝土级配对混凝土材料的动态性能产生重要影响。普通混凝土较高强混凝土呈现出更强的率敏感效应。

（3）湿混凝土动态强度高于干混凝土的动态强度。在水中养护的混凝土率敏感性高于在正常试验室条件下养护的混凝土。龄期越长，率敏感性越差。

（4）应变率对混凝土动态弹性模量的影响有与动态强度类似的强化规律，但对动态强度的影响较大。

（5）混凝土动态拉、压强度均随应变率增加而增长，但在同一应变率变化范围内抗拉强度比抗压强度的应变率敏感性更为显著。

（6）加载到同样的应力水平时，混凝土材料表现出不同的损伤积累，静态时要比动态时产生更多的内部损伤。低速加载条件下与高速加载条件下混凝土材料具有不同破坏形态。

随着有限元等数值计算技术的不断进步与完善，数值模拟在混凝土动态力学试验中的重要性逐渐受到关注。通过数值模拟可以很方便地掌握混凝土试件的损伤破坏过程。有限元方法的理论与应用发展已经十分成熟，目前用于混凝土动态特性研究的数值模拟方法主要是有限单元法。国内外开发了多种大型通用有限元软件，比如 ADINA、AUTODYN、NASTRAN、MARC、ANSYS、LS-DYNA 和 ABAQUS 等。其中大型通用有限元软件 LS-DYNA 和 ABAQUS，具有十分丰富的内置单元库和材料库，可以模拟大部分实际工程的材料和结构，对相对简单的线性分析和具有一定挑战性的非线性分析等各种问题都能很好地解答，由此得到广泛的应用。

在混凝土类材料的动态力学特性数值模拟过程中，混凝土材料模型的选取至关重要。Mohr-Coulomb 破坏准则和 Drucker-Prager 破坏准则及在其基础上发展起来的多参数破坏准则能够较好地模拟混凝土的性能特征，得到了广泛的应用。在大型通用有限元软件中都有自带的全面的混凝土模型，比如 ABAQUS 中扩展的 Drucker-Prager 模型，LS-DYNA 中的 HJC 模型和 KCC 模型，AUTODYN 的 RHT 模型。

在混凝土静态损伤断裂研究基础上，胡少伟带领相关团队基于不同初始静态载荷、不同初始损伤和不同初始裂缝宽度情况完成 1000 多根水工混凝土试件的动态拉伸试验，详细研究了混凝土动态轴向拉伸本构关系及其声发射特性。结果表明：随着初始静态荷载值的增加，混凝土在动态荷载作用下，声发射参量增加速率逐渐降低；初始静态荷载值越大，越难以由声发射信号区分荷载的稳定阶段，混凝土损伤滞后效果越明显；凯塞效应主要由混凝土试件内部的损伤程度决定，并非由施加荷载值来决定，因此，初始循环次数越多，试件遭受的损伤程度越严重，动态加载阶段，声发射信号就越少；循环动态荷载作用下，轴向拉伸棱柱体混凝土试件声发射信号具有明显的 Kaise 效应；动态轴向循环荷载作用下，随着初始预制裂缝宽度的增加，混凝土棱柱体试件 Felicity 比逐渐增大。

2.2 水工材料性能演化理论发展趋势研究关键科学问题

2.2.1 严酷环境下材料劣化与结构性能演变交互机制

严酷环境下水工材料劣化与复杂应力状态下结构交互响应机制的研究内容包括：极端气候变化条件（如超低温环境、西北高温低湿环境）下水工混凝土耐久性机理研究；冰冻条件下海洋腐蚀环境、西北盐碱腐蚀环境中水工混凝土耐久性能及寿命评估；寒冷地区杂散电流作用下水工混凝土抗冻融性能演化规律；西南地区渗透溶蚀作用与复杂应力叠加时水工混凝土耐久性机理研究；混凝土疲劳与冲磨、空蚀共同作用下水工材料的耐久性与寿命预测；考虑施工条件结合严酷环境与复杂应力耦合作用下水工材料的全寿命周期设计；水工建筑物服役过程材料性能劣化与水工结构静动态响应及损伤破坏机制、安全性演化规律、水工建筑物整体安全与寿命预测；多因素耦合作用下水工结构耐久性和安全性的评估体系研究。

揭示严酷环境下水工混凝土损伤断裂演化机制，开展材料劣化与结构性能演变交互机制研究，开展非连续、非均匀各向异性颗粒材料的静动力学性能及结构变形机制研究，为对不同工作环境下工程材料与结构变形和性能演变交互影响的研究提供理论基础、力学模型与试验参数，从而进行基于多层次、跨尺度、全寿命成本约束的新型水工材料研发。

2.2.2 水工材料环境友好及其长效服役性能演化机制

研究水工混凝土结构在长期荷载、疲劳荷载、突变荷载和环境侵蚀等多因素复杂环境耦合作用下的损伤演化特征、机理及灾变行为规律，分析各类结构的失效路径、临界状态和破坏前兆以及损伤对结构响应的影响；建立荷载和环境耦合作用下现代混凝土结构的时效关系；提出并实施具有抵御荷载和大气腐蚀等环境因素作用的高性能组合新结构，建立腐蚀、老化等各种复杂环境下高性能组合新结构构件的时效关系。

揭示绿色混凝土工程材料与结构性演化机制，分析同环境和谐共处绿色混凝土工程材料与结构性能理论和评价方法，开展水工混凝土的微结构及物质传输特性、水工混凝土长期服役性能演变规律及寿命提升研究；建立绿色混凝土工程材料与结构性演化的时效力学模型。

2.2.3 基体表面与防护材料结合过程机理

利用既有混凝土表面多孔多相的特性，研究通过表面渗透方式来增强既有混凝土表层的防护能力，提高其抵抗有害离子侵蚀和环境影响的能力，进而提高既有混凝土耐久性能；通过对不同地区环境的模拟分析，研究基体表面与涂层材料结合机理及其服役长效耐久性；从微观和亚微观结构层面分析涂层材料增强表面混凝土耐久性及改善混凝土表观质量机理；涂层材料长期性能与环保特性研究，特别是在水中有害物质的溶解性研究；新型功能化涂层材料研究；以服役寿命为设计目标的涂层防护材料标准化设计方法与施工方法、涂层材料与水工混凝土结构服役寿命全过程及分阶段设计标准研究。

混凝土表面和钢结构表面的不同状态影响防护材料的防护效果，因此，摸清基体表面与防护材料结合过程机理对研发新型水工防护材料具有重要意义。

2.2.4 水工结构长效服役指标体系与评定方法

研究冻融、冻胀、碳化等单一或多重因素作用下混凝土性能的衰变规律；建立结构混凝土材料损伤断裂力学性能和服役时间的近似关系，对在役混凝土结构设计情况下的服役寿命进行预测；研究基于原位监测资料的结构裂缝失稳准则与判据，建立混凝土结构全寿命周期（施工期、服役期、退役期）内病害危害性评定的分析模型；构建结构安全综合评价的多层次、多指标的体系结构；结合相应规范、监测、检测、专家经验等多方因素，建立结构安全综合评价的多级评价集；针对混凝土结构安全综合评价定性指标的特点，采用现代数学理论，对定性评价指标进行量化，建立各指标的度量方法，将指标特征数量化，并深入研究用定量和定性指标进行初始数据标准化的方法，以解决由于评价体系中各指标在表述方法、取值范围、度量方法和度量单位各不相同造成的同层指标之间相互比较困难的问题。

建立严酷环境下混凝土安全服役指标体系与度量方法，提出混凝土结构安全服役监控理论与综合评定方法，构建混凝土材料劣化与结构退化对整体服役危害性综合评定及其预警体系。

2.2.5　多场耦合下水工材料的本构及模拟理论

水工混凝土的静动力学特性及本构关系、损伤断裂演化机制、多尺度数值建模和计算模拟技术。考虑复杂服役环境，建立在渗流、化学、温度、应力等多场耦合下的水工材料本构理论，实现水工材料及结构的全寿命周期模拟和性能评估。针对如何预测结构混凝土和混凝土结构在复杂环境下的长期稳定性和服役寿命，分析重大工程所处环境的多重性、复杂性及诸多损伤因素耦合的正负效应叠加及其交互作用，揭示不同地区结构工程的力学因素、环境因素及材料因素间的耦合作用及其加速损伤劣化的规律，进一步提高混凝土结构耐久性评价和寿命预测的安全性和可靠性。

通过对力学因素、环境因素、材料因素不同方式耦合情况的试验研究，结合重大基础工程，研究得到静动态与不同环境、材料因素耦合下的混凝土损伤劣化过程、规律和特点以及诸因素间正负效应叠加及交互作用，进一步补充和完善已经建立的混凝土材料及本构理论，进一步提高这些理论和方法的安全性、正确性、可靠性与科学性。这对建立力学因素、环境因素、材料因素耦合作用下重大混凝土结构耐久性设计规范意义重大。

2.3　水工材料性能演化理论发展趋势研究重点发展方向

我国正在西南、西北地区规划和建造一批300m级的高坝大库，多数工程处于高寒、高海拔、偏远地区，工程建造及服役环境严酷，正需要一系列新型水工混凝土材料科学与技术的研究成果。需要优先发展水工材料优化设计、制备及施工技术，水工材料的服役特性与长效机制方面的研究，提高混凝土的耐久性、低热特性、抗裂性、微膨胀、防渗、防冲、抗侵蚀等性能。还需要开展严酷环境下新型水工混凝土材料损伤断裂演化机制、特高坝混凝土材料高抗裂性与超高耐久性等。为此，目前的优先发展方向应包括以下内容。

2.3.1　节能降耗、环境友好型水泥基材料设计与制备

水工建筑物建设过程中消耗大量混凝土，使用大量水泥，而生产常规水泥每吨水泥需石灰1.4t、黏土0.3t，同时排放CO_2 1t，消耗大量矿物资源，同时产生大量的污染物；另外，环境保护日益成为政府和民众关切的问题，对传统水泥组分和生产方式进行改造，势在必行。因此在这样一个大背景下，水工混凝土中使用的水泥应朝以下方向发展。

（1）生态水泥的设计与制备。

生态水泥是以生态环境与水泥合成而命名的，主要是指利用各种废弃物，包括工业废料、废渣、城市生活垃圾作为原材料制造的水泥，能降低废弃物处理的负荷，节省资源、能源，达到与环境共生的目标。

（2）高混合材掺量水泥的设计与制备。

工业生产中排放量较大的粉煤灰、矿渣、钢渣、火山灰、沸石粉、磷渣粉等，均可作为水泥混合材，但目前在我国混合材在水泥中的掺量一般仅为 20％～30％。如何提高混合材的掺量，使其掺量超过 60％，同时又能生产出符合工程需求的高混合材水泥，达到节能减排的目的，是下阶段水泥发展的方向之一。

（3）低钙型水泥的设计与制备。

通过改变水泥熟料中的矿物组成，提高 C_2S 含量，降低 C_3S 含量，降低石灰石在水泥生产中的消耗量，从而降低煅烧温度，减少石灰石资源消耗，减少燃料消耗，减少 CO_2 排放，并且使生产出的水泥能够达到建筑物要求。

（4）地聚合物水泥的设计与制备。

地聚合物水泥是最近几年新发展起来的水泥，主要是以高岭土为原料，经低温煅烧，转变为偏高岭土，而且具有较高的火山灰活性，是一种无水泥熟料的胶凝材料。但这种水泥干缩较大，在混凝土中使用还不成熟，如何克服其不足，实现广泛应用，是下一阶段水泥优先发展方向之一。

2.3.2　严酷条件下水工材料施工与自养护、自修复、自免疫混凝土技术

在中国西部大开发过程中，不可避免地会在西北部盐湖、盐碱地等强腐蚀性地区和高寒地区建造大坝、水渠等大型水工混凝土建筑物，如即将开建的南水北调西线工程，由于工程线路较长，将遇到各种严酷与复杂条件。特别是近年来，我国多地发生了极端气候情况，如内蒙古、新疆等地多次出现低于 -40℃ 天气。最新试验结果证实，在 -20℃ 条件下利用现行的快速冻融试验方法评价混凝土的抗冻性，与实际温度下冻融测试结果相差很大，现行的混凝土冻融测试方法已不可以评价在超低温条件下混凝土抗冻性；另外，试验结果显示，在我国西北干旱地区，夏季许多混凝土处在低湿高温条件下，最低相对湿度只有 5％ 左右，而现行的干缩测试方法是在相对湿度为 55％ 的条件下开展测试，对极低相对湿度条件下混凝土干缩测试误差较大。另外，在中国大力发展海洋经济的背景下，将有大批港口码头、潮汐能电站、海上风机和人工岛礁等大型涉水钢筋混凝土结构在中国海洋或滨海高腐蚀性地区建造。受到高腐蚀、高寒等严酷环境影响，这些结构中钢筋和混凝土等的材料性能极易迅速劣化，导致结构使用寿命大幅度缩短。因此，如何确保在严酷环境下，水工材料的施工质量得以保证，同时水工材料的性能又能适应严酷环境，是下一阶段水工材料研究的重点方向之一。

严酷条件下水工材料施工重点研究方向包括：适用于极端气候的超高性能混凝土制备理论与生产方法研究，利用工业废弃物研制高耐久混凝土的理论与生产方法，适应于极端气候条件的新型水工材料研究，超耐久水工材料长期性能评估方法研究，极端气候条件下超高性能混凝土力学性能、耐久性新测试方法研究，极端气候条件下水工建筑物服役过程性能评估方法研究，极端气候条件下水工材料施工可靠性方法与理论研究。

自养护、自修复、自免疫混凝土技术重点研究方向包括：自养护混凝土长期性能研

究，自养护混凝土在严酷环境下的性能演化研究，具有自修复、自免疫功能的混凝土的长期性能研究，自修复混凝土自修复效果评估，自修复混凝土在严酷环境下的性能演化过程研究，自免疫混凝土中微生物在混凝土内部适应性和长期性能研究，自修复混凝土智能化效果研究，自修复、自免疫混凝土低成本生产可行性研究。

2.3.3 水工材料长期服役特性与长效调控机制

大型水工建筑物基本都是永久建筑物，该类水工建筑物长期与水及各类腐蚀介质接触，处于复杂的环境中，其长期耐久性备受关注；另外永久性水工建筑物的安全性关系到政治、经济、人民生活等各个方面，因此，组成水工建筑物的水工材料长期服役性能与长效调控机制，是下阶段水工材料另一主要研究方向。

水工材料长期服役特性与长效调控机制主要研究内容包括：如何准确地描述长期复杂荷载环境下水工混凝土材料强度与变形破坏规律；长期服役条件下混凝土材料的静动态特性及损伤破坏机理，在不同的外界荷载环境（如动态工况、蠕变、松弛、温度、湿度、疲劳和腐蚀等）中，混凝土材料的损伤演化过程；长期服役条件下，大坝承载能力极限状态和安全定量化评价；水工混凝土材料渐进破坏演化规律与预测问题；长期服役与复杂环境条件下混凝土材料真实热、力学特性及断裂参数等演变规律；长期服役条件下混凝土材料多尺度损伤破坏机理；水工材料的长期性能与水工建筑物安全之间关系。

2.3.4 特高坝混凝土高抗裂性、超高耐久性及动力学特性研究

水电作为绿色可重复利用的能源受到极大的重视，当前我国水电开发出现了前所未有的高潮。特高混凝土坝大多修建在云南、贵州、四川这些西南省份，无疑它们为西部的能源开发和经济发展提供了巨大的动力。尽管我国在高坝设计、施工和科研方面已达到世界先进水平，但特高混凝土坝规模巨大，设计和施工非常复杂，存在许多现有科技手段尚不能查明的不确定因素，可参考和借鉴的经验缺乏。西南高山峡谷地区气候恶劣，且多为高烈度的地震频发带。由于其构造主要是由印度洋板块与欧亚板块碰撞而形成的，处于挤压状态，地壳上升，坳地很深，是急剧活动的地区。在这一地区，内动力和外动力都在起作用，因此，特高混凝土坝抗裂性、耐久性及动力学特性有待深入探讨。

特高坝混凝土拟重点研究方向包括以下内容。

1）通过材料改性尽量提高高坝混凝土材料抗裂性，即提高混凝土极限拉伸变形、徐变变形、自生体积膨胀变形，降低水化热温升而减小温度变形等，并采取施工措施，如合理分缝分块、降低浇筑温度、加强养护与表面保护等，尽量减小温降收缩变形与干燥收缩变形，提高水工混凝土结构抗裂性。

2）用整体论的方法而不是传统的还原论方法去研究水工混凝土耐久性问题。以全成本核算理念进行混凝土耐久性设计，并确保混凝土施工质量，以提高水工混凝土的耐久性。

3）通过对高坝混凝土材料进行室内大型静三轴、大型动三轴、大型真三轴等系列试验，开展高应力条件下高坝混凝土材料试验方法与测试技术、复杂应力条件下高坝混凝土材料强度变形特性、高应力条件下高坝混凝土材料动力特性研究，建立相应的本构模型和计算方法，分析相关模型的适用性，验证所提出的模型及分析方法。

4）研究和发展现代计算机和网络技术，实现大坝设计、科研、施工和管理为一体的数字化、可视化、智能化和网络信息化。

准确地描述复杂动荷载下水工混凝土材料强度与变形破坏规律是进行混凝土高坝灾变过程模拟及安全评价的理论基础。现阶段，混凝土材料的静动态特性及损伤破坏机理是当前大坝设计和抗震研究中的薄弱环节。在不同的外界荷载环境（如动态工况、蠕变、松弛、温度、湿度、疲劳和腐蚀等）中，混凝土材料的动态损伤演化过程迥异，由于传统的众多混凝土本构模型不能揭示混凝土损伤破坏机制，难以准确描述复杂动态荷载环境下混凝土的本构行为，致使对大坝承载能力极限状态和安全评价还很难达到定量化的程度。为此，需围绕水工混凝土材料渐进破坏演化规律与预测问题，发展获取混凝土材料真实热、动态力学及断裂参数等的技术与方法；分析实验室标准条件与工程现场实际情况下相关参数的区别与联系，设计能够反映材料真实特性的试验方案，开发模拟实际环境的试验技术，研制相应的测试仪器；开展现场浇筑全级配混凝土试件的动态力学试验性能研究，进行混凝土性能的细观层面分析，研究混凝土材料多尺度损伤动力学破坏机理；建立混凝土动态细观损伤与宏观破坏之间的联系，探寻科学合理的混凝土动态本构模型。

2.3.5 水工混凝土服役性能新型检测评估技术与新型修补材料及加固技术

目前对老旧水工建筑物的安全评估使用的方法主要是通过对监测数据和人工巡视检查结果的分析发现问题，所依据的准则出自相关的设计规范，这种检测方法对已埋设监测仪器设备的建筑物有效性较强，但对于没埋设监测设备的部位存在安全监测风险，容易形成监测漏洞；另外，国内许多水工建筑物运行已超过 50 年，部分水工建筑物一直处于水下，长期运行后，水下部分建筑物具体运行情况、腐蚀状况均不清楚。在这种环境下，有必要开展新型检测评估技术研究，特别是针对水工建筑物隐藏部分的检测。同时为了提高水工建筑物的使用寿命，应加强新型修补材料及加固技术的研究，确保长龄期水工建筑物安全运行。

新型检测评估技术主要研究方向包括：水工结构病害探测、监控、评估和修复新技术；水工建筑物及水工材料多尺度诊断技术；主被动激励安全检测技术；病害模拟试验及修复仿真技术；结合实际监测结果的结构静动态损伤机理与性态评估；全寿命周期安全监测信息化；灾变应急处置监测设备；库区深水建筑物探测技术；深水建筑物运行期实时监测技术。

新型修补材料及加固技术主要研究方向包括：亲水型修复材料研究及其长期性能测试；适应高水压水下修补加固材料及其施工工法研究；快速抢险加固新材料及施工工艺研究；抗疲劳型修补加固新材料研究；长效修复材料及其寿命评估；快速修复、除险加固材料与工艺，修复质量控制和评价标准研究；新型抗冲磨材料研究。

参考文献

［1］ 金晓鸥. 水利工程材料［M］. 北京：高等教育出版社，2008.

［2］ 刘加平，刘建忠，缪昌文，等. 水工混凝土外加剂［J］. 水利水电施工，2006（4）：93-99.

［3］　应敬伟，肖建庄. 再生骨料取代率对再生混凝土耐久性的影响［J］. 建筑科学与工程学报，2012，29（1）：56－62.

［4］　陈爱玖，王静，杨粉. 纤维再生混凝土力学性能试验及破坏分析［J］. 建筑材料学报，2013，16（2）：244－248.

［5］　刘卫东，赵治广，杨文东. 丙乳砂浆的水工特性试验研究与工程应用［J］. 水利学报，2002，33（6）：43－46.

［6］　郑颖人，沈珠江，龚晓南. 岩土塑性力学原理［M］. 北京：中国建筑工业出版社，2002.

［7］　吴中伟，廉慧珍. 高性能混凝土［M］. 北京：中国铁道出版社，1999.

［8］　胡少伟，孙红尧，李森林. 工程结构损伤与耐久性［M］. 北京：化学工业出版社，2015.

［9］　Hu Shaowei, Lu Jun. Tests and simulation analysis on fracture performance of concrete［J］. Journal of Wuhan University of Technology (Materials Science Edition)，2013，28（3）：527－534.

［10］　逯静洲，林皋，肖诗云，等. 混凝土经历三向受压荷载历史后强度劣化及超声波探伤方法的研究［J］. 工程力学，2002，19（5）：52－57.

［11］　林皋，陈健云. 混凝土大坝的抗震安全评价［J］. 水利学报，2001，32（2）：8－15.

［12］　胡少伟，徐爱卿. 非标准混凝土楔入劈拉试件高宽比影响分析［J］. 硅酸盐学报，2015，43（10）：1492－1499.

［13］　范向前，胡少伟，朱海堂，等. 非标准钢筋混凝土三点弯曲梁双 K 断裂特性［J］. 建筑材料学报，2015，18（5）：733－736.

［14］　闫东明，林皋，王哲. 变幅循环荷载作用下混凝土的单轴拉伸特性［J］. 水利学报，2005，36（5）：593－597.

［15］　梁辉，彭刚，邹三兵，等. 循环荷载下混凝土应力-应变全曲线研究［J］. 土木工程与管理学报，2014（4）：55－59.

［16］　Fan Xiangqian, Hu Shaowei. Influence of crack initiation length upon fracture parameter of high strength reinforced concrete［J］. Applied Clay Science，2013，79（6）：25－29.

［17］　胡少伟，米正祥. 标准钢筋混凝土三点弯曲梁双 K 断裂特性试验研究［J］. 建筑结构学报，2013，34（3）：152－157.

［18］　范向前，胡少伟，陆俊，等. 混凝土静动态轴向拉伸力学性能［J］. 硅酸盐学报，2014，42（11）：1349－1354.

［19］　Lokuge W P, Sanjayan J G, Setunge S. Triaxial test results of high－strength concrete subjected to cyclic loading［J］. Magazine of Concrete Research，2003，55（4）：321－329.

［20］　林皋，陈健云. 混凝土大坝的抗震安全评价［J］. 水利学报，2001，32（2）：8－15.

［21］　于骁中，居襄. 混凝土的强度和破坏［J］. 水利学报，1983（2）：24－38.

［22］　Ince R. Determination of the fracture parameter of the Double－K model using weight functions of split－tension specimens［J］. Engineering Fracture Mechanics，2012，96（12）：416－432.

［23］　Ince R. Determination of concrete fracture parameters based on two－parameter and size effect models using split－tension cubes［J］. Engineering Fracture Mechanics，2010，77（12）：2233－2250.

［24］　Xu, S L, Reinhardt, et al. Determination of Double－K criterion for crack propagation in quasi－brittle materials, part I: experimental investigation of crack propagation［J］. International Journal of Fracture，1999，98（2）：111－149.

［25］　Shaowei Hu. Experiment and analysis of flexural capacity and behaviors of pre－stressed composite beams［J］. Automation in Construction，2014，37（1）：196－202.

［26］ Shaowei Hu, Xiufang Zhang, Shilang Xu. Effects of loading rates on concrete Double – K fracture parameters ［J］. Engineering Fracture Mechanics, 2015, 149 (9): 58 – 73.

［27］ Burman, A., Maity, et al. The Behavior of Aged Concrete Gravity Dam under the Effect of isotropic degradation caused by hygro – chemo – mechanical actions ［J］. International Journal of Engineering Studies, 2009, 1 (2): 105 – 122.

［28］ Wang, J., Jin, et al. Seismic safety of arch dams with aging effects ［J］. Science China Technological Sciences, 2011, 54 (3): 522 – 530.

［29］ 黄国兴, 鲁一晖. 水工混凝土结构的材料研究创新成果综述 ［J］. 中国水利水电科学研究院学报, 2008, 6 (4): 279 – 286.

第3章

高坝结构性能演变理论发展趋势研究

3.1 高坝结构性能演变理论发展趋势研究进展

3.1.1 高重力坝

重力坝具有的优势：结构作用明确、设计方法简便；安全可靠，对地形、地质条件适应性较强；坝身泄洪能力强，易于枢纽布置；施工导流方便，便于快速施工。因此，重力坝在大坝建设中一直扮演着重要角色。特别是碾压混凝土筑坝技术的发展，为高重力坝建设提供了重要的技术支撑，近年来，高重力坝越来越多地采用碾压混凝土坝，超高碾压混凝土重力坝的坝高已经超过 200m，对于超高碾压混凝土坝工作性能和抗震能力的研究是目前重力坝研究领域的热点。

（1）碾压混凝土快速施工与智能温控防裂技术。

目前，绝大部分高重力坝都采用碾压混凝土坝，研究也集中于此。碾压混凝土发展初期，考虑到碾压混凝土水泥用量少，水化热温升低，一般都大幅度简化甚至取消温度控制措施，而且还采用全断面碾压，取消用于释放温度应力的横缝、纵缝，如 1982 年建成的美国柳溪（Willow Creek）坝坝顶长 543m，我国第一座碾压混凝土坝坑口坝坝顶长 122.5m，均未设横缝，未采取温控措施。但随着坝高的不断上升，加上早期的碾压混凝土坝抗裂、防渗能力较差，通过工程实践证明，碾压混凝土的温控措施虽然较常态混凝土可以适当简化，但不能完全取消，否则碾压混凝土坝也会出现大量温度裂缝。目前碾压混凝土坝一般需要适当分缝并采取基本的温控措施，如低温浇筑、通水冷却、表面保温等。

碾压混凝土坝具有如下特点：胶凝材料用料少，水化热温升低；粉煤灰用量大，发热缓慢，后期发热量大；薄层铺筑、薄层碾压的施工方式，使得热量易于倒灌，导致低温浇筑的控温效率低；极限拉伸值偏低，抗裂难度大。国内诸多研究机构都开展了碾压混凝土坝温度场、温度应力仿真分析方法，温度控制标准，温度控制措施，坝体分缝方案，智能通水冷却系统等的深入研究，已经形成了一套碾压混凝土坝温度防裂的理论和方法。

中国水利水电科学研究院、武汉大学、河海大学等单位针对薄层铺筑和碾压混凝土坝温度场、应力场特点，相继提出了并层算法、分区异步长算法、浮动网格法、复合单元法、非均质层合单元法等数值算法以提高仿真分析的效率和精度；中国中国水利水电科学研究院针对粉煤灰后期发热，发展了模拟高掺粉煤灰的碾压混凝土组合绝热温升模型；清华大学针对碾压混凝土坝的诱导缝等特殊构造，开发了简化诱导缝模型和带强度接触单元等模拟诱导缝的力学行为，并将其成功应用于工程实践，取得了较好效果。碾压混凝土重力坝一般采用通仓浇筑，横缝切缝不灌浆，其后期降温主要依赖自然冷却。对于厚度较大的碾压混凝土高重力坝，降温过程极其缓慢，计算分析成果表明，如龙滩等 200m 级高碾压混凝土重力坝，冷却至稳定温度场需上百年时间，基础温差形成的时间非常漫长，在这个过程中，碾压混凝土的徐变和强度增长可以减缓温度荷载的作用，碾压混凝土坝的基础温差控制应该可以适当放松。但碾压混凝土坝冷却缓慢，内部持续高温，导致内外温差较大，是实际工程产生温度裂缝的主要因素，因此碾压混凝土坝应以控制内外温差为主。

碾压混凝土高坝的温控标准、温控措施一般通过仿真计算确定。考虑到内外温差是碾压混凝土高坝主要控制温差，表面保温是防裂首选措施，高温季节一般还需配合降低浇筑温度和通水冷却等其他温控措施。除了有特殊要求外，碾压混凝土坝不宜通过通水冷却的方式将温度降得过低，应通过自然散热的方式放慢降温。

为了加快碾压混凝土施工速度，目前国内多个工程已经开始进行厚层碾压混凝土施工工艺的创新，这会进一步减小其通过仓面散热降低混凝土温度的能力，因此在保障厚层碾压混凝土施工质量的同时，也需要研究其合理的温控措施。这需要从碾压混凝土原材料、优化配合比，改善混凝土抗裂性能、温度性能和变形性能等方面开展研究。另外，外掺 MgO 也是简化碾压混凝土温控的一个值得探索的重要措施。

（2）碾压混凝土层面抗渗机理与水力劈裂机制。

碾压层面是碾压混凝土重力坝的薄弱环节，随着碾压混凝土重力坝坝高的不断提升，在超高水头作用下，碾压层面的抗渗能力及其防渗措施也是一个重要研究热点。从 19 世纪的 Sazilly、Delocre、Rankine 等研究先驱开始，重力坝的设计就非常关注坝踵应力，特别是扬压力作用下的坝踵安全。由于碾压混凝土层面的特性，超高碾压混凝土重力坝坝踵应力及其水力劈裂可能性也引起了国内学者的关注和重视。国内的清华大学、河海大学、武汉大学分别采用边界元、扩展有限元等数值方法研究了重力坝的坝踵开裂问题，中国水利水电科学研究院针对高重力坝的水力劈裂开展了重力坝水力劈裂试验与分析研究，他们认为，目前的设计准则对于特高重力坝在一些工况下的抗水力劈裂能力不高，存在安全风险，应该加强对坝踵水力劈裂的关注，提高安全裕度，以保障超高重力坝的安全。

（3）高重力坝极限抗震能力与抗震措施。

随着强震区越来越多的超高混凝土重力坝的建设，重力坝抗震安全性评价研究也在不断进步，在坝址地震动输入、坝体地震作用的分析计算方法与模型、动力特性参数、安全评价体系等方面均取得了显著进展。当前的重力坝地震作用分析计算日趋精细，已达到了相当高的计算精度。但是，对于坝址地震动输入、动力特性参数、安全评价准则等问题还需要加强研究。

坝址地震动输入是高坝抗震安全性评价的前提。目前通常都是基于已有的地震实测记录，利用概率和统计的宏观分析方法，得出峰值加速度（PGA）和反应谱，作为输入地震动的主要参数。但是对于大多数坝址来说，都缺乏足够的可以用作统计样本的实测记录，使得确定的地震动参数存在一些明显不足。对高坝坝址至关重要的强地震峰值加速度在近场区常难以预测，而且它主要取决于对高坝抗震的工程意义并不太大的地震波高频分量；至今仍常沿用的所谓一致概率反应谱，体现了来自不同震级和震中距的各个地震反应的包络效应，它并不能反应坝址实际可能发生地震的反应谱真实特性；依据统计规律得到的衰减关系，不能反映场地特殊地形地质条件的影响，也没有考虑由于局部场地条件导致坝基面地震动的幅差和相差。中国水利水电科学研究院建议的设定地震方法考虑了坝址附近的地震构造，可以更好地表征坝址地震动，该方法已被纳入最新版的水工抗震标准，但在实际抗震设计中，还存在一些不足，需要进一步改进。为了克服地震动输入参数存在的不足，清华大学试图通过局部场地在地震学和工程学之间建立联系，综合考虑地震震源、传播路径以及局部场地效应，利用超大规模数值计算模型，模拟地震波从震源开始、经过传播路径到坝址区局部场地的整个传播过程，形成适合于大坝地震分析计算的空间非均匀地震动，作为大坝动力分析的输入地震波，这些有益的探索为大坝地震动输入研究提供了更为广阔的思路。

在坝体地震反应分析方法和模型方面，混凝土重力坝在地震作用下的动力分析方法取得了很大进步。美国加州大学伯克利分校的 Clough 教授和 Chopra 教授，西班牙塞尔维亚大学的 Dominguez 教授，我国清华大学张楚汉院士、大连理工大学林皋院士和中国水利水电科学研究院陈厚群院士等众多国内外研究者为这一问题的研究做出了突出贡献，采用有限元、边界元、无限元、无限边界元、比例边界有限元、离散元、DDA 等多种数值方法，发展了多个混凝土重力坝系统的动力分析模型。这些模型基于连续介质分析方法，发展了比较完善的拱坝-库水地基系统的三维非线性的地震反应分析模型，在计算中可以考虑无限地基的辐射阻尼、坝体横缝的非线性、坝体材料的非线性、坝址河谷地震动的非均匀性，以及坝体梁向配筋和横缝阻尼器等抗震加固措施的作用效应，使坝体系统地震反应分析可以达到比较高的计算精度。而基于非连续介质方法，建立了连续-非连续介质分析的离散元法，可以实现高坝结构系统在动静力荷载作用下由小变形到大变形破损的全过程仿真模拟，研究在地震超载作用下的大坝破坏过程。传统的混凝土坝抗震分析主要集中在坝体结构的线弹性和非线性响应分析方面，即使是在静力情况下，坝体和地基（坝肩）也常被看成是完全分离的两个独立系统，采用不同的分析方法。对于坝体通常采用有限元方法，而对于坝肩则采用刚体极限平衡方法。实际上，在荷载作用和地震过程中，坝体-地基是不可分割的一个整体系统。近年来中国水利水电科学研究院将有限元与刚体平衡法结合来分析坝肩稳定性，首先采用有限元法对坝体-水库-地基系统进行动力响应分析，然后将分析结果应用于坝肩块体的刚体极限平衡分析，以考虑坝体作用对坝肩块体稳定性的影响，这是评价大坝地基抗震安全的一个很好的途径。

坝体-库水相互作用是影响混凝土坝地震响应的一个重要因素。很多学者从科学探索的角度，研究了库水的可压缩性和淤砂层的影响，发现库水可压缩性对于高坝地震响应具有重要影响，应该予以考虑。但是受淤砂层吸能等诸多因素的影响，准确给定计算参数仍然有较大困难，所以，目前在我国抗震规范中仍然建议了采用附加质量的简化方法。

坝体-地基-库水系统动力特性参数对于高坝抗震安全性分析与评价具有重要意义。全级配混凝土材料动力特性研究一直是一个相对薄弱的环节。20世纪50年代后期日本的火田野正对混凝土动态抗压和动态抗拉强度影响因素进行了比较全面的研究，注意到了加载速率对混凝土动态强度的重要影响。在大坝设计中，目前应用比较广泛的一个依据是美国加州大学伯克利分校的Raphael教授在5座西方的混凝土坝中钻孔取样进行的动力试验，该试验在105s的时间内加载到极限强度（相当于大坝5Hz的振动频率），得出动态抗压强度较静态抗压强度平均提高31%，直接拉伸强度平均提高66%，劈拉强度平均提高45%。这一结果是在一定条件下取得的，即应变速率大体相当于5Hz的振动，但目前已被不分情况地普遍推广应用于大坝的设计。实际上，在地震作用下，大坝各部位在不同时刻处于不同应变速率和应变历史条件，大坝各部位的强度和刚度均相应发生不同程度的变化。近年来，大连理工大学关于应变速率对混凝土强度的影响进行了大量试验研究，中国水利水电科学研究院采用全级配混凝土试件，进行了动力试验，取得了宝贵的试验资料，并根据试验成果，发展了混凝土动力本构模型。清华大学等单位建立了模拟混凝土骨料、砂浆与界面的三相有限元和颗粒离散元细观力学模型，首次通过数值仿真方法研究不同应变率条件下混凝土材料的动力特性，揭示了混凝土动力强度提高的机理，加深了对混凝土材料动态特性的认识。

阻尼参数是高坝地震反应分析中的重要参数，对坝体地震反应分析有显著影响。美国、瑞士、中国等国家均在实际混凝土坝上进行过动力试验，对大坝阻尼比开展了试验研究，但根据试验结果进行模式识别获得的大坝系统综合阻尼特性，包含了基岩材料阻尼、基岩辐射阻尼、坝体材料阻尼、库水的能量耗散等阻尼耗散机制；而抗震安全分析中，往往需要输入坝体和地基材料的阻尼比。清华大学与美国加州大学伯克利分校合作，采用EACD-3D-2008分析模型，基于我国二滩、美国Pacoima、瑞士Mauvoisin等拱坝实际地震记录，开展了高拱坝系统阻尼特性分析，系统地研究了坝体和地基材料阻尼与系统综合阻尼之间的关系，得到了一些规律性的工程结论，为高坝抗震研究阻尼参数的选取提供了依据。还需要注意到的是，目前的系统组合阻尼比都是基于环境振动试验或激振试验，以及一些小震记录反演得到的，系统综合阻尼比相对较小。强震作用下，由于坝体材料的损伤开裂、地基节理断层错动，坝体横缝张合碰撞都会导致系统阻尼的增加，强烈地震作用下混凝土坝的阻尼选取目前仍然存在太多未知数，有待进一步研究解决。

由于我国西部地区一些坝址地震烈度很高，如金安桥重力坝的设计地震峰值加速度达到0.399g，重力坝上部不可避免将出现较大拉应力，进行动力损伤和非线性断裂分析以了解大坝的开裂行为十分必要，已开发的多种线性和非线性断裂模型成功应用于高混凝土坝的地震开裂分析，并与重力坝模型振动台试验进行对比，验证了分析模型的有效性。分析成果表明，强烈地震区的高混凝土重力坝除在体形设计、结构设计中采用抗震设计以外，还需要采用抗震措施。根据目前的研究成果，主要的抗震措施包括横缝灌浆及穿缝钢筋形成整体重力坝、上下游高应力区布置抗震钢筋、跨缝阻尼器等。在计算模型中考虑各种抗震措施也是近年来研究的热点，取得了很大进展。

我国现行大坝的抗震设计中，对于特别重要的大坝，采用了设计地震与校核地震两级设防。设计地震情况下要求地震发生时和地震发生后保持大坝的正常运行，不发生震害或只发生轻微的震害，大坝需要基本处于弹性阶段工作。而校核地震作用下允许大坝在地震时和地震后产生一定震害，例如裂缝和变形，但大坝的蓄水功能不受到影响，不允许溃坝。基于性能的混凝土坝抗震安全风险评价是高坝结构抗震设计的一个发展方向。基于性能的抗震设计需定量了解结构在不同烈度地震下可能的破损状况，判断震后结构状态会处于轻微损伤、严重开裂还是接近溃决，并评估震后结构能否继续修复使用，确定维修时间和费用等。清华大学建立的基于性能的混凝土坝抗震安全风险评价体系是该领域的一个有益探索。

与其他坝型相结合也是碾压混凝土筑坝技术的新发展方向，这些新坝型的不断发展，将为高重力坝筑坝技术发展提供新的动力。

3.1.2　高拱坝

拱坝作为一种重要的坝型，以结构轻巧、线条光滑、体形优美、自适应能力强和超载安全系数大而著称。在狭窄河谷修建拱坝既经济又安全。国内外拱坝结构模型破坏试验表明：混凝土拱坝所具有的超载能力，可以达到设计荷载的 5～10 倍。随着地基处理技术和筑坝技术的发展，拱坝的适应性进一步扩大，成为刚性坝中先进的坝型之一。高拱坝工程规模之大、问题之复杂、难度之大，都是前所未有的。因此，高拱坝的性能演变规律和安全控制问题是坝工界亟待解决的关键问题。

（1）大坝混凝土材料真实性能测试。

混凝土材料试验是获取混凝土材料热、力学参数的主要方法，按照相关规范在实验室标准条件下成型、养护和测试是目前混凝土材料试验的主要模式。但是现场实际情况往往与实验室条件相差甚远，依据这些材料试验获得的参数所做的分析，能否有效地掌握高拱坝真实性态成为疑问。为了获得更真实的材料参数，需要设计新的材料试验方案和突破现有的试验手段，目前国内外研究人员在这方面已经有所突破。例如目前混凝土掺用粉煤灰较多，后期持续放热，且放热速率较低，试验规范绝热温升试验方法不能准确获得参数，朱伯芳在此试验方法上提出了改进，并在理论上分析了该项改进可以提高试验精度。

试验规范中混凝土试件标准养护温度定在 20℃±5℃，实际过程中混凝土温度可能并不是这个值，不少学者已经注意到这一点，在混凝土强度等特性试验设计中考虑了非标准温度条件。

混凝土在硬化过程中，不可避免会发生自生收缩（自缩），也就意味着处于结构中的混凝土受临近构件或其他方式约束，势必产生自生的约束拉应力。实际工程中，许多早期裂缝发生在拆模前后，约束、变形、开裂三者关系是施工期间早期裂缝控制的关键而又特殊的研究内容。开发早期约束条件下混凝土温度-应力开裂试验机并进行相关测试，是目前混凝土测试研究热点之一。

湿筛混凝土小试件进行混凝土试验，虽然通过修正可近似作为大体积混凝土材料的力学参数使用，但仍具有局限性。随着试验技术的发展，越来越多的研究机构具备了全级配试验条件，全级配混凝土试验也被纳入试验规程。

虽然在大坝混凝土材料真实性能获取技术与方法方面取得了较大进展，但仍然存在不足：混凝土热学特性测试方面，由于控温导致大坝温度上升不会很高，实际上更应该关注在控温条件下混凝土放热速率问题，绝热温升试验中温度状态在实际工程中并不存在；相比温度而言，湿度条件可能对混凝土性能影响更大，在混凝土材料测试仪器开发中温度、湿度控制都需要考虑；全级配混凝土试验试样尺寸一般比常规混凝土试验试样大，一些原本可以忽略的问题（如试样的温度不均匀问题）就必须考虑，试验方案可能需要重新设计。

在获取真实材料性能方面，也需要研究大坝混凝土热、力学参数的高效反演方法，以此作为材料性能试验的重要补充和相互支撑。

（2）大坝混凝土材料真实性能演变机理。

从大坝混凝土浇筑到高拱坝结构挡水，水一直起着重要的作用。由于水的普遍存在，混凝土性能及演变也与水密不可分，尤其是在水环境变化的过程中，不仅结构受力会发生改变，混凝土本身也会湿胀、干缩，其内部的孔隙水导致的应力也会发生变化，从而影响混凝土的应力状态，这些变化相应地影响着大坝混凝土的稳定性。由此可见，针对在蓄水过程中大坝混凝土性能演变的研究显得十分必要。目前对混凝土与水的结合研究主要集中在混凝土内水分运动、实验室渗透实验、混凝土应用渗流研究等方面。

混凝土内水分研究目前主要关注水分丢失与获得过程中的水分传输现象。对水分传输的理解，学者们提出不同的看法，并提出了相应的水分运动的描述方式。由于情况的多样化，混凝土内水分运动的理论其实需要根据不同的情况进行分析，根据混凝土内部湿度与外界环境条件之间的关系，水分迁移通常可分为三种典型状态：干燥状态，即外界湿度小于混凝土内部湿度，存在水气扩散，是国外研究最多的领域；潮湿状态（吸水状态），即外界湿度大于混凝土内部湿度，存在气体与液体吸附现象；完全饱和状态（甚至有外界水压力），存在液相流动。同时在考虑水分的运动中，由于混凝土材料的特殊性，存在另外一种水分的变化模式——自干燥过程，此现象也会在水分的整体运动效果中产生不小的影响。

混凝土中的渗透实验，主要是研究混凝土抵抗水等液体介质在压力作用下渗透的性能，即土的抗渗性能，尤其是抗渗性能对水压力、混凝土材料本身性能的敏感程度。目前主要的抗渗性能试验方法包括水压力试验、抗氯化物渗透试验、气体渗透性试验等，在实验室主要是用前两种试验方法。

对于大体积的混凝土，一般需要对基岩或者坝体局部地区进行渗流分析，针对蓄水阶段和防渗措施的施工阶段的渗流分析尤为重要。对渗流的研究主要是基于达西定律，然后进行相应的扩展分析。

目前对工程常常开展的是单独的渗流分析，主要是针对渗透压力或者是渗流量进行的分析和模拟，例如分析坝体和坝基的渗流量及其承受的渗流压力，以及分析渗流导致的坝体、坝肩甚至是山体的位移等。实际上，各种因素是相互关联的，不管是温度还是应力，都与渗流有不同的相关联系。所以在分析尤其是仿真模拟的时候，需要将这些方面进行耦合考虑。目前做得较多的是渗流场和温度耦合分析、渗流场和应力的耦合以及三场耦合。

在现有高拱坝混凝土材料和结构研究中，对混凝土内水分产生的效应研究较少。学者们在研究大坝混凝土性能时，常常忽略动态持荷的状态下混凝土内水分的作用，不能完全反映出混凝土的真实性能，针对各种水环境中混凝土的真实性能演变研究具有重要意义。

（3）高混凝土拱坝结构性能演变。

横缝是高混凝土拱坝结构性能演变的重要环节。横缝从本质上来说是新老混凝土界面问题，在结构性能演变过程中，经历着新老混凝土黏结、张开和再闭合等过程。对于新老混凝土问题，学者进行了大量研究，研究涉及微观黏结机理到宏观力学性能试验。

近年来开展了不少有关混凝土界面黏结结构的研究。采用扫描电镜等仪器观察的结果表明，黏结面是一层从老混凝土界面开始向新混凝土发展的疏松多孔的薄弱过渡层，新老混凝土黏结面的化学组分与两侧新老混凝土本体相同，但是具有较大原始微裂缝损伤和较低强度。可通过黏结强度、孔隙率、孔结构连通性等参数的变异来确定界面厚度，此外，有关界面厚度的研究方法还有半定量 X 射线衍射技术、背散射图像分析技术、数字图像基模型和体视学方法等。

目前，国内外有关混凝土界面黏结机理主要观点有：①新老混凝土的黏结界面是由扩散层、强效应层和弱效应层组成，浇筑新混凝土时老混凝土表面会形成一层水灰比偏高的水膜，高水灰比使得生成的钙矾石和氢氧化钙晶体多且大，并具有择优取向，空隙亦较多，该层为强效应层，其结构和性能对界面黏结强度有显著影响；②新老混凝的黏结主要是通过范德华力、机械咬合、表面张力等物理作用实现的，其中机械咬合作用贡献较小；③界面黏结是一种热力学作用，界面黏结是由于物质的表面张力引起的；④新老混凝土的界面黏结机理与整体混凝土中骨料与水泥浆类似。

基于混凝土微观结构的研究发展出了不少微观界面黏结模型，对于整体浇筑混凝土中的界面过渡区微观结构已有很多学者提出各种各样的模型。然而新老混凝土微观结构的界面黏结模型却不多见，目前新老混凝土微观黏结机理的研究多为定性分析结果。

常采用的界面黏结强度评价指标有轴拉强度、黏结抗折强度、黏结劈拉强度和黏结剪切强度等，对复合应力作用下的新老混凝土黏结强度评价的研究也取得了一些成果。新老混凝土界面黏结强度试验可分为三种类型。第一种是界面受拉应力作用的试验，主要包括拉拔试验、直接拉伸试验和劈拉试验；第二种是界面受剪应力作用的试验，主要包括 Z 形试件剪切试验、单面剪切试验和双面剪切试验；第三种是界面受压剪共同作用的试验，经常采用的试验为斜剪试验。此外，还有学者采用电阻率测量方法来研究新老混凝土的破坏，新老混凝土破坏的表征量为接触电阻率，破坏的表现特征为电阻率突增。

有关新老混凝土界面问题的研究，研究方法以试验为主，理论分析大多为回归拟合，虽然目前取得了一定的成果，但是仍存在一些不足：①微观黏结机理研究方面，有关界面的微观结构及其与宏观黏结性能关系的研究成果不多；②界面黏结效果影响因素分析方面，有关黏结面处理方式、界面剂和混凝土龄期等因素对黏结性能影响的试验和理论研究仍不完善，不同研究者的研究结论并不统一，甚至矛盾，且试验研究的对象多为小尺寸构件，对试验结果应用到工程结构存在的尺寸问题研究不多；③黏结强度评价方面，提出的界面黏结强度计算公式极少，且结果可靠度不高；④新老混凝土的断裂研究方面，黏结界面如何考虑更符合实际有待进一步研究，界面处材料特性的定量研究亦极为少见。所以仍有必要对新老混凝土界面行为展开深入研究。依托于新老混凝土微观观察、强度和断裂试验研究开展黏结界面的理论研究，并应用于工程实践，具有十分重要的意义。

（4）高拱坝安全分析方法。

有限元数值计算是分析混凝土结构断裂性能的有效手段之一，研究混凝土结构的断裂特性关键在于对裂缝的模拟，但是应用传统有限元将遇到网格重剖分等麻烦，从而带来巨大的工作量。弥散裂缝模型通过调整材料应力-应变本构关系反映开裂后材料力学性能的退化，但这只能用断裂区描述裂缝；分离式虚拟裂缝模型将断裂过程区简化为一条线状的分离虚拟裂缝，通过裂缝面黏聚力-张开度关系表征断裂过程区的软化特性，缺点是只能模拟 I 型开裂情况。近年来，扩展有限元（Extended Finite Element Method，XFEM）得到了快速发展，XFEM 引入非连续的阶跃函数表征裂缝两侧的非连续位移场，无需预设裂缝，也不必指定扩展路径，可以不依赖网格描述任意曲线裂缝，已有学者将 XFEM 应用到大坝裂缝的仿真计算。XFEM 在取得上述进展的同时，仍有一些问题亟待解决，如三维动态裂纹的扩展问题、裂缝产生后两侧的接触问题、如何模拟裂缝分支的产生与扩展、如何提高 XFEM 的计算效率等问题和如何在数值计算中体现混凝土真实断裂性能及其演变等问题。

（5）高拱坝安全控制技术。

高拱坝全生命周期中几个有挑战性的控制要点为：正确科学的温度控制、精细及时的变形控制以及适合各方人员参与使用的综合性控制平台，现阶段这三个方面的研究现状如下。

1）温度控制。大体积混凝土的温度控制主要依靠冷却水管，针对铺设冷却水管的大体积混凝土温度场的理论求解研究，基本都是以基本热传导方程出发，按照常物性场求解，对过多方面进行了假设处理，没有考虑到实际应用的特殊情况。

在试验方面，都侧重于对冷却效果的观察，对于冷却过程中的传热机理缺少深入的研究。这也是目前理论研究与试验研究存在的问题，各自独立，并未达到有机的融合，例如，在工程实践中已明确发现，通水流量较小时换热效率明显降低，这也引发了一系列问题：小流量通水冷却是否必要？如何通水才最有效率？这些问题都是前人理论与试验研究所欠缺的、难以解答的，需要针对传热机理与试验方面开展新的针对性研究。

针对水管冷却的数值求解，都需要在水管单元附近建立较密集的网格，针对大规模水工结构的工作量将异常巨大，难以实现。一种可以求解大规模问题、易于建模、可反映细观温度场的大体积混凝土温度计算方法是亟须的。

传统的大坝施工期温控的目的是通过人工通水冷却使混凝土温度保持在设计"温

度-时间曲线"附近,从而使施工程序和质量可控。但在实际应用过程中,各仓混凝土的施工条件、外界环境、浇筑温度等因素都不可能完全一致。为降低开裂的风险、保证施工期温度可控降温,就必须摆脱控制系统对大量人员的依赖、对大量材料的依赖,实现温度的实时动态自动化控制。

以往的大体积混凝土温度控制受工程条件与施工成本的限制,难以布置足够的相关监测仪器,同时也受以往工程配套技术水平的限制,无法做到实时动态的反馈控制。随着施工水平的逐步提高、现代化监测仪器的普及与计算机技术的飞速发展,实现精细化监测与控制已经绝不是遥不可及的梦想,当前缺少一套系统、客观、正确、精致的控制理论。综上所述,无论从科学研究层面,还是从重大国内工程实际需求看,对大体积混凝土的精细状态温度计算新方法与全新温度控制方法的研究都具有重要意义。

2)变形控制。在重力坝、拱坝等混凝土坝工程的建设中,必须要设置若干垂直于坝轴线的横缝,以适应施工的浇筑能力与地基的不均沉降,并减小温度应力。接缝灌浆是混凝土坝体施工期的关键时间节点,在接缝灌浆前需保证横缝张开足够开度,以便接缝灌浆工作的顺利开展,可见横缝开合度的控制技术对于混凝土坝施工进度的管理具有非常重要的意义。

以往对横缝的研究基本围绕计算方法开展,如接触面方法,基于对横缝面接触状态的未知性,考虑荷载、材料、边界条件等因素的非线性,对接触面区域进行数值迭代求解,但应用过程中缺乏对横缝黏结强度的考虑;工程上应用较多的还有接缝单元方法,将接缝单元建立在横缝位置,单元厚度较小或无厚度,利用单元本身材料本构与正常单元本构不同的特点来反映接缝部位的变形与受力等性质,这种方法也尚未考虑横缝的黏结强度。混凝土坝横缝相关的设计施工方法中也欠缺对横缝黏结强度的考虑与控制。由于缺少对横缝黏结强度的考虑,传统方法对横缝闭合状态的认识尚不完善,也无法对黏结强度进行有效控制,存在对横缝闭合张开过程难以准确把握,可能导致横缝张开较晚,延误灌浆时机的问题。

3)施工期-运行期综合控制平台。2008年年初,朱伯芳院士提出了混凝土坝数字监控的理论,其基本思想是:考虑到目前大坝仪器监控测点少且不能给出大坝应力场和安全系数等缺点,在仪器监控的基础上增加数字监控,基于仪器观测资料进行反分析,利用全坝全过程仿真分析,在施工期即可给出当时温度场和应力场,并可预报运行期的温度场、应力场及安全系数,如发现问题可及时采取对策;在运行期可以充分反映施工中各种因素的影响,对大坝作出比较符合实际的安全评估。

由于大坝工程建设和长期运行过程是一个复杂的随机动态过程,大坝安全分析与控制是一个多因素耦合问题,难以通过简单的数学解析模型来分析,结合工程仿真的控制平台是解决这类问题的有效途径。工程仿真综合考虑边界复杂、过程复杂、随机动态性强、不确定性强等工程特征,通过仿真建模、仿真计算、仿真控制、系统集成等理论和方法,解决复杂工程科学问题。拱坝作为一种重要的坝型,以结构轻巧、线条光滑、体形优美、自适应能力强和超载安全系数大而著称。在狭窄河谷修建拱坝既经济又安全。国内外拱坝结构模型破坏试验表明:混凝土拱坝所具有的超载能力,可以达到设计荷载的5～10倍。随着地基处理技术和筑坝技术的发展,拱坝的适应性进一步扩大,成为刚性坝中先进的坝型之一。高拱坝工程规模之大、问题之复杂、难度之大，都是前所未有的。因此，高拱坝的性能演变规律和安全控制问题，是坝工界亟待解决的关键问题。

3.1.3 高土石坝

在一大批高土石坝工程实践的推动下，围绕变形控制和防渗安全两大核心问题，在筑坝材料工程特性、大坝性态演变预测模拟技术、坝体变形协调控制、面板抗裂和动态稳定止水研发、坝体填筑施工质量控制和安全监测新技术等方面取得了研究进展。

（1）土石坝筑坝材料工程特性研究。

开展了不同试样尺寸、不同材料粒径的堆石料变形特性室内材料试验和现场大型材料试验，结合人工模拟材料试验、离散元及离散元-有限元耦合数值试验，以及对已建高堆石坝工程的反演分析等工作，初步揭示了堆石料变形参数随粒径大小的变化关系。中国水利水电科学研究院和大连理工大学还分别研制了试样直径超过1m的超大型三轴试验设备并获得初步成果。揭示了堆石料的颗粒破损和流变变形机理，提出了考虑颗粒破损的本构模型和流变模型，构建了接触面损伤模型。较为系统地研究了应力条件对堆石料流变变形的影响机制和规律，发展了多种堆石料流变变形的经验模型，探索了温度、湿度等环境因素循环变化对堆石料长期变形的影响。

采用宽级配砾石填筑心墙以改善高坝心墙应力变形性能的设计方法和施工工艺逐步成熟。结合糯扎渡、长河坝、如美、双江口等超高心墙堆石坝的设计或建设，对砾石掺量对心墙料强度变形参数、渗透系数及渗透稳定性的影响，心墙以及心墙-反滤系统的渗透稳定性和自愈特性等开展了大量的试验研究。

发展了筑坝堆石料动力特性试验方法、研发了功能更全面的试验设备，研究了复杂动应力路径下筑坝堆石料的动力响应特点，研究了先期振动对筑坝堆石料动力性能的影响；研发了可用于粗粒料循环加载试验的平面应变、扭剪、真三轴试验设备。在动力本构关系方面，由过去的等效线性理论向真非线性、弹塑性理论发展，发展了丰富多样的动本构模型；研究了砂土液化机理等问题，引入室内试验揭示的动力特性应力影响机制，改进了地基土现场动力特性分析方法，提出了更合理的液化判别准则。

（2）复杂条件下土石坝性态演变预测模拟技术。

土石坝数值模拟预测在模型规模、精细程度上都有了长足的进步，对土石坝工程的有限元模拟能力发展到几十万甚至百万自由度，计算能力的制约对于土石坝工程问题不再突出。复杂三维地形、坝基和复杂构筑物体形等可以较高精度一体化模拟；应力变形与渗流的耦合、流变、湿化以及温湿变化对长期变形的影响已有经验模型进行考虑，建立了考虑填筑、水压与时效耦合影响的坝体和面板应力变形计算模型，开发了预测运行期性状分析软件。地面大型振动台模型试验、离心模型试验等物理模拟在规模和技术上有长足发展，图像识别分析得到较广泛应用，数据采集分析中的采样率、精度大幅提高，离心机中实现了溃坝、爆破、降雨、复杂地震动等条件的模拟。实现了用离心机对坝体、坝基与防渗体系复杂结构以及高挡墙相互作用机理的模拟，建立了数学模型并揭示了深覆盖层和狭窄、陡峻地形条件下高面板坝的应力变形规律，提出了防渗墙与趾板的柔性连接方式，解决了在复杂地形、地质条件下安全建设高面板坝的关键技术难题，实现了深厚覆盖层和陡峻地形条件下高面板坝筑坝安全技术的突破。

（3）坝体变形协调控制与面板抗裂和动态稳定止水研发。

提出了变形协调新理念，建立了变形协调准则、判别标准和变形安全设计计算方法，解决了因变形不协调引起面板挤压破坏等影响高面板坝结构安全的核心问题，为高混凝土面板堆石坝安全建设提供了理论基础。研究了坝体材料分区对大坝变形协调和防渗体系安全性的影响规律，提出了对不同区域采用不同压实控制指标、调整施工填筑顺序和面板施工时机等变形控制措施。提出了重型碾压施工、分序填筑加载法、翻模固坡等国家级施工工法。研制了电液控导向调平边墙挤压机、趾板混凝土滑动模板、防浪墙混凝土移动式模板台车和柔性填料挤出机等专项施工装备。

针对高混凝土面板堆石坝防渗安全问题，提出了动态稳定止水新理念，提出了止水新结构和新材料，建立了几何非线性大变形模型，提出了止水量化设计准则，研制了高水压三向大变位止水仿真试验设备；基于孔结构、界面过渡理论，提出了面板混凝土抗裂、耐久的新方法；提出了压性缝抗挤压破坏措施，解决了面板止水及防渗安全的核心问题，形成了 200m 级高混凝土面板堆石坝止水防渗、面板防裂配套技术。

（4）坝体填筑施工质量控制和安全监测新技术。

基于卫星定位、物联网等技术，开发了对坝料运输路径、碾压机具移动轨迹和速度、激振力状态进行实时在线监控的施工质量监控系统，实现了土石坝碾压施工质量数字化、可视化实时监控，建立了数字大坝理论。应用卫星定位、遥感和 InSAR、无人机扫描、测量机器人等新技术，提高了大坝变形量测自动化程度；开发了量测长达 520m 的遥测遥控水平垂直位移计、耐 3.5MPa 水压力的高精度双向固定测斜仪等新型监测仪器。建立了考虑填筑、水压与时效耦合影响的坝体和面板应力变形计算模型，开发了预测运行期性状分析软件，形成了高面板坝安全监测成套技术。

3.1.4　高胶结材料坝

胶结材料坝筑坝技术是我国学者在欧美 Hardfill、日本 Trapezoid CSG 研究的基础上，提出的一种使用胶结堆石和胶结砂石作为筑坝材料的筑坝技术。胶结材料坝包括胶凝砂砾石坝和堆石混凝土坝，我国学者通过对筑坝的论证及实践，基于自主研发提出了"宜材适构、宜构适材"的新型筑坝理念和胶结材料坝新坝型，形成连续完整的由散粒料到混凝土的筑坝材料谱系。

3.1.5　胶凝砂砾石坝

21 世纪以来，在国家"973"计划、"十二五"科技支撑、水利公益性行业专项，以及工程应用研究等支持下，科研单位、高校牵头，联合设计、施工单位和高新技术企业，对胶凝砂砾石料坝筑坝技术进行了持续多年的研发，大量原创性论文在重要期刊发表，根据检索，我国近 7 年来论文数量平均每年增长 20% 左右，在中国国家知识产权局申请注册的专利近 70 项。取得的研究成果包括：在筑坝材料研究方面，提出了材料配合比设计方法，研究提出了材料的强度性能指标；在结构方面，分析研究了新坝型的受力与变形特性，提出了整体结构设计方法；在施工方面，提出了无间歇连续施工的施工流程和质量控制指标体系，研制了专用拌和设备。基于上述研究成果，制定了行业技术标准，指导了街面、洪口等围堰工程和山西守口堡、云南松林、四川顺江堰、贵州猫猫河等水库大坝工程的建设,具备了进一步研究、形成配套的技术和设备的基础。

目前胶凝砂砾石料的应用仍以中低坝为主,大型、永久工程并不多,但我国的水库大坝数量仍在不断地增加,胶凝砂砾石料正在逐渐应用于高坝大库工程中。我国现有100m以上高坝数量近140座,且数量仍在增加;已建、在建和拟建200m以上高坝21座,数量居世界首位。将胶凝砂砾石料应用于更高的坝中,实现由我国提出并发展的新坝型的突破,攻克100m级胶凝砂砾石料坝建设的技术瓶颈,必然会提高经济、社会和环境效益,具有重大的意义。

(1)胶凝砂砾石料材料宏细观工程性能研究。

基于实际工程的应用,系统研究了胶凝砂砾石料筑坝材料的配合比及强度特性,提出了基于最小强度和平均强度双控制的宽级配骨料胶凝砂砾石料配合比设计方法;开展了胶凝砂砾石料层面抗剪试验研究,讨论不同工况下胶凝砂砾石料的抗剪强度指标,提出胶凝砂砾石料施工铺筑过程中保障层面结合性能的措施;开展了含层面胶凝砂砾石料渗透性、溶蚀性能的试验研究,同时研究了长期水压下及经过长期养护后胶凝砂砾石料的渗透溶蚀特性;开展了胶凝砂砾石料抗冻性相关试验,针对胶凝砂砾石料的冬季过冬养护方面开展了模拟试验,模拟胶凝砂砾石料泡水后放到室外,经受自然冻融循环后,强度等性能的变化;现有研究结果主要是针对不同尺寸试件的抗压强度展开的,对全级配下胶凝砂砾石料的物理模型和力学模型研究不足。

(2)胶凝砂砾石料坝结构性能演变机制。

开展了基于塑性损伤本构模型的超载破坏过程研究,在模拟坝体超载起始破坏时,选用适合模拟岩石应力应变关系的 DP 准则模拟,采用两种极限情况下模拟,一种是不透水地基,即施加库盆水压;另一种是全透水地基,不施加渗透压力。而实际情况是地基的渗透介于两者之间。采用容重超载法分析坝体的极限承载能力,同时基于弹塑性本构模型,对比研究了胶凝砂砾石料坝的超载能力及其余常规混凝土重力坝超载能力。

(3)胶凝砂砾石料坝结构优化设计。

基于国内外调研,以实际工程为例,采用对比分析、结构仿真、非线性有限元方法、改进的有限元等效应力等方法,系统研究了不同荷载工况作用下胶凝砂砾石料的稳定、变形和应力特性,基于大量计算分析,提出了胶凝砂砾石料围堰、防护堤、大坝的抗滑稳定及应力控制标准,归纳总结了胶凝砂砾石料设计的基本原则和方法;提出通过调整坝体结构以适应当地材料的特性、采用不同材料构建功能梯度结构以更好实现非散离体筑坝的要求,提升了胶凝砂砾石料坝的理论,提出了基于功能梯度结构的坝体设计理论和方法,构建了坝体结构设计控制指标体系。分析了该坝型的受力、变形特点和超载能力,基于分析成果,提出了坝体结构和构造设计标准,阐明了该坝型的本质安全机理;提出了非对称体形的坝体结构设计,利用前置防渗墙、不同材料分区、防渗连接形式等,成功解决了非岩基修建胶凝砂砾石料坝地基不均匀变形问题,给出了非岩基上修建胶凝砂砾石料坝适应基础不均匀变形的技术方案。

(4)胶凝砂砾石料坝专用设备、工艺及质量控制系统。

针对胶凝砂砾石料的特点,研发了可拌制最大粒径200mm、宽级配料的胶凝砂砾石料连续式拌和设备,拌和物稳定性好,生产效率高,实现了大骨料、连续级配砂砾石料的均匀、高效拌和；结合实际工程，开展了胶凝砂砾石料施工工艺的研究，对胶凝砂砾石料施工过程中的拌和、运输、卸料、平仓、碾压、养护、层面处理、质量监测和评定等关键技术进行了研究，建立了一套完整的施工工艺；提出了胶凝砂砾石料加浆振捣防渗层施工工艺，通过大量试验与实践，总结提出了胶凝砂砾石料加浆振捣防渗层施工工艺，保障了防渗层的质量，同时可与坝体主体同步施工，避免了结合问题，提高了工程质量；研发了拌和、碾压数字监控系统，提出了超宽带技术，实现了无通信信号区域大坝建设的数字质量监控；构建了胶凝砂砾石料筑坝质量控制标准。

3.1.6　堆石混凝土坝

堆石混凝土是由清华大学在日本自密实混凝土技术基础上自主研发的新型大体积混凝土施工技术，并随后应用于建设堆石混凝土重力坝和堆石混凝土拱坝。截止到 2017 年 6 月，我国共建成堆石混凝土重力坝 32 座，堆石混凝土拱坝 2 座，正在浇筑大坝混凝土的堆石混凝土重力坝有 19 座，堆石混凝土拱坝有 2 座。其中，陕西佰佳堆石混凝土拱坝坝高 69m，是建成的最高堆石混凝土拱坝；云南松林堆石混凝土重力坝坝高 90m，是正在建设的最高堆石混凝土坝。

堆石混凝土早期的研究主要集中于堆石混凝土的强度（抗拉、抗压、抗剪）、抗渗性能、热物理参数等。其研究主要通过大尺寸堆石混凝土试件、大尺寸自密实混凝土试件及标准自密实混凝土试件的强度对比试验，建立堆石混凝土强度与自密实混凝土强度的经验关系，从而建立自密实混凝土强度、堆石强度与堆石混凝土强度的经验关系，为工程实践中采用自密实混凝土标准试件和常规试验方法、对堆石混凝土的强度进行控制奠定了技术基础。目前已经建立了抗压、抗拉强度的经验公式。堆石混凝土的抗剪、极限拉伸、热膨胀系数、绝热温升、抗渗、抗冻性能等试验研究也已经取得较大进展，在这些研究成果的基础上，结合实际工程和现场试验资料，堆石混凝土大坝实际参数反馈与全过程仿真模拟的研究，已经为堆石混凝土温控和工艺参数的确定提供了技术支撑。

从 2012 年以后，在国家自然科学基金重点基金等项目的支持下，堆石混凝土大坝的研究开始更加深入地开展机理研究，解决了以下关键的技术和科学问题。

（1）自密实混凝土在复杂堆石体中的流动性能模拟及堵塞机理。

堆石混凝土主要依靠自密实混凝土在堆石体的空隙中流动充填以保障其密实度。堆石混凝土密实度是保障堆石混凝土性能的核心指标，实际工程实践的大量检验数据表明，在保证施工质量的条件下，堆石混凝土的密实度有很高的保证率。由于自密实混凝土的流动属于非 Newton 流体，一般可以采用 Bingham 流体模型进行描述。清华大学采用 MRT - LBM（Multiple Relaxation Time - Lattice Boltzmann Method）实现了自密实混凝土的三维流动模拟，并与离散元耦合，模拟了自密实混凝土在堆石空隙中的流动，揭示了自密实混凝土骨料堵塞机理，明确了发生堵塞的条件。在进行数值模拟的同时，清华大学联合美国西北大学（Northwestern University）开展了自密实砂浆在堆石体中的填充性能物理试验，研究了粒径比、块石表面含水量、自密实砂浆流动性能等对堆石混凝土密实度的影响。清华大学还采用自主研发的透明流动模拟材料 FSM，对自密实混凝土在堆石体中的流动进行了物理模拟。这些数值和物理模拟的成果表明，目前堆石混凝土大坝施工中采用的工艺参数有较大的裕度，通过对流动模拟的深化研究，优化堆石混凝土浇筑层厚等工艺参数可以进一步提高堆石混凝土经济性和材料利用率，加快施工进度。

（2）堆石混凝土与自密实混凝土界面特性及其对堆石混凝土宏观性能的影响。

堆石混凝土与常规大体积混凝土相比，其特点在于采用大量大粒径块石，这些大粒径块石与自密实混凝土的界面性能是决定堆石混凝土力学性能的关键。清华大学与美国西北大学合作采用背散射电子图像和纳米压痕技术对堆石与自密实混凝土交界面的孔隙率和力学性能及其影响因素开展了研究，研究表明采用自密实浇筑方法可以提高堆石和混凝土交界面的物理特性，堆石混凝土具有良好的综合宏观性能。

经过 10 多年的室内试验、现场试验、数值模拟、工程现场检测与成果分析等综合研究，在堆石混凝土坝堆石混凝土充填密实度、堆石混凝土综合性能、施工工艺及配套技术研发上取得了一系列的研究成果，发表的相关的 SCI 论文超过 20 篇，还有上百篇国内期刊的学术论文，堆石混凝土坝相关专利近 40 项。水利行业技术标准《胶结颗粒料筑坝技术导则》（SL 678—2014）已于 2014 年颁布；国家能源行业标准《堆石混凝土技术筑坝技术导则》（NB/T 10077—2018）已通过水电水利规划总院的技术审查，进入报批程序；电力行业标准《水电水利工程堆石混凝土施工规范》已通过大纲审查，完成初稿。《世界银行技术简报》（Technical Note on Rockfill Concrete Technology for Dams）已经完成，《国际大坝委员会技术公报》（ICOLD Bulletin on Rockfill Concrete Dam）计划于 2018 年完成。堆石混凝土筑坝技术体系已基本成熟。

3.2 高坝结构性能演变理论发展趋势研究关键科学问题

根据高坝建设的关键技术问题和相关学科国际学术前沿与国内外研究现状，围绕高坝性能演变机理与安全控制理论研究目标，从大坝混凝土材料与结构性能演变、高坝建设性能控制与安全评估方法等角度，凝练出急需解决的三个关键科学问题。

3.2.1 高效超大规模的大坝结构与仿真方法

（1）高重力坝和高拱坝结构与仿真方法。

研究施工期混凝土温度及应力分析方法，提出一套精细模拟大体积混凝土工程实时温度应力快速分析算法。研究渗流和渗流与应力耦合的仿真分析方法，实现渗流、结构仿真的统一模拟，包括渗流和应力以及渗流-温度-应力等多场耦合作用及坝体湿胀变形特性。

（2）高土石坝结构与仿真方法。

揭示高应力和变化环境下粗粒料力学性质的尺度效应和流变机理、高土石坝防渗系统性能时空演化机制，提出复杂条件下高土石坝结构及其防渗系统长期服役性能演化过程模拟理论。系统研究高土石坝内部岩土材料与岩土材料之间、岩土材料与刚性结构之间界面应力应变的传导机制和规律，提出适用的本构理论和数值模拟方法。提出高土石坝复杂接触系统的多体接触分析方法以及模拟大坝裂缝、剪切带、面板挤压破损、止水破坏、心墙渗透破坏等萌生和发展规律的计算理论。

3.2.2　大坝结构性能演变机理与规律

（1）高重力坝和高拱坝结构性能演变机理与规律。

深入研究碾压混凝土层面的抗渗特性，揭示高碾压混凝土坝的性能演变机理。揭示复杂条件下大坝混凝土性能演变的内在宏细观力学机制和材料真实性能演变规律与高混凝土坝全寿命周期性能演变规律，建立复杂环境因子驱动下的混凝土材料性能老化、劣化等时效力学模型，提出高混凝土坝全寿命周期性能评估方法，形成一套基于全寿命周期性能演变的高混凝土坝安全预警理论，为高混凝土坝建设与运行安全提供科学依据。

（2）高土石坝结构性能演变机理与规律。

揭示高应力和变化环境下粗粒料力学性质的尺度效应和流变机理、高土石坝防渗系统性能时空演化机制，提出复杂条件下高土石坝结构及其防渗系统长期服役性能演化过程模拟理论。针对室内试验空间尺度和加载历时与现场的差别，研制超大型试验仪器，改进流变变形试验装置，通过多尺度、长历时的试验，以及实际土石坝工程的应力变形监测和反演分析，揭示尺度效应和时间效应对堆石料应力变形特性的影响，研究现场应力变形特性和长期变形规律。研究尺寸效应、边壁效应、应力状态、水力梯度等因素对渗透系数测量的影响，发展再现现场应力和水力条件下测定宽级配砾石土渗透系数的方法，研究颗粒级配、应力变形等因素对砾石土心墙料渗透系数的影响规律，提出合理反映砾石土心墙料渗透与应力变形耦合关系的本构模型，科学预测心墙料长期渗透固结变形规律。系统研究高土石坝内部岩土材料与岩土材料之间、岩土材料与刚性结构之间界面应力应变的传导机制和规律，提出适用的本构理论和数值模拟方法；揭示现场复杂条件下接触黏土的性能和作用机制；揭示坝基防渗墙与覆盖层、上部坝体结构的相互作用规律。研究坝体自重和库水荷载、渗流、坝料流变和湿化变形、岩土体与结构相互作用的因素对土石坝应力变形性态的影响；研究多种因素长期耦合作用下，高土石坝应力变形及变形协调的演化；研究土石坝长期变形协调发展过程中防渗体系的工作状态和性能演化。研究复杂条件下土质防渗体、混凝土面板、防渗墙、止水等防渗结构长期服役性能受自身应力变形、渗流、环境变化等多种因素的影响规律，揭示土石坝防渗体系的性态演化规律。

（3）胶凝砂砾石坝结构性能演变机理与规律。

提出不同原材料（包括大粒径、级配差等特殊条件）下满足工程应用和安全要求的胶凝砂砾石料配制新技术，系统研究不同配合比胶凝砂砾石料的宏细观工程力学性能和长期性能演变规律。在材料耐久性能研究的基础上，对坝体表层防护材料的研究现状展开广泛的调研，基于胶凝砂砾石料配制新技术，研发适宜的胶凝砂砾石料坝体表层防护材料，形成坝体防渗保护体系。着重研究胶凝砂砾石料坝的性能演变规律和新型结构优化设计方法与理论，研究胶凝砂砾石料坝的物理、数值模型以及不同工况下坝体形态演变的规律，构建坝体的损伤本构模型，研究静动力损伤机制、耐久性损伤机制，诠释胶凝砂砾石料破坏全过程的变形特征，提出胶凝砂砾石料坝新坝型，实现坝型、坝高等方面的突破。

（4）堆石混凝土坝构性能演变机理与规律。

堆石混凝土水泥用量少，水化热低，可在施工中减少甚至取消温控措施，但取消温控后，在施工期和运行期尤其是蓄水初期，大坝结构内部水化热的生长和发展过程尚不清晰，有必要通过实际监测研究施工期堆石混凝土坝温度场时空分布与发展规律。还应该利用大坝安全监测资料，对蓄水运行期大坝温度场随时间、气温和水温的变化规律、施工期与运行期坝体横缝的变形规律及其与大坝温度场的相关关系、施工期与运行期大坝变形发展规律、坝踵变形与坝底渗压状态等进行深入研究，加深对堆石混凝土坝结构受力特点的认识。

3.2.3 大坝破坏准则与安全评估方法

构建大坝确定性和不确定性评价指标体系，建立大坝不同层次的风险接受准则，构建大坝全生命周期性能综合评价指标体系，建立高坝全寿命周期性能评估方法，形成一套基于全寿命周期性能演变的高坝安全预警与安全控制理论。

（1）高重力坝和高拱坝破坏准则与安全评估方法。

研究施工期混凝土温度安全评价体系，提出一套系统、客观、正确、精致的大体积混凝土工程温度实时动态评价体系。研究高混凝土坝全生命周期性能破坏准则和综合评价指标体系，建立高混凝土坝设计-建设-运行-退役的全生命周期系统理论。

（2）高土石坝破坏准则与安全评估方法。

建立高土石坝全寿命过程动态安全评估方法，构建高土石坝全寿命过程安全综合评价指标体系，形成一套基于全寿命过程的高土石坝动态安全评估与安全控制理论，为高土石坝安全建设与运行提供科学依据。研究材料物理力学特性参数、施工控制指标等参数的不确定性对坝体工作性态不确定性的影响，研究考虑多种不确定条件土石坝风险分析方法。研究大坝裂缝、剪切带、面板挤压破坏、止水破坏、心墙渗透破坏等土石坝破坏现象与坝体表面变形、渗漏量、渗压等可观测宏观状态指标的相关关系，研究防渗体系安全性与土石坝宏观应力变形的相关关系，挖掘土石坝结构性态演变与监测现象的内在联系，研究对土石坝工程监测数据进行实时反馈分析的技术，发展考虑土石坝结构性态演变的动态安全评估方法。

（3）高胶凝砂砾石料坝破坏准则与安全评估方法。

提出全生命期性能评估与安全控制体系，侧重于研究胶凝砂砾石料坝的抗漫顶冲蚀和防溃作用机理、控制指标和筑坝技术标准，在广泛调研和材料、结构性能研究基础上，给出胶凝砂砾石料坝全生命期安全评估方法和安全控制体系，为胶凝砂砾石料施工和运行安全保驾护航。

（4）堆石混凝土坝破坏准则与安全评估方法。

充分吸收常态混凝土坝和碾压混凝土坝分析研究的丰富成果，充分考虑堆石混凝土材料与施工工艺特殊性所带来的差异，建立合理的破坏准则、安全评价方法和指标体系。

3.3 高坝结构性能演变理论发展趋势研究优先发展方向

3.3.1 高坝材料真实性能及其演变机理

（1）高重力坝和高拱坝材料真实性能及其演变机理。

研究大坝混凝土材料真实性能的获取技术与方法，研究大坝混凝土热、力学参数的高效反演方法，研究高坝全级配混凝土真实性能和真实断裂特性试验方法，研究新老混凝土界面的变形行为和力学性能理论和试验方法，研究大坝混凝土材料真实性能随龄期演变机理，研究水环境变化对大坝混凝土真实性能影响规律。

（2）高土石坝材料真实性能及其演变机理。

搭建研究土石坝筑坝材料的多尺度材料力学试验平台，开展长历时的应力、应变特性试验，综合运用室内材料试验、数值试验、原型观测和反演分析等手段，提出合理评价筑坝岩土材料长期真实应力、变形特性的方法。综合考虑筑坝岩土材料的长期真实应力变形特性以及岩土材料之间、岩土材料与刚性结构之间的多种相互作用，搭建土石坝全寿命生命周期的工作性态仿真模拟平台，研究复杂条件下土质防渗体、混凝土面板、防渗墙、止水等防渗结构长期服役性能受自身应力变形、渗流、环境变化等多种因素的影响规律，揭示土石坝防渗体系的性态演化规律，评估不同因素组合作用下防渗体系的长期服役性能。

（3）高胶凝砂砾石料坝材料真实性能及其演变机理。

研究不同配比胶凝砂砾石料静动力学性能和静动力条件下胶凝砂砾石料的本构模型以及长期性能演化与抗冲蚀特性。研究胶凝砂砾石料坝材料和结构在不同尺度下胶结行为的结构化属性，提出可调控结构化胶凝砂砾石料的尺度耦联分析方法。研究胶凝砂砾石料的耐久性及其模拟方法；研究胶凝砂砾石料层间结合面的宏细观力学性能；研究不同工况下胶凝砂砾石料坝的坝体损伤机制及性能演变规律；开展胶凝砂砾石料坝物理模型试验，研究胶凝砂砾石料坝的极限承载能力与损伤发展演化规律；提出基于性态演变规律的胶凝砂砾石料坝控制指标。

（4）高堆石混凝土坝材料真实性能及其演变机理。

结合堆石混凝土高坝工程，在进一步积累堆石混凝土大尺寸试件试验成果基础上，深化对堆石混凝土综合物理力学性能的认识，并引入复合材料研究方法，通过细观数值模拟等，研究大粒径块石对于材料均匀性和堆石混凝土抗裂性能的影响，建立堆石混凝土全过程本构模型。另外，还研究堆石与自密实混凝土交界面和堆石混凝土施工层面的力学性质、性能演化机理，开展堆石混凝土碱骨料反应试验和数值模拟，研究其膨胀变形过程、劣化机理，提出堆石混凝土碱骨料反应评价指标。

3.3.2 高坝真实性能及其演变机理

（1）高重力坝和高拱坝结构真实性能及其演变机理。

研究模拟真实横缝变形状态的分析模型，研究横缝整体结构面各高程处于不同的性态发展阶段的张开和扩展情况，探究横缝的破坏行为，实现考虑横缝真实工作性态和破坏机理的横缝变形、开裂和扩展的仿真分析，综合考虑高拱坝施工过程中横缝状态、接缝灌浆、混凝土温度状态、界面应力状态等因素，研究高拱坝结构变形的真实性能演变机理、演变特性及演变模型。

（2）高土石坝结构真实性能及其演变机理。

研究模拟大坝裂缝、剪切带、面板挤压破损、止水破坏、心墙渗透破坏等萌生和发展规律的计算理论和方法；搭建可考虑连续和非连续变形，综合考虑固定荷载和可变荷载、应力变形和渗流的耦合作用、材料的流变和劣化、环境变化等多种复杂因素共同作用的仿真平台。分析高土石坝结构、防渗系统以及各种非连续界面的变形发展，研究防渗体系的破损、劣化和失效机制。研究心墙及高塑性黏土在复杂应力和渗流条件下发生裂缝、水力劈裂、渗透破坏的细观机理，分析颗粒级配、填筑含水率、施工控制指标对防渗土料工作性态的影响规律，提出改善土质防渗体应力变形状态的工程措施。研究高面板堆石坝面板挤压破坏的细观机理，揭示混凝土与钢筋间不协调变形对破损过程的影响，分析面板配筋方式对面板混凝土工作性态的影响规律，建立包含混凝土、钢筋等的混凝土面板细观力学模型，提出面板挤压破坏控制标准方法。考虑面板应力分布、面板配筋影响等因素，研究提出面板结构厚度和配筋的精准设计方法。开展混凝土面板综合性能提升技术研究，配制抗挤压破坏的高性能面板混凝土，提出接缝止水的工程防护措施。

（3）高胶结材料坝结构真实性能及其演变机理。

研究考虑功能梯度的胶凝砂砾石料坝的性能与演变规律，研究胶凝砂砾石料坝破坏模式与抗漫顶冲蚀和防溃作用机理，研究胶凝砂砾石料坝。

（4）高堆石混凝土坝结构真实性能及其演变机理。

运用多种检测技术手段开展室内试验和现场试验，依据试验成果总结堆石混凝土坝施工质量无损检测方法和技术指标，同时开展现有工程监测资料的深入分析，包括堆石混凝土水化温升规律，施工期堆石混凝土内部温度场的时空分布，蓄水运行期大坝温度场随时间、气温和水温的变化规律，施工期与运行期坝体横缝的变形规律及其与大坝温度场的相关关系，施工期与运行期大坝变形发展规律，坝踵变形与坝底渗压状态，施工层面的抗渗性能等。

3.3.3 高坝安全分析方法与控制技术

（1）高重力坝和高拱坝安全分析方法与控制技术。

研究高拱坝施工期混凝土温度安全评价体系及分析方法，形成一套系统、客观、正确的大体积混凝土工程温度实时动态评价体系，研究渗流和渗流与应力耦合的仿真分析方法，研究高拱坝细部结构-缝端开裂稳定分析技术，研究高拱坝设计-建设-运行-退役全生命周期性能综合评价指标体系，研究高拱坝施工期优化温度监测方法与自动化温度控制技术，研究施工期-运行期结构变形监测方法与变形控制技术，研究高拱坝基于性能演变的整体动态安全控制技术。

（2）高土石坝安全分析方法与控制技术。

深入分析土石坝工程全生命周期的性态演化和安全要点，构建科学的高土石坝全寿命过程安全评价指标体系，形成一套基于全寿命过程的高土石坝动态安全评估与安全控制理论。搭建工程设计、建设管理、现场检验检测管理、安全监测管理、云分析的一体化信息平台，实现对高土石坝设计-施工-运行全生命周期性态的实时监控、分析和动态安全评估。研究精细化分区与精细化施工控制相结合，提高岩土材料利用率和选择范围的设计方法，研究筑坝材料的改性、改良新技术。针对目前散粒高模量材料并无成熟的试验方法和专门试验设备的问题，研究比较基于现有不同试验方法的变形模量和强度，提出适合高模量散粒体材料物理力学特性指标的评价方法，研究高模量散粒体材料模量和强度的长期特性。研究提出高模量散粒体材料的施工工艺、质量控制标准和检测方法。研究分析复合材料与复合结构性能的交互影响，提出高土石坝结构分区与材料选用的基本准则与设计方法，建立高土石坝"宜材适构"设计理论。

（3）高胶凝砂砾石坝安全分析方法与控制技术。

提出胶凝砂砾石料坝风险评估模型和方法。研究考虑性能演化的胶凝砂砾石料坝全生命期安全评估方法，提出100m级胶凝砂砾石料坝筑坝技术准则。提出基于结构界面演化的胶凝砂砾石料坝结构优化设计理论。研发适用于广源化原材料拌和、加浆振捣和现场质量检测评定的胶凝砂砾石坝施工关键设备，研发胶凝砂砾石料坝施工智能监控系统，实现施工全过程实时监控和动态预警，提出100m级胶凝砂砾石料坝成套施工工艺和质量控制系统。

（4）高堆石混凝土坝安全分析方法与控制技术。

围绕100m以上大坝的建设，研究高堆石混凝土坝的破坏模式和分析方法与安全评估体系，分析影响其性能的关键因素，研究对其宏观性能的控制途径，以建立完整的堆石混凝土高坝设计方法体系和优化施工工艺和质量控制方法，完善堆石混凝土筑坝技术体系。

参考文献

［1］　Zhang C H. Challenges of high dam constructions to computational mechanics ［C］// Computational Mechanics，WCCM VI in Conjunction with APCOM'04，Sept. 5 – 10，2004，Beijing，China.

［2］　贾金生，陈改新. 碾压混凝土坝发展水平和工程实例 ［M］. 北京：中国水利水电出版社，2006.

［3］　Zhang C H，Jin F. Seismic safety evaluation of high concrete dams：part I　state of the art design and research ［C］//The 14th World Conference on Earthquake Engineering，Oct. 12 – 17，2008，Beijing，China.

［4］　陈厚群. 中国水电工程的抗震安全 ［C］//联合国水电与可持续发展研讨会论文集. 2004：1384 – 1390.

［5］　钟登华. 碾压混凝土坝建设仿真与质量监控理论及实践 ［C］//第167场中国工程科技论坛暨水安全与水利水电可持续发展高层论坛，2013.

［6］　李庆斌，林鹏，胡昱. 特高拱坝建设科研模式创新与实践：兼论科研工作在溪洛渡拱坝建设项目管理模式中的地位与作用 ［J］. 水力发电学报，2013，32（5）：281 – 287.

［7］　樊启祥，洪文浩，汪志林，等. 溪洛渡特高拱坝建设项目管理模式创新与实践 ［J］. 水力发电学报，2012，31（6）：288 – 293.

［8］　周建平，杜效鹄. 中国特高拱坝建设特点与关键技术问题 ［J］. 水力发电，2012，38（8）：29 – 32，50.

［9］　邓宗才，李庆斌，傅华. 人工骨料全级配大坝混凝土的拉压力学性能 ［J］. 水利学报，2005，36（2）：214 – 218，224.

［10］　盛金昌，速宝玉. 溪洛渡拱坝坝基渗流-应力耦合分析研究 ［J］. 岩土工程学报，2001，23（1）：104 – 108.

［11］　Reclamation Bureau. Linear elastic investigation of tensions at the dam heel and sliding stability for Pueblo Dam U. S. Dept. of the Interior ［J］. Bureau of Reclamation，2000.

［12］　Liu C. Temperature field of mass concrete in a pipe lattice ［J］. Journal of Materials in Civil Engineering，2004，16 （5）：427.

［13］　任青文. 高拱坝安全性研究现状及存在问题分析 ［J］. 水利学报，2007，38 （9）：1023 - 1031.

［14］　贾金生，郦能惠，徐泽平，等. 高混凝土面板坝安全关键技术研究 ［M］. 北京：中国水利水电出版社，2014.

［15］　贾金生. 中国水利水电工程发展综述 ［J］. Engineering，2016，2 （3）：301 - 312.

［16］　水电水利规划设计总院，等. 中国混凝土面板堆石坝 30 年——引进·发展·创新·超越 ［M］. 北京：中国水利水电出版社，2016.

［17］　The Brazilian Committee on Dams. Proceedings of the 4th International Symposium on Rockfill Dams ［C］. Belo Horizonte，May 17 - 18，2017.

［18］　马洪琪，迟福东. 高面板堆石坝安全性研究技术进展 ［J］. Engineering，2016，2 （3）：332 - 339.

［19］　马洪琪. 中国坝工技术的发展与创新 ［J］. 水力发电学报，2014，33 （6）：1 - 10.

［20］　钟登华，刘东海，崔博. 高心墙堆石坝碾压质量实时监控技术及应用 ［J］. 中国科学：技术科学，2011，41 （8）：1027 - 1034.

［21］　钟登华. 从数字大坝到智慧大坝 ［J］. 水力发电学报，2014，34 （10）：1 - 13.

［22］　钮新强. 高面板堆石坝安全与思考 ［J］. 水力发电学报，2017，36 （1）：104 - 111.

［23］　贾金生，刘宁，郑璀莹，等. 胶结颗粒料坝研究进展与工程应用 ［J］. 水利学报，2016，47 （3）：315 - 323.

［24］　李建成，曾力，何蕴龙，等. Hardfill 筑坝材料配合比试验研究 ［J］. 水力发电学报，2010，29 （2）：216 - 221.

［25］　冯炜，贾金生，马锋玲. 胶凝砂砾石坝筑坝材料耐久性能研究及新型防护材料的研发 ［J］. 水利学报，2013，44 （4）：500 - 504.

［26］　黎学皓，刘勇. CSG 筑坝技术在洪口过水围堰中的应用 ［J］. 水利水电施工，2009 （3）：15 - 20.

［27］　金峰，安雪晖，石建军，等. 堆石混凝土及堆石混凝土大坝 ［J］. 水利学报，2005，36 （11）：1347 - 1352.

［28］　Xie Y T，Corr D，Chaouche M，et al. Experimental study of filling capacity of self - compacting concrete and its influence on the properties of rock - filled concrete ［J］. Cement and Concrete Research，2014，56：121 - 128.

［29］　Xie Y T，Corr D，Jin F，et al. Experimental study of the interfacial transition zone （ITZ） of model rock - filled concrete （RFC） ［J］. Cement and Concrete Composite，2015，55：223 - 231.

［30］　Wang Y Y，JIN F，Xie Y T. Experimental study on effects of casting procedures on compressive strength，water permeability，and interfacial transition zone porosity of rock - filled concrete ［J］. Journal of Materials in Civil Engineering，2016，28 （8）.

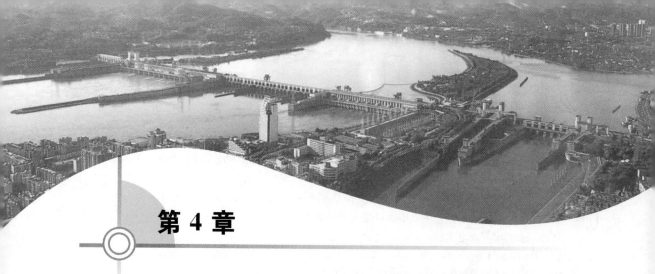

第4章

高陡边坡安全控制理论发展趋势研究

4.1　高陡边坡安全控制理论发展趋势研究进展

　　我国西南地区河谷深切、岸坡陡峻、地质环境复杂，在该地区修建的大型水利水电工程无一例外面临高陡边坡的变形与稳定性控制难题。该地区水利水电工程高边坡具有复杂的孕育演化历史，自然坡高普遍达数百米至千余米，岩体卸荷强烈，坡体结构复杂，自然稳定条件差；在工程建设过程中，将形成一系列人工开挖高边坡，开挖坡高达300～600m（表4.1），开挖规模巨大，工程扰动强烈，高陡边坡施工期稳定性问题突出；在蓄水运行期，高陡边坡将长期处于库水涨落和泄洪雾化雨周期性作用的恶劣运行环境中，从而诱发山体蠕变、谷幅收缩等一系列突出问题，严重威胁高陡边坡及枢纽工程的安全运行。因此，高陡边坡的设计理论、稳定分析方法和安全控制技术面临严峻挑战，其安全控制问题已成为制约水利水电工程建设与运行的关键技术难题之一。

表 4.1　　我国西南地区部分已建、在建或拟建大型水利水电工程高边坡

序号	高边坡名称	自然坡高/m	自然坡度/(°)	开挖坡高/m	坝高/m
1	小湾水电站高边坡	700～800	47	670	294.5
2	锦屏一级水电站高边坡	>1000	>55	530	305
3	大岗山水电站高边坡	>600	>40	380～410	210
4	溪洛渡水电站高边坡	300～350	>60	300～350	285.5
5	天生桥水电站高边坡	400	50	350	178
6	糯扎渡水电站高边坡	800	>43	300～400	261.5
7	白鹤滩水电站高边坡	440～860	>42	400～600	289
8	乌东德水电站高边坡	830～1036	>43	430	270

　　近十多年来，在小湾、锦屏一级、大岗山、溪洛渡、白鹤滩、乌东德等大型水利水电工程建设的推动下，我国在高陡边坡孕育演化历史与坡体结构特征、开挖扰动机制与

爆破振动控制、锚固支护机理与性能演化规律、渗流分析理论与控制技术、变形稳定分析理论与控制技术、安全监测与反馈预警技术、安全控制理论与优化设计方法等方面取得了长足的研究进展。具体研究进展如下。

4.1.1 高陡边坡孕育演化历史与坡体结构特征

我国西南地区地处青藏高原东部，受青藏高原近百万年来持续隆升的影响，在青藏高原与云贵高原和四川盆地之间形成规模宏大的大陆地形坡降带，发育于青藏高原的各级河流强烈快速下切，从而形成宏伟的高山峡谷地貌特征。研究表明，位于青藏高原东缘的深切河谷具有较为特殊的演化模式，总体经历了准平原期、宽谷期和峡谷期三个阶段，深切河谷的演化主要是在宽谷期和峡谷期时河谷地貌的侧向和竖向剥蚀所致；对西南坝址区区域地质、第四纪地貌及河流阶地、边坡地质构造、风化卸荷等资料的分析表明，西南深切河谷演化存在对称河谷对称剥蚀型、对称河谷不对称剥蚀型和不对称河谷不对称剥蚀型三种典型模式，河谷地应力场也可划分为构造应力主导型、自重应力控制型和河谷演化诱导型三种基本模式。与河谷演化进程中复杂的内外动力地质作用和深切的峡谷地貌紧密联系，我国西南地区高边坡具有如下突出特点：①边坡高陡、坡型复杂，自然边坡最大高度超过 1000m，人工边坡最大高度近 700m，自然边坡平均坡度多在 40°以上，工程规模世界罕见；②边坡应力环境复杂、地应力量级高，总体呈现应力降低、升高及原始三带的"驼峰型"及谷底存在"高应力包"的基本规律；③边坡具有复杂的变形破裂演化历史，岩体卸荷松弛强烈，时效变形特征显著，表现为岩层弯曲、倾倒、拉裂等复杂时效变形现象，导致高边坡的稳定性呈现动态演化特征。

研究表明，西南地区高边坡孕育与演化的动力过程可划分为表生改造、时效变形和破坏发展三个典型阶段，并呈现出复杂多变的变形破坏机制，如滑移-拉裂-剪断"三段式"机制、"挡墙溃屈"机制、倾倒变形机制、压缩-倾倒-拉裂或错动剪胀机制、阶梯状蠕滑-拉裂机制、高应力-强卸荷深部破裂机制等。受西南地区特殊构造运动及河谷演化进程的影响，在向家坝、锦屏一级、大岗山、白鹤滩、叶巴滩等水电工程坝址区高边坡常规卸荷带以内，距坡面水平深度一般在 100～300m 范围普遍发育有深部裂缝。针对河谷高陡边坡岩体深部裂缝问题，国外最早的研究可追溯到 20 世纪 40 年代，提出了岩体深层重力变形成因机制；国内类似研究则始于 20 世纪 80 年代，尤以针对锦屏一级水电站左岸岩体深部裂缝的研究最为丰富。针对西南水电工程坝址区高边坡发现的深部裂缝，最初由于具体实例较少，导致认识并不深入，曾一度将深部裂缝划为正常卸荷范畴。随着此类工程地质现象的增多，地质研究者越来越认识到深切河谷深部裂缝并非正常卸荷产物，但传统工程地质理论却又难以合理解释其形成机制。

由于深部裂缝对工程建设存在不利影响，其所在区域的岩体稳定性将直接影响边坡及大坝的安全，因此我国学者对深部裂缝的地质成因、空间分布、基本类型、坡体结构和工程地质分类方法等方面开展了较为深入的研究。目前对西南地区深部裂缝成因机理的研究多基于单一工程案例，认识上尚存在分歧，主要有常规卸荷成因、高应力破裂成因、地震成因、深卸荷成因、浅生改造成因等不同学术观点。现场地质调查表明，深部裂缝多发育于 1/3～3/5 坡高、距坡表水平与垂直深度约为 50～225m 的局部空间范围内，发育深度不具有明显的随高程增加而增大的趋势。地质力学分析表明，深部裂缝的形成演化通常经历了能量剧烈积累-释放过程，可划分为能量积累、能量释放与破裂面扩张三个典型阶段。研究表明，坚硬的高储能岩体（大理岩、花岗岩、玄武岩、灰岩等）是深部裂缝形成的岩性条件，广泛分布的结构面（断层、错动带、节理）是深部裂缝形成的结构基础，西南地区异常的高地应力环境是深部裂缝形成的力学背景，而特殊的偏移-下切河谷演化模式导致的循环加载-卸载应力变化过程则是深部裂缝发育的驱动力。因此，深部裂缝可视为高陡边坡、高地应力、河谷快速下切卸荷和坡体内部近平行于坡面的结构面综合作用的产物；依据其力学成因机制，深部裂缝可划分为继承性剪切型、新生性拉张型和错动扩张型等三种基本类型。

西南地区活跃的构造运动、快速的河谷演化和强烈的卸荷作用，导致河谷高边坡具有复杂的坡体结构。河谷高边坡坡体结构是原生建造、构造改造及浅表生改造的综合作用产物，它控制着边坡的变形、破坏及其力学性质、变形破坏边界条件和边坡岩体的稳定性，而深部裂缝的发育则进一步导致边坡坡体结构特征、岩体工程地质性质、岩体工程地质分类和岩体力学参数取值的复杂化。为此，宋胜武等（2011）以坡体的原生建造、构造改造、表生改造特征（包括正常卸荷及深部卸荷破裂）为基础，以边坡控制性结构面、潜在变形失稳模式为核心，以边坡稳定性（分区）评价及边坡稳定性控制为目标，提出将岩质边坡坡体结构划分为层状坡体结构、中陡裂隙/裂面控制坡体结构、楔形坡体结构和均质坡体结构四个大类九个亚类，为高陡边坡稳定性分区、岩体力学参数取值和边坡变形分析与稳定性评价提供了支撑。

综上所述，我国学者针对西南地区深切河谷的演化模式、岩石高边坡孕育演化历史、深部裂缝的形成机制、河谷地应力场的分布规律、高边坡的变形破坏模式、坡体结构特征与岩体力学参数取值等方面开展了深入研究，并取得了重要研究进展。但由于西南地区构造环境的特殊性及河谷演化的复杂性，具体工程坝址区高边坡的孕育演化历史和坡体结构特征既有其共性又有其特殊性，尚需开展更为深入的研究工作，从而为水电工程的安全服役和高陡边坡的安全控制奠定地质基础。

4.1.2　高陡边坡开挖扰动机制与爆破振动控制

河谷边坡岩体的开挖是改造自然边坡、形成工程边坡的重要步骤，但岩体开挖引起的扰动效应也影响边坡的变形与稳定性能。国外针对开挖扰动区的研究主要针对深部围岩，并在深部围岩开挖扰动区的形成机理、开挖扰动区岩体的力学特性、开挖扰动范围现场检测与诊断技术等方面取得系列成果。国内针对岩体开挖扰动区的形成机制研究始于 20 世纪 90 年代初期，其重要的工程背景为三峡工程永久船闸岩石高边坡开挖扰动与变形控制，加上近年龙滩、小湾、溪洛渡、锦屏一级和白鹤滩等系列大规模高陡岩石边坡的工程实践，已在裂隙岩体卸荷破坏机理和力学特性、考虑卸荷效应的岩体边坡稳定与变形计算方法、爆破损伤模型、爆破松动机理、开挖扰动区时空演化机理及安全控制等方面取得显著进展。国内外的研究均表明，岩体初始应力场的开挖卸荷、爆破损伤及爆破松动是形成岩体开挖扰动区的主要原因。但由于赋存环境、原有坡体结构和开挖卸荷、爆破作用过程的复杂性，尚未系统建立开挖扰动区形成与预测的量化模型。通过小湾、锦屏一级等水电站巨型坝肩边坡的开挖和支护实践，建立了"动态设计、科研跟踪、安全监测与反馈分析、信息化动态治理"的理念和机制，通过跟踪分析开挖不断揭示的地质情况，以及安全监测跟踪分析和科研跟踪研究，有针对性地优化设计和施工方案，保证了设计快速反应、施工安全可控、工程质量优良，验证了以预应力锚索和抗剪洞为主，辅以锚杆、混凝土框格梁等措施的局部和整体、浅表和深层相结合的全方位、多层次边坡加固体系是有效和可靠的。

在边坡岩体开挖扰动区的时空演化规律方面，主要依赖边坡岩体的变形与松弛检测等手段，跟踪开挖扰动区的演化规律以及相应开挖扰动区内岩体的力学特性，并在此基础上基于参数反演，预测开挖扰动区的演化趋势。其中，开挖扰动区物理力学参数演化规律的研究，多采用声波波速变化表征岩体的开挖损伤程度，进而评价开挖损伤区岩体的变形模量、强度指标和本构模型参数的演化特征。另外，反复扰动对边坡坡体结构改变及其力学参数演化的理论研究基本尚处于起步阶段，还应更加充分地考虑多工程扰动因素耦合条件下的岩体开挖扰动区演化规律。国内的工程实践表明，根据开挖揭示的地质条件和安全监测资料，结合施工情况，跟踪开展边坡稳定分析与安全监测实时分析，开展设计优化并严格控制施工程序，可有效控制高陡边坡开挖扰动区的时空演化。

针对高陡边坡开挖扰动效应控制，国内主要依赖现场试验或工程类比方法，还没有建立严格的计算理论和设计方法。如在爆破损伤控制方面，主要通过现场试验确定爆破参数及孔网参数；而在边坡开挖松动及变形控制方面，则主要借助岩体变形观测资料，通过控制爆破规模，调整爆破与支护程序、时机等途径实现。国外岩石边坡爆破损伤控制主要基于岩石的质点峰值振动速度判据，但该判据的场地依赖性限制了其推广应用；在边坡开挖松动及变形控制方面也同样主要依赖现场试验或工程经验。卢文波等（2009）通过对白鹤滩和溪洛渡水电站岩石高边坡保留岩体中损伤区进行声波检测和数值反演，研究了岩体损伤程度与质点振动峰值速度（Peak Particle Velocity，PPV）的相互关系，提出了利用岩体的损伤度确定岩体爆破损伤 PPV 的方法，建立了基于 PPV 损伤控制的边坡开挖爆破设计方法；分析了爆破振动荷载作用下高陡边坡潜在失稳模式及其稳定性影响因素，建立了基于等效加速度和时程分析的边坡岩体爆破动力稳定性分析方法；研究了电子起爆条件下岩石高边坡爆破振动频谱响应特性与演化规律，建立了高边坡毫秒微差爆破振动全历程响应预测模型，提出了电子起爆条件下高边坡爆破振动主动控制方法。依托锦屏一级、白鹤滩水电站工程，针对坝肩槽边坡开挖过程中出现的传统预裂爆破开挖成型和爆破损伤控制难题，研究了坝肩槽部位开挖引起的边坡岩体应力动态调整过程，基于拱肩槽部位开挖过程局部应力集中对边坡爆破轮廓成形和爆破损伤影响，提出了高应力区边坡的合理爆破开挖方案和优化的轮廓爆破方式。

综上所述，我国学者结合西南大型水电工程高陡边坡工程实践，对高陡边坡岩体的开挖扰动机制、开挖扰动区的现场检测、开挖扰动区岩体的力学参数演化、边坡的爆破振动控制与开挖优化设计方法等方面取得了重要研究进展。然而，由于我国西南河谷边坡地质条件和坡体结构的复杂性，目前对开挖扰动区的研究还不够系统深入，需要对开挖扰动区的概念模型、计算模型、参数取值方法以及开挖扰动区对高陡边坡长期变形、稳定和安全的影响等方面开展更系统深入的研究工作。

4.1.3 高陡边坡锚固支护机理与性能演化规律

预应力锚固技术于 20 世纪 60 年代引进我国，经过 50 多年的研究与应用，锚固技术得到了长足发展，目前已成为岩土工程特别是大型水利水电高陡边坡工程应用最为广泛的加固措施。因此，高边坡岩体的预应力锚杆（索）加固力学机理，锚索与抗剪洞、锚固洞等其他加固措施的协同作用机制以及预应力锚固体系的长期耐久性等问题越来越受到国内外学者的高度关注。

在预应力锚杆（索）对岩体的加固力学机理研究方面，国内外学者通过室内拉拔试验、剪切试验、现场破坏性试验、理论分析、数值模拟和现场监测反馈等手段，对锚固岩体中不同形式的预应力锚杆（索）的受力特性、锚索锚固段的传力机制、预应力锚固的失效形式以及预应力锚杆（索）对岩体的加固机理、增韧止裂作用和阻滑抗剪作用等方面开展了深入研究，进而对岩石高边坡预应力锚固的力学分析模型和设计原则（包括预应力的大小、锚索的布置方式、间排距、锚索长度、锚固角度、锚固体强度参数取值等）也进行了广泛的研究。然而，长期以来，由于锚固机理的复杂性，现有设计方法往往将预应力锚索作为单纯传递拉力的构件，仅考虑预应力产生的滑面法向应力增大和滑面摩擦力提高对边坡阻滑作用的贡献，导致预应力锚索的加固效果被显著低估，预应力锚固系统对岩石高边坡变形和稳定性的加固效果"算不准"的问题极为普遍。

然而，大量的工程实践表明，预应力锚索对高陡边坡的加固效果是毋庸置疑的，即使在地震条件下也具有良好的效果。例如，紫坪铺工程近坝区经锚索加固的库岸边坡在经历汶川"5·12"地震之后，无一发生破坏现象，而相邻的未加固边坡则发生了多处严重塌滑。同时，监测资料还显示，锚固边坡在遭遇地震作用时，都沿滑面发生了较大的位移（最大位移3cm左右），表明边坡在发生滑移之后，预应力锚索提供了除预应力以外的阻滑力才维持了边坡的稳定。为此，汪小刚等（2016）开展了大量的预应力锚固试验和数值模拟分析，发现预应力锚索在受力变形过程中不仅传递拉力（预应力），在滑面附近还具有明显的弯曲变形特征，从而产生显著的随变形增大的抗剪阻滑作用，这种抗剪作用主要来源于初始预应力、轴力增量和销钉作用提供的抗剪力这三个方面，但预应力、销钉作用和轴力增量三者作用是在剪切过程中的不同阶段发挥出来的。预应力作为初始量在剪切变形前就已经存在，轴力增量和销钉作用则随着剪切变形的增大而逐渐提高，其中销钉作用在剪切初始阶段已基本发挥出来，而轴力增量作用发挥较晚，在销钉作用基本发挥出来后其作用才开始迅速增长，直至锚固系统屈服破坏。基于上述成果，我国学者建立了一系列预应力锚索阻滑效应理论分析模型和锚固岩体综合力学模型，为高陡边坡加固效果的评价提供了重要支撑。

另外，我国西南水电工程高边坡由于坡型陡峻、岩体卸荷强烈、地质条件复杂、自然稳定性差等突出特点，工程上普遍采用了锚杆（索）、抗滑桩、抗剪洞、锚固洞、框格梁等多种加固措施联合加固的综合治理技术。然而，由于高边坡大型锚固的作用机制及力学模型研究远落后于工程实践，目前对预应力锚索与其他加固措施的协同作用机制、荷载分担方式、合理加固时机、优化设计方法等方面的研究还亟待深入。现有的研究主要包括预应力锚索与框格梁、预应力锚索与抗滑桩、预应力锚索与抗剪洞等三种联合加固措施的相互作用机制和优化设计方法。其中，汪小刚团队通过对边坡联合加固系统变形协调作用的研究，提出了基于"加固单元抗剪能力发挥程度一致"原则的优化设计方法，为高陡边坡联合加固措施的优化设计提供了依据。但总体上，目前有关高陡边坡多种加固措施协同作用机制的研究成果还不够丰富，研究手段尚较为单一，研究成果的普适性和针对性也有待深化。

锚固体系的耐久性事关高陡边坡乃至水电枢纽工程的长期稳定与安全，因此锚固体系的长期性能演化规律及健康诊断技术研究对于高陡边坡的变形、稳定与安全控制具有重要的意义。锚固体系的性能劣化包括钢绞线的腐蚀、外锚头及近地表锚索体的腐蚀及内锚固段的失效等方面。预应力锚索腐蚀是一个在复杂的工程环境中、伴随复杂的物理化学作用而产生的性能不断劣化衰变（如钢绞线截面积减小、强度降低）的过程，该过程显然与边坡地质环境（特别是地下水环境）、腐蚀因子（如 pH 值、含氧量、各种离子浓度）、预应力锚索的形式（如无黏结或全长黏结式锚索）、预应力水平等因素密切相关。近年来，有关拟环境条件下预应力锚索的腐蚀试验、性能演化和耐久性问题得到了不少学者的关注，并取得了初步的研究进展。

陈祖煜院士团队通过在漫湾水电站坝坡开挖一根服役 20 年的预应力锚索，深入开展了预应力锚索腐蚀机制、锚固体系寿命预测及健康诊断技术、外锚头及近地表锚索体耐久性、高陡边坡锚固体系耐久性评价体系等方面的研究，揭示了不同条件下钢绞线的腐蚀机制、形貌特征及其衰变演化规律，提出了预应力钢绞线 6 阶段腐蚀演化模型，初步建立了钢绞线各阶段寿命的预测方法以及基于层次分析和物元分析的预应力锚固体系安全评价方法。该团队还研发了一种新型的外锚头段防护结构和预应力锚索工作性态的智能诊断系统，用以加强受外部环境影响较大的外锚头及外锚头附近自由段钢绞线的防护，及时发现和捕捉因腐蚀等因素导致钢绞线局部损伤的程度和位置。

综上所述，近十多年来我国学者在高陡边坡岩体的锚固机理、锚固系统与其他加固措施的协调作用机制、锚固体系的腐蚀机制、锚固系统的耐久性与健康检测技术开展了大量研究，并取得了长足的研究进展。但总体上，目前对锚固系统加固机理和耐久性问题的研究还远落后于工程实践需要，锚固系统加固效应以及多种加固措施联合作用机制"算不准"的问题还极为突出，锚固系统耐久性问题的研究也还处于起步阶段，亟须开展深入系统的研究工作。

4.1.4 高陡边坡渗流分析理论与控制技术

我国西南水电工程高陡边坡不仅赋存环境和水文地质条件复杂，而且在蓄水运行过程中还将长期经受自然降雨、库水涨落和泄洪雾化雨的强烈作用，进而诱发山体蠕变、谷幅收缩、局部失稳等突出问题，严重威胁高拱坝和枢纽工程的安全运行。因此，研究工程枢纽区的水文地质条件及其演化规律，揭示高陡边坡及两岸山体渗流场的动态特征，评价防渗排水系统的有效性和长期性能，对于高陡边坡的变形和稳定性评价以及安全控制具有重要的意义。

由于地下水赋存条件和运动规律的多样性和复杂性，高陡边坡水文地质评价和渗流场分析存在如下突出难点：①水电工程坝址区不仅岸坡陡峻，而且山体雄厚，工程边坡开口线上方往往还有数百米至上千米的自然边坡，地下水的补给范围大，水文地质单元的边界一般远大于稳定分析的边界，坝址区范围内的地勘工作往往难以满足水文地质模型研究的需要；②地下水的介质类型、赋存条件和地下水流系统复杂多样，坝址区既可能存在孔隙水、裂隙水、脉状承压水和岩溶水等多种地下水赋存形式，也可能存在饱和-非饱和区或多层地下水并存的赋存结构，岩体结构的复杂性、主干裂隙网络的发育特征以及岩体的卸荷风化特征对地下水的赋存状态和运动特征均具有强烈的影响；③地下水的运移规律复杂多变，在高陡边坡的不同区域，地下水的运动规律可能截然不同，高高程边坡和泄洪雾化区边坡中的地下水往往以降雨入渗补给为主，随季节变化显著，且多呈非饱和状态，库水淹没区中的边坡岩体则以非稳定渗流和干湿交替为主要特征，而谷坡底部坝基岩体中的渗流则具有高渗透压力、大水力坡降的特点，因此不同区域坡体中的渗流呈现显著不同的规律；④在工程勘察、建设和运行过程中，勘探平硐、边坡、坝基和地下洞室群的开挖以及防渗排水系统的实施，不仅导致岩体渗透特性的演化，而且进一步改变了地下水的赋存、运移和排泄条件，导致地下水的赋存状态、渗透路径和运移特征发生显著的变化。

针对上述问题，我国学者深入开展了高陡边坡水文地质条件、岩体渗透特性、地下水渗流规律、渗流场数值模拟方法、渗流控制技术、优化设计方法与监测反馈分析等方面的研究。在水文地质条件研究方面，各坝址区的地下水的赋存条件与补径排特征、水文地质结构与地下水流系统、初始渗流场规律与动态特征等方面均得到了不同程度的研究，示踪技术和水质分析方法在水文地质条件研究中发挥了积极作用。在岩体渗透特性研究方面，岩体渗透性与岩性、构造发育特征、风化卸荷程度、埋深、地应力水平等因素之间的关系得到了广泛的研究，岩体渗透性的测试技术日趋丰富和完善，岩体渗透分区的划分方法日趋成熟，开挖扰动、灌浆和荷载作用条件下岩体的渗透性演化规律及各向异性特征也得到了有效的揭示，并建立了一系列考虑岩体结构和损伤变形的渗透张量演化模型。在边坡渗流规律与数值模拟方法研究方面，针对自然降雨、库水涨落、泄洪雾化等条件下的边坡渗流问题，不仅基于 Darcy 定律的稳定/非稳定、饱和/非饱和、水气两相渗流运动规律和数值模拟方法得到了广泛的研究和应用，高渗压、大水力梯度条件下裂隙岩体的渗流规律、参数取值方法和防渗设计准则也得到了较为深入的研究；不仅等效连续介质分析方法得到了广泛的应用，裂隙网络模型和双重介质模型也得到了重视和发展。此外，无论是针对稳定/非稳定、饱和/非饱和、甚至水气两相渗流状态，还是针对等效连续介质/离散网络模型，高陡边坡大型排水孔幕渗控效应的精细模拟问题在技术上也基本得到解决。

在高陡边坡渗流控制技术研究方面，工程上普遍采用了地表防、截、排系统和地下截、排系统相结合的立体渗控技术。对于高陡边坡，地下截、排系统通常包含多层排水洞，排水洞之间通过排水孔幕联结，形成立体排水系统。边坡的防渗排水系统对于阻止地表水的下渗、降低坡体的地下水压力、提高边坡的局部和整体稳定性发挥了积极作用，但对于如何评价渗流控制对边坡变形和稳定性的控制效果，理论上还极不成熟，现有方法均带有很强的经验性。在高陡边坡渗控优化设计方法方面，以往由于对边坡防渗排水系统的渗控效应缺乏精细的模拟分析能力，工程上普遍采用工程类比或方案比选的设计方法。周创兵团队通过在渗流分析模型（控制方程、初始条件和边界条件）中量化表征防渗、排水、反滤的作用机制，提出了基于介质特性、边界条件、初始状态和耦合过程的渗流控制理论，形成了以水文地质条件为基础、以渗控结构精细模拟和渗流场动态反馈为手段的防渗排水优化设计方法。在高陡边坡渗流场的监测反馈研究方面，工程上多采用基于水位/渗压监测数据的单目标反馈分析方法或基于某一特定渗流状态/水位状态的静态反馈分析方法，反馈分析结果的代表性和可靠性问题较为突出。为此，周创兵等以大型排水孔幕及渗流过程的精细化模拟为手段，以岩体渗透特性及水文地质边界条件的动态演化为待反演参量，以渗压、水位和流量等实测时间序列数据的最佳逼近为目标，提出了渗流场的多目标、全过程动态反演分析方法，较好地解决了复杂条件下大规模渗流反问题的多目标优化、多类型参数辨识和全过程动态求解问题。

综上所述，我国学者针对西南水电工程坝址区的水文地质条件、高陡边坡岩体的渗透特性、渗流场的运动规律以及渗流场的控制技术和优化设计方法等方面开展了较为深入的研究，并取得了长足的研究进展。然而，由于坝址区地下水往往具有较大的补给径流范围，且枢纽区渗流场的监测系统多集中布置在防渗帷幕剖面和坝基附近，因而坝址区水文地质条件演化规律的研究不仅存在困难，而且不够深入，导致枢纽区范围内高陡边坡渗流场动态特征及其对边坡变形（特别是失效变形或谷幅变形）、稳定性和长期安全的影响等方面的研究也不够深入，亟须进一步开展系统深入的研究工作。

4.1.5　高陡边坡变形与稳定分析理论与控制技术

高陡边坡的变形与稳定性分析对于优化边坡开挖和加固设计方案、确保边坡长期稳定安全具有极为重要的意义，其研究内容包括复杂条件下边坡岩体的时效力学特性与本构模型、边坡变形与稳定性分析方法、边坡变形与稳定性的长期演化特征以及边坡变形与稳定性的控制技术等方面。

我国西南地区水电工程高陡边坡不仅地处深切峡谷、岩体卸荷强烈、坡体结构复杂，而且开挖规模巨大、运行环境恶劣、服役周期长。高陡边坡岩体在自然地质演化、爆破开挖、库水涨落和泄洪雾化雨作用下，往往表现出强烈的损伤演化特性、水岩耦合效应和时效力学特性，导致高陡边坡的变形收敛缓慢，甚至诱发显著的谷幅收缩变形，对高拱坝形成挤压作用，对高拱坝和枢纽建筑物的运行安全产生不利影响。为此，国内外学者针对复杂条件（如复杂应力路径、干湿循环、冻融循环、水力耦合等）下不同地质成因和结构构造特征的岩石（如软岩、硬岩等）的流变特性、损伤机制和时效力学行为开展了大量的试验、理论分析和数值模拟研究，建立了丰富的岩石损伤本构模型和时效力学分析模型（包括流变模型、化学风化模型、胶结劣化模型等）；同时，电镜扫描、CT 扫描、声发射、高速摄像、数字岩心等技术也在岩石损伤与流变的细观机制研究方面发挥了重要的作用。然而，由于高陡边坡岩体结构、构造发育特征、卸荷风化特征和荷载类型、加载方式的复杂性，这类研究成果往往难以有效表征高陡边坡岩体的复杂力学行为和宏观变形响应。

因其演化历史、岩体结构和构造特征的复杂性，高陡边坡岩体具有强烈的非均质性，岩体表征单元体积的尺寸远大于室内试样的尺寸，且节理裂隙的发育特征和变形破坏性质往往对岩体的变形、强度和破坏特性起控制作用。因此，工程上岩体本构模型的选用和力学参数的取值大都采用宏观等效、均匀化、工程类比和岩体分类等方法，具有较强的经验性。为了既在宏观尺度上考虑岩体的结构特征、裂隙发育模式和变形行为，又在细观尺度上考虑岩块和结构面的损伤、破坏等复杂力学行为，跨尺度的力学分析方法在岩体力学模型的研究中也得到了初步的应用，但这类模型往往形式较为复杂，且模型参数较多、计算量大，从而影响了其实用性。此外，高陡边坡的开挖扰动效应及开挖扰动区力学参数演化特征以及锚固岩体的力学特性与分析模型也得到了较为广泛的研究。同时，高陡边坡的变形分析理论也取得了长足的进展，有限元和离散元等数值分析方法得到了广泛的应用，扩展有限元、不连续变形分析和数值流行等方法也取得了可喜的研究进展，并在边坡渐进破坏过程模拟中发挥了一定作用。

边坡稳定性分析方法包括定性分析方法和定量分析方法。在边坡稳定性的定性分析研究方面，我国西南地区高陡边坡的变形破坏机制和失稳模式得到了深入的研究，基于坡体结构分类和岩体质量分级的边坡稳定性定性分析方法也日趋成熟。在定量分析研究方面，目前普遍认为二维极限平衡法（包括考虑边坡岩体节理裂隙发育特征的斜条分方法）已趋于成熟，三维严格极限平衡法也取得了重要研究进展，并在高陡边坡稳定性评价中发挥了重要作用，从而使边坡稳定性的三维效应在设计和施工过程中得到充分考虑；适用于高陡边坡整体稳定分析的强度折减法和矢量和法，以及适用于局部稳定性分析的关键块理论、倾倒稳定分析方法和楔形体稳定分析方法也得到了进一步发展和应用。由此可见，目前的边坡稳定性分析还主要采用基于刚体极限平衡的强度稳定性分析方法，然而岩石高边坡的稳定性评价不仅是一个强度稳定性问题，也是一个变形稳定性问题；岩石高边坡稳定性的控制，关键在于变形控制，从而抑制边坡贯通性滑裂面的形成和累进性破坏阶段的发生。尽管岩石高边坡变形稳定性的评价指标问题已得到不少研究，但尚未取得共识，有关高边坡的最大绝对变形量、最大变形速率、变形量与稳定性的关系等问题均需开展更深入的研究。此外，杨强等（2005）建立了基于不平衡力的高边坡变形加固理论；李宁等（2010）提出了高陡边坡稳定性分析中应遵循的四个准则，即潜在滑动面最小参数取值准则、边坡主动加固力上限准则、滑动面滑动的下限准则和潜在滑动面选取的上限准则。同时，物理模型试验和离心机技术也在高边坡稳定性研究中发挥了重要作用；以可靠度方法为代表的不确定性分析方法也日益受到重视。

在高陡边坡变形与稳定性控制技术研究方面，我国西南水电工程高陡边坡普遍采用了预灌浆-梁锚结构加固技术、深埋混凝土抗剪结构加固技术和渗控技术相结合的表层、浅层、深层立体综合治理技术，并取得了良好的工程应用效果，但边坡变形与稳定性加固效果"算不准"的问题还极为普遍。通过数值分析、安全监测和反馈分析等手段，高陡边坡在施工开挖、水库蓄水、库水涨落和泄洪雾化等条件下的变形及稳定性演化特征以及边坡-大坝-库水的相互作用机制得到了有效的评价和预测，地震、暴雨和库水位骤变等特殊工况下的边坡稳定性也得到了重视和关注。谷幅变形是峡谷区高拱坝蓄水过程中诱发的特殊变形现象，如溪洛渡高拱坝，自2012年年底蓄水以来，谷幅变形问题极为突出，2015年10月实测谷幅收缩变形已达46～60mm。谷幅变形的发生和发展，将对高拱坝和水垫塘等水工建筑物产生不可忽视的挤压作用，改变高拱坝的受力状态和应力分布，将对高拱坝的安全运行产生不利影响。高拱坝谷幅变形具有影响范围大、持续时间长、诱发因素多等突出特点，对于二滩、李家峡、锦屏一级和溪洛渡等高拱坝谷幅变形现象，尽管已针对其变化规律、影响因素和诱发机理等问题开展了初步的研究，但目前尚未取得共识，有关高边坡大规模爆破开挖、大面积锚固支护、大幅度蓄水和库水涨落等因素对谷幅变形发生和发展趋势的影响及贡献均有待深入研究。

综上所述，目前针对高陡边坡的变形破坏机制、边坡岩体的时效力学特性与本构模型、变形与稳定性的分析理论、方法和控制技术等方面开展了深入研究，并取得了重要研究进展。然而，在当前盛行的边坡变形分析方法中，边坡变形计算结果与边坡实际变形响应还有很大的出入，锚固系统的加固效果和联合作用机制也无法得到准确反映，边坡开挖和蓄水诱发的变形发展趋势、锚固支护系统和防渗排水系统对边坡变形的抑制作用还有待深入揭示，地震条件下边坡的变形和稳定性响应也需要开展更深入的研究。

4.1.6 高陡边坡安全监测、反馈与预警技术

高陡边坡的安全监测对于认识边坡在施工期和运行期的变形演化规律、维护边坡的稳定安全、实施边坡优化和动态设计至关重要。边坡安全监测包括变形监测、渗流监测和加固支护系统应力监测等内容。近年来，微震监测技术、光纤监测技术和遥感技术等也在高陡边坡变形及稳定性监测中得到了应用（徐奴文等，2014），边坡监测信息的实时获取、传输、表征和可视化管理分析系统研究方面也取得了进展。

基于高陡边坡的变形、渗流、应力和微震监测信息，我国学者广泛开展了高陡边坡反馈分析与安全评估、长期变形与稳定性预测预警等研究。然而，高陡边坡的反馈与预警分析存在如下突出难题：①地质信息、监测信息以及施工信息的综合利用；②高效可靠的反馈分析模型与方法；③高陡边坡变形与稳定性的安全预警指标体系。为此，冯夏庭团队研究了岩体力学参数的智能反演、岩体本构模型的结构和参数耦合智能识别、岩体力学参数的时空变异性反分析、力学参数和模型可不断更新的演化并行有限元反分析及基于模型的结构和参数智能识别的岩体工程安全性的综合集成智能分析等一系列方法，进而提出了复杂条件下岩石工程安全性的智能分析评估和时空预测系统的新方法，包括赋存环境的认识、工程结构特征需求分析与施工约束条件识别、岩石工程稳定性综合集成智能分析评估、岩石工程智能反馈分析方法、岩体模型和参数动态更新的岩石工程稳定性时空演化的综合集成智能分析方法、岩石工程安全性的分区自适应调控方法、岩石工程稳定性多元信息与多任务智能反馈分析集成系统。

唐春安团队在锦屏一级水电站左岸坝肩边坡建成了国内第一个用于岩质边坡的微地震监测系统，进而通过对边坡在开挖和灌浆加固阶段的微震活动时空分布规律的分析研究，提出了基于微震信息的施工期高陡边坡稳定性反演分析与评估方法。周创兵团队通过研制高边坡案例数据库和专家推理系统，采用工程类比和专家系统方法，提出了边坡不同演化阶段的变形控制指标，建立了边坡变形与稳定性安全系数的相关关系，提出了施工期边坡的开挖变形与稳定性控制标准，探讨了运行期边坡的长期变形与稳定性控制标准，进而提出了考虑蓄水软化和干湿循环效应的水电工程高边坡时效变形反馈分析方法，并初步构建了岩石高边坡预警等级、预警指标、预警方法、预警响应和预警工作流程。

综上所述，当前我国高陡边坡安全监测技术与实践已取得了重大研究进展，基于监测信息的边坡变形与稳定性反馈分析方法及安全预警技术也取得了长足的研究进展。然而，高陡边坡不仅包含变形、渗流和应力等多种类型的安全监测时间序列信息，而且具有极为复杂的变形破坏机制，边坡岩体开挖扰动、锚固支护、水库蓄水以及渗流控制等均对高陡边坡变形和稳定性演化具有重大影响，因而高陡边坡变形与稳定性的正演分析

尚且存在困难，要解决反馈分析的模型辨识、参数辨识、高效求解以及可靠性等问题则难度更大。目前在严格的渗流-变形耦合框架下，系统考虑边坡坡体结构、开挖扰动效应、锚固支护效应、渗流控制效应以及水库蓄水运行过程的高陡边坡变形与稳定性反馈分析成果还不多见，亟须开展更为深入的研究，为深切河谷区高拱坝谷幅变形分析、预测与控制提供有效的研究手段。

4.1.7　高陡边坡安全控制理论与优化设计方法

如前所述，我国西南地区水电工程高陡边坡具有工程规模巨大、服役时间长、安全标准高、设计施工难度空前复杂等突出特点，其安全控制既包括施工期的爆破振动控制、防渗排水控制、加固支护控制，也包括长期运行过程中边坡变形、渗流与稳定性的监测、反馈、评价和动态调控。因此，黄润秋（2008）认为，高边坡具有随时间和环境改变而呈现"变形-破坏"的"地质过程属性"，因而其"稳定性"是随边坡变形破坏发生、发展的一个动态问题，进而基于高边坡发育的动力过程观点，提出了基于"地质过程"的高边坡稳定性评价及灾害控制方法，该方法以高边坡形成的动力过程和"变形稳定性"分析为核心，以复杂岩体结构精细描述和准确地质模型的建立为基础，以卸荷条件下边坡的变形破坏过程和机制为桥梁，以现代数值和物理模拟为手段，实现高边坡稳定性评价和基于变形控制理论的支护措施优化。该理论认为，就变形稳定性而言，岩石高边坡存在一个可以承受的"最大绝对变形量"，边坡变形稳定性的程度可通过不同阶段的边坡变形量与"最大绝对变形量"的对比来衡量，且高边坡的稳定性控制应在"时效变形"阶段完成，控制越早越为有利。但对于如何合理确定特定边坡的"最大绝对变形量"还是一个悬而未决的问题，涉及高边坡地质模型的合理概化、岩体本构模型、计算参数、边界条件和分析方法的合理选取等诸多问题。

冯夏庭等（2008）认为，应综合采用岩石力学的多元监测信息（变形、开挖损伤区、结构荷载等），考虑开挖损伤区力学参数和稳定性的差异及其演化规律，建立能够跟踪指导施工过程的岩石工程稳定性动态智能反馈分析方法，进而根据岩石工程安全性分区特征及其演化规律，通过提出满足工程功能需求和施工可行的安全开挖新模式和与岩石工程安全性分区演化相适应的支护时机和方案动态优化方法，实现岩石工程施工期安全性的分区自适应调控，并通过施工全过程动态反馈分析，进一步优化和完善调控方案。周创兵（2013）也认为，自然边坡有其自身的生命周期，从孕育、发展、演化到消亡通常经历一个漫长的地质时期，而工程边坡是根据工程建设需求，由自然边坡经过一系列工程作用改造而成的；大型水利水电工程高陡边坡性能评估与安全控制不仅仅取决于工程设计，还与施工质量、运行控制等密切相关，贯穿于工程边坡设计、施工和运行的全过程；工程边坡安全性评价不能仅局限于某个阶段，而需要进行全生命周期的边坡性能评估与安全控制，进而提出了高边坡全生命周期安全控制的研究重点和研究方法。显然，上述理论也同样存在边坡坡体结构概化、力学分析模型、计算参数和分析方法选取以及安全控制标准确定等一系列难题。

上述岩石高边坡安全控制理论的核心思想，是逐步摈弃以往基于稳定安全系数的单一评价指标和基于单一稳定状态的边坡设计方法，代之以基于性能演化或变形稳定性的综合评价指标体系和基于过程控制或全生命周期性能演化的边坡动态优化设计方法。因此，在边坡开挖坡比设计方面，在勘察设计阶段开挖边坡综合坡比确定的基础上，应强调施工阶段开挖边坡局部坡比的动态优化；在边坡爆破开挖设计方面，应强调基于开挖扰动区岩体损伤控制的爆破开挖设计方法；在边坡加固设计方面，应考虑锚固系统的阻滑加固机制及其与其他加固措施的协调作用机制，以及锚固系统的性能演化、防腐设计和无损检测；在边坡渗流控制设计方面，应采用以水文地质条件为基础、以渗控结构精细模拟和渗流场动态反馈为手段的防渗排水动态优化设计方法；在边坡监测设计方面，应以控制边坡整体稳定的关键块体为监测对象建立监测模型，监测测点的位置、范围和监测内容应通过地质分析建立数值模型，采用基于性能演化的数值方法对边坡在施工期和运行期的变形破坏特征进行模拟后加以合理确定；在运行期边坡动态调控设计方面，应通过边坡时效变形和渗流的全过程动态反馈分析，建立边坡岩体时效变形演化模型、锚固体系劣化模型和渗控系统老化模型，揭示边坡性能演化规律，进而调控库水位变化速率、泄洪量、边坡排水、锚固体系工作状态等。

综上所述，目前有关高陡边坡安全控制理论与优化设计方法的基本原则和发展方向已取得共识，即变安全状态控制为变形稳定过程控制、变单一安全系数稳定控制指标为变形稳定性综合安全控制指标。然而，目前对高陡边坡变形与稳定性的综合安全控制指标体系、控制标准、控制途径、控制时机以及高陡边坡全生命周期性能演化规律等方面的研究还不够成熟，对考虑变形稳定过程控制的高陡边坡优化设计方法的研究还未到可实用操作的阶段，尤其对运行期安全控制技术及其标准（如库水位变化速率、泄洪量、边坡排水、锚固体系工作状态的调控）等方面需要在今后开展更深入的研究工作。

4.2　高陡边坡安全控制理论发展趋势研究关键科学问题

根据我国西南地区水电工程高陡边坡安全控制的重大需求、相关学科国际学术前沿和国内外研究现状，结合水电工程高陡边坡全生命周期安全控制理论的发展趋势，凝练出如下两个拟解决的关键科学问题。

4.2.1　复杂环境下高陡边坡变形与稳定性演化机制

西南高地应力区自然河谷边坡经过长期的地质演化，原岩应力强烈卸荷，形成了独特的高陡边坡坡体结构。深切河谷演化模式、地应力特征和坡体结构控制着自然边坡稳定性，并会对高陡边坡施工期稳定性和运行期长期稳定性的演化产生重要影响。由于高陡边坡复杂的地质环境和坡体结构，其变形和稳定性在边坡大规模的爆破开挖、大范围的防渗排水、大幅度的库水涨落中呈现复杂的动态演化特征。复杂环境下高陡边坡的变形与稳定性演化机制是进行高陡边坡全生命周期稳定性评价和安全控制的重要理论基础。

在全生命周期中高陡边坡岩体物理力学性质、锚固体系以及渗流控制系统的性能演化具有内在的动力学机制与模式。高陡边坡性能演化的动力主要来自复杂的环境因子，例如库水周期性涨落形成的循环加卸载条件、泄洪雾化形成的干湿循环条件、库水骤变和地震动力形成的瞬态荷载条件。复杂环境下高陡边坡性能演化始于边坡岩体的地质特征和施工期的强烈工程扰动作用，在长期运行过程中表现为边坡岩体损伤弱化、锚固材料性能劣化、工程结构老化等时效力学特征。对于超大规模高陡边坡，由于所处的环境不同，不同部位往往具有不同的演化特征。

边坡岩体物理力学性能演化总是从岩石材料的细观尺度开始，逐步过渡到裂隙尺度和岩体结构尺度。在细观尺度上，岩石在复杂荷载作用下微裂纹萌生、扩展、位错，再过渡到裂隙尺度；当新生裂隙与原生节理或裂隙汇聚、贯通后就发展到岩体结构尺度。这一演化过程与边坡岩体地质特征密切相关，同时受控于边坡岩体应力场、渗流场以及环境因子的多场耦合作用。因此，需要研究开挖扰动区的形成机制与物理力学参数演化规律、复杂荷载条件下岩体时效特性的宏细观机制、库水变幅带裂隙岩体水力风化耦合机理以及非均匀岩体时效力学特性的多尺度模型等。

高陡边坡锚固体系与渗流控制系统的长期性能演化，一方面有系统自身的演化规律，另一方面受边坡岩体物理力学性能演化的影响。例如，锚索钢绞线在应力、渗流、温差变化、化学因子的联合作用下将发生一定程度的腐蚀，锚索材料锈胀可能引起砂浆包裹体和局部岩体开裂，如果再经受数次极端工况作用，损伤就会不断累积，呈现出渐进破坏特征，最后导致锚固体系功能失效。受边坡岩体变形和损伤累积的影响，岩体渗透性、渗透路径将发生变化，防渗体系可能丧失功能，一些排水孔幕也可能因为淤堵而失效。因此，需要研究复杂环境下岩体及工程措施的耐久性与功能失效机制以及高陡边坡变形与稳定性的演化规律。

本科学问题涉及高陡边坡地质特征、开挖扰动效应、岩体时效力学特性、锚固支护系统与渗流控制系统性能演化、高陡边坡变形与稳定性演化规律等方面内容的研究，从而揭示不同环境下高陡边坡的性能演化机制。

4.2.2　复杂环境下高陡边坡渗流与变形协同控制理论

水电工程高边坡不仅具有复杂的地质环境，而且具有特殊的运行环境。除了受自然降雨的影响，水库蓄水、库水位周期性涨落、泄洪雾化雨作用均导致高陡边坡水文地质环境发生强烈变化，进而诱发边坡岩体（特别是大型地质构造面和软弱岩体）发生显著的水岩耦合作用，加剧边坡岩体的时效变形和库水变幅带岩体的风化作用，甚至加速边坡锚固系统的腐蚀、劣化和老化，从而对高陡边坡的变形和稳定性产生强烈的影响。因此，高陡边坡水文地质条件的演化和地下水渗流场的动态特征研究对于边坡全生命周期安全控制具有极为重要的地位和作用。

谷幅变形是深切峡谷区高拱坝蓄水过程中诱发的山体尺度的时效变形，是水岩耦合作用的集中体现，具有影响范围大、持续时间长、诱发机理复杂等突出特点。在水库蓄水和库水涨落过程中，地下水的渗入饱和和干湿循环产生的水岩耦合作用显然是诱发谷幅变形的直接因素，涉及地下水对边坡岩体的渗透作用、物理软化作用和化学软化作用等复杂机制，但由于高陡边坡岩体物质组成（岩性）、构造发育特征（软弱结构面）、坡体结构和赋存环境（地应力和地下水）的复杂性，边坡各分区岩体对谷幅变形的贡献、谷幅变形的诱发机理与发展趋势等问题尚未得到有效解决，从而严重威胁高拱坝的长期稳定性和安全性。因此，需要深入研究深切峡谷区的水文地质条件及其在工程勘察、边坡和洞室开挖、水库蓄水和运行过程中的动态演化规律，揭示渗流场变化过程中边坡岩体的水岩作用机制，阐明高拱坝谷幅变形的诱发机理及长期演化趋势。

表层、浅层和深层相结合的立体加固系统和排水系统对于抑制边坡的变形、维护边坡的整体和局部稳定性发挥了重要作用，但当前广泛采用的高陡边坡加固支护系统对于山体尺度的谷幅变形的控制作用以及各种加固措施的协同作用机制、发挥程度、发挥时机等问题均有待深入研究。更为重要的是，谷幅变形的主要诱发条件是水库蓄水及其产生的水文地质条件变化，但在高陡边坡设计和综合治理过程中，稳定控制和渗流控制往往是割裂考虑的，渗流控制对高陡边坡变形和稳定性的控制作用通常被视为安全储备，而未得到足够的重视和深入的研究，高陡边坡渗流与变形、稳定的协同控制机制尚未得到有效的揭示和利用。同时，由于谷幅变形涉及山体尺度，且水岩耦合是谷幅变形的主要诱发机制，因此有效的渗流控制是抑制和控制谷幅变形发生、发展的重要、甚至是唯一手段。为此，需要深入研究高陡边坡防渗排水系统的渗流控制效应，分析渗流控制条件下高陡边坡渗流场的动态演化特征以及渗流控制对高陡边坡变形（尤其是谷幅变形）和稳定性的影响，揭示高陡边坡渗流、变形与稳定性的协同控制机制，进而提出经济合理的谷幅变形控制策略和控制技术。

　　本科学问题涉及西南水电工程坝址区水文地质条件演化、高陡边坡岩体水岩耦合机制、谷幅变形诱发机理与发展趋势、复杂环境下高陡边坡渗流与变形协同控制技术等方面的研究内容，不仅是高陡边坡"治坡先治水"工程理念的重要理论基础，也是高陡边坡和枢纽工程全生命周期稳定与安全控制的理论基础。

4.3　高陡边坡安全控制理论发展趋势研究优先发展方向

　　根据高陡边坡安全控制理论的研究现状和发展趋势，以及拟解决的关键科学问题，建议重点研究方向如下。

4.3.1　高陡边坡锚固机理与长期性能演化特征

　　尽管在高陡边坡工程实践中，表层、浅层、深层立体加固技术得到了广泛的应用，但高边坡锚固机理、锚固体系长期性能以及多种加固措施联合加固机制的研究还明显落后于工程实践，锚固技术在工程实践上的良好效果与理论上的"算不准"问题之间的矛盾还极为突出。为此，需要采用室内外试验、监测检测、理论分析、数值模拟、反馈分析等综合手段，进一步研究预应力锚固系统（尤其是框格梁预应力锚固系统）的锚固机理，揭示锚固系统对高陡边坡变形的抑制作用和对稳定性的改善作用，提出预应力锚固岩体力学参数取值方法，建立理论严密且便于工程应用的锚固岩体力学分析模型与分析方法；研究锚固系统的腐蚀和失效机制，揭示导致预应力锚索腐蚀和性能劣化的影响因素和环境因子，阐明高陡边坡长期运行过程中水文地质环境变化对锚固系统长期性能的影响，建立锚固系统性能演化及寿命预测模型，研发可靠的锚固系统耐久性智能检测与预警技术，构建高陡边坡锚固岩体时效变形分析模型与预测方法；研究高陡边坡锚固系统与抗剪洞、锚固洞、抗滑桩等其他加固措施的协同作用机制，揭示各种加固措施加固性能的发挥机制、发挥时机、发挥程度，阐明各种加固措施在边坡变形和稳定性演化过程中的控制机制和贡献，建立高陡边坡多种加固措施的协同作用分析模型与分析方法。本方向的研究旨在为高陡边坡的优化设计以及全生命周期安全控制奠定理论基础。

4.3.2　复杂环境下高陡边坡变形与渗流协同控制理论

水电工程高陡边坡涉及水库蓄水、库水涨落和泄洪雾化降雨等特殊的运行环境，高边坡岩体在蓄水运行过程中的饱水湿化、干湿循环作用导致岩体的物理、力学和化学性质发生明显变化，进而诱发山体蠕变、谷幅变形等一系列突出问题；而渗流控制和岩体变形将进一步改变边坡渗流场的分布和演化，导致边坡岩体呈现显著的水岩耦合或渗流-变形耦合特征。特别地，峡谷区高拱坝谷幅变形问题是一个山体尺度的变形问题，具有影响范围大、持续时间长等特点，其诱发机制与控制尚未得到有效的解决。为此，需要进一步研究深切峡谷区高陡边坡的水文地质条件及其演化规律，揭示高陡边坡的水文地质结构、地下水的赋存条件和补径排特征，阐明工程勘察、施工和运行过程中高陡边坡地下水赋存条件的变化和水文地质条件的演化特征；研究高陡边坡的地下水流系统与渗流规律，阐明高陡岩体的渗透特性及其在边坡开挖和变形过程中的演化特征，揭示高陡边坡防渗排水系统的渗流控制机制，建立考虑库水涨落、泄洪雾化雨作用以及边坡岩体地质特征、渗流控制系统作用和水文地质条件演化的渗流分析模型与分析方法，揭示高陡边坡渗流场的动态演化规律；研究高陡边坡岩体的水岩耦合机理，揭示蓄水饱和过程和干湿循环过程对岩体物理、力学和化学性质的影响，建立高陡边坡水岩耦合时效力学模型与分析方法；研究峡谷区高拱坝谷幅变形的变化规律与发展趋势，分析高陡边坡水文地质条件演化与谷幅变形发生发展的内在联系，揭示谷幅变形的影响因素和诱发机理，建立谷幅变形与渗流耦合分析模型与分析方法；研究谷幅变形与渗流的协同控制机制，揭示渗流控制对谷幅变形的抑制作用，提出谷幅变形与渗流的协同控制技术。本方向旨在解决高陡边坡山体尺度的蠕动变形和谷幅变形诱发机制与安全控制问题。

4.3.3　高陡边坡全生命周期安全监测与预警技术

目前高陡边坡的安全监测与预警技术的研究还主要关注施工期和运行初期的变形与稳定性特征，对长期运行过程中的变形与稳定性演化规律研究较少，尚不能满足高陡边坡和枢纽工程全生命周期安全控制的研究需要。为此，需要进一步发展考虑爆破开挖、加固支护、水库蓄水运行、周期性泄洪雾化雨作用以及天然暴雨、地震等偶然荷载作用的高陡边坡变形与稳定性分析方法，揭示高陡边坡长期变形与稳定性的演化特征；发展考虑高陡边坡全生命周期安全的地空一体化、信息化、智能化监测技术，优化高陡边坡变形、渗流与应力监测系统的布局、数据获取与分析技术，构建高陡边坡监测信息智能化管理与分析平台；研究基于变形、渗流与应力多源时间序列信息的高陡边坡变形与稳定性动态反馈分析模型与方法，提出高陡边坡变形稳定性综合安全控制指标体系，建立高陡边坡安全预警理论、模型和方法；研究高陡边坡全生命周期安全控制理论与技术，构建长期运行期高陡边坡安全控制策略、方法和技术方案，建立高陡边坡长期安全应急响应系统与实施方案。本方向旨在为高陡边坡全过程或全生命周期安全控制提供理论和技术支撑。

参考文献

［1］　陈安敏，顾金才，沈俊，等．预应力锚索的长度与预应力值对其加固效果的影响［J］．岩石力学

与工程学报，2002，21（6）：848－852.

［2］ Chen YF，Liu MM，Hu SH，et al. Non－Darcy's law－based analytical models for data interpretation of high－pressure packer tests in fractured rocks ［J］. Engineering Geology，2015，199：91－106.

［3］ 陈祖煜，汪晓刚，杨健，等. 岩质边坡稳定分析：原理·方法·程序 ［M］. 北京：中国水利水电出版社，2005.

［4］ 冯夏庭，周辉，李邵军，等. 复杂条件下岩石工程安全性的智能分析评估和时空预测系统 ［J］. 岩石力学与工程学报，2008，27（9）：1741－1741.

［5］ 冯夏庭，周辉，李邵军，等. 岩石力学与工程综合集成智能反馈分析方法及应用 ［J］. 岩石力学与工程学报，2007，26（9）：1737－1737.

［6］ 韩刚，赵其华，彭社琴. 不对称发育深卸荷地质力学模式 ［J］. 岩土工程学报，2013，35（11）：2123－2130.

［7］ 黄润秋. 岩石高边坡发育的动力过程及其稳定性控制 ［J］. 岩石力学与工程学报，2008，27（8）：1525－1544.

［8］ 黄润秋. 岩石高边坡稳定性工程地质分析 ［M］. 北京：科学出版社，2012.

［9］ 李建林，孟庆义. 卸荷岩体的各向异性研究 ［J］. 岩石力学与工程学报，2001，20（3）：338－341.

［10］ 李宁，张平，李国玉. 岩质边坡预应力锚固的设计原则与方法探讨 ［J］. 岩石力学与工程学报，2004，23（17）：2972－2972.

［11］ 林兴超，汪小刚，陈文强，等. 边坡锚固与加固协调作用机制研究 ［J］. 岩石力学与工程学报，2014，32（增刊1）：3123－3128.

［12］ 卢文波，李海波，陈明，等. 水电工程爆破振动安全判据及应用中的几个关键问题 ［J］. 岩石力学与工程学报，2009，28（8）：1513－1520.

［13］ Qi S，Wu F，Yan F，et al. Mechanism of deep cracks in the left bank slope of Jinping first stage hydropower station ［J］. Engineering Geology，2004，73（1－2）：129－144.

［14］ 任爱武，汪彦枢，王玉杰，等. 拉力集中全长黏结型锚索长期耐久性研究 ［J］. 岩石力学与工程学报，2011，30（3）：493－499.

［15］ 盛谦. 深挖岩质边坡开挖扰动区与工程岩体力学性状研究 ［D］. 北京：中国科学院，2002.

［16］ 宋胜武，冯学敏，向柏宇，等. 西南水电高陡岩石边坡工程关键技术研究 ［J］. 岩石力学与工程学报，2011，30（1）：1－22.

［17］ 汪小刚，贾志欣，赵宇飞，等. 岩质边坡预应力锚固作用机制及优化设计 ［M］. 北京：中国水利水电出版社，2016.

［18］ Wang Y，Ren A，Wang Y，et al. Investigations on corrosion and mechanical properties of a 20 years old ground anchor exhumed at a power station site ［J］. Canadian Geotechnical Journal，2016，53（4）：589－602.

［19］ 邬爱清，汪斌. 基于岩体质量指标 BQ 的岩质边坡工程岩体分级方法 ［J］. 岩石力学与工程学报，2014，33（4）：699－706.

［20］ 伍法权，刘彤，汤献良，等. 坝基岩体开挖卸荷与分带研究：以小湾水电站坝基岩体开挖为例 ［J］. 岩石力学与工程学报，2009，28（6）：1091－1098.

［21］ 徐奴文，梁正召，唐春安，等. 基于微震监测的岩质边坡稳定性三维反馈分析 ［J］. 岩石力学与工程学报，2014，33（增刊1）：3093－3104.

［22］ 杨强，薛利军，王仁坤. 岩体变形加固理论及非平衡态弹塑性力学 ［J］. 岩石力学与工程学报，

2005，24（20）：3704 - 3704.

[23]　杨强，潘元炜，程立，等. 高拱坝谷幅变形机制及非饱和裂隙岩体有效应力原理研究 [J]. 岩石力学与工程学报，2015，34（11）：2258 - 2269.

[24]　郑宏，周创兵. 三维边坡稳定性的整体分析法及其工程应用 [J]. 中国科学 E 辑：技术科学，2009，39（1）：23 - 28.

[25]　周创兵. 水电工程高陡边坡全生命周期安全控制研究综述 [J]. 岩石力学与工程学报，2013，32（6）：1081 - 1093.

[26]　周创兵，陈益峰，姜清辉，等. 复杂岩体多场广义耦合分析导论 [M]. 北京：中国水利水电出版社，2008.

[27]　Zhou CB, Liu W, Chen YF, et al. Inverse modeling of leakage through a rock - fill dam foundation during its construction stage using transient flow model, neural network and genetic algorithm [J]. Engineering Geology, 2015，187：183 - 195.

[28]　Zhou C, Jiang Q, Wei W, et al. Safety monitoring and stability analysis of left bank high slope at Jinping - I hydropower station [J]. Quarterly Journal of Engineering Geology and Hydrogeology, 2016，49（4），308 - 321.

[29]　朱大勇，丁秀丽，邓建辉. 基于力平衡的三维边坡安全系数显式解及工程应用 [J]. 岩土力学，2008，29（8）：2011 - 2015.

[30]　朱杰兵，李聪，刘智俊，等. 腐蚀环境下预应力锚筋损伤试验研究 [J]. 岩石力学与工程学报，2017，36（7）：1579 - 1587.

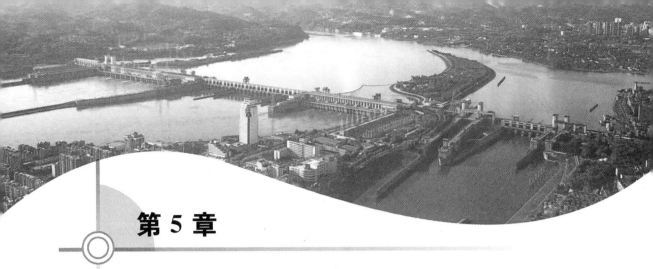

第 5 章

复杂坝基渗控安全与抗滑稳定理论研究

5.1 复杂坝基渗控安全与抗滑稳定理论研究进展

5.1.1 基础渗控安全研究进展

渗流是影响水利水电工程稳定与安全的重要因素，事关坝址选择、枢纽布局和长期安全运行。200～300m 级高坝、400～800m 高水头抽水蓄能电站、深厚覆盖层上筑坝以及岩溶峡谷区深埋长输水隧洞等工程建设对基础渗流控制提出了更高的要求和严峻的挑战。近十多年来，在一大批高坝、抽蓄、深埋长隧洞等工程实践的推动下，我国在复杂地质条件基础渗控安全方面取得了一系列重大研究进展，主要包括以下几个方面。

（1）基础灌浆材料及灌浆关键技术。

灌浆是将浆液灌入裂缝含水岩层、混凝土或松散土层中，降低被灌物的渗透性并提高其强度，从而达到加固载体和抗渗防水目的的一种方法，它被广泛应用在水利工程中，起到防渗、补强、加固、堵漏、堵水的作用。由于传统灌浆材料存在诸多不足，国内外专家学者对灌浆材料的高性能化也进行了大量的研究和探索，发明了具有初始黏度低、可操作时间长、胶凝时间可调、渗透性好以及力学强度高等优点的化学灌浆材料，为较不完善的复杂基础提供了一种新的处理方法，揭示了非水反应高聚物注浆材料在土体中的扩散机理，建立了高聚物定向劈裂和流动填充理论，发明了高聚物注浆防渗加固新方法，开发了成套技术工法和装备。其研究内容按化学组成可分为有机灌浆材料、无机灌浆材料和有机-无机复合灌浆材料三大类。随着灌浆技术的发展，研究和应用低毒甚至无毒的有机灌浆材料已经成为一种趋势。美国在 1980 年推出的以丙烯酸盐水溶液为主剂的 AC－400 代替丙烯酸胺浆液在我国也取得了良好的效果，在环氧树脂类浆液中用环己酮代替丙酮或直接将糠醛丙酮环氧混合以降低污染。由于有机灌浆材料具有毒性和耐久性差等缺点，人们进一步深化研究无机灌浆材料，比如采用水玻璃与水泥复合、水泥的改性、碱胶凝材料的引入和超细水泥的应用等，其中以超细水泥灌浆材料发展为主导。我国在超细水泥灌浆应用中也取得了很大进展，在水电工程基础加固、油井、建筑物修补、地下工程等领域都有应用超细水泥的报道。尤其在水电工程中的应用，举世瞩目的三峡工程中96％的灌浆材料都是使用超细水泥。发展有机-无机复合灌浆材料的最终目的是要叠加有机、无机材料的优点，使两类材料的优势互补。日本在使用化学添加剂增加固结体强度方面，仅1993—1995年间就取得了用水玻璃和有机酸结合的高渗透性注浆材料，从异氰酸脂残余物中提取土壤固化剂，用尿醛树脂与乙二醛结合提高黏结力，用聚丙烯材料提高耐久性和强度等多项专利。我国也有研究将水泥和化学灌浆复合，通过对复合浆材的蠕变性，浆材固结体与裂（孔）隙壁面黏聚力以及浆材固结体抗挤出稳定性的分析研究后，选择改性湿磨水泥和中化-798改性环氧树脂浆材复合材料。

灌浆技术在水利工程岩石基础中应用，具有非常多的优势，如成本低廉、整体稳定性强、能够提高岩石基础的强度等。由于传统灌浆技术在设备、成本、技术等方面存在缺陷，灌浆新技术的开发是工程应用的必然趋势。托底灌浆是一项新技术，还处在开发阶段，用于大孔隙介质的充填灌浆，构成一种悬挂式的水平帷幕。在遇深厚层大孔隙介质时，只需在有限厚度内进行灌浆加固，采用传统的灌浆技术无法控制浆液向底部扩散流失，造成浆液消耗大，工程造价高，而托底灌浆既能很好的解决这一问题，又能达到良好的基础加固效果。可控挤入灌浆则是利用弹塑性浆体具有的凝结触变性特征，实现浆体被灌入到受灌孔段孔隙或裂隙中，直至浆体黏滞阻力与浆体流动前沿处灌浆压力相等时，浆液停止流动，同时，高触变浆体在灌入时，也对周边土体产生挤密固结效应，通过对灌量与灌浆压力的配合调整控制，即可实现使浆液控制在帷幕有效范围内较均匀扩散，并形成有效帷幕固结体，从而达到可控制灌浆的目的。可控复合膏浆高压脉动灌浆工艺工法采用既具一定流动可灌性、又具一定高塑性变形强度及时变性的特殊复合膏浆，利用浆液可控凝结及时变的特性，保证浆体在钻孔周围较均匀扩散充填透水孔隙，从而使松散强透水地层内快速形成防渗效果较好的连续帷幕体。

（2）基础岩体渗透特性的测试方法与技术。

国内测定渗透性参数的主要手段为抽水试验，其他一些替代方法，诸如简易注水法、水位恢复法、物探法等，由于本身存在着较大缺陷，如理论上不完善、精度差、实际应用困难等，均无法取代抽水试验。而抽水试验要求在主孔抽水的同时，对数个观测孔进行水位测量。这种方法既耗费资金又非常烦琐，尤其对于埋深较大、渗透性较弱的含水层，做抽水试验非常困难。然而，在诸如石油开采、核废料处理以及地震地下水观测中，所涉及的含水层几乎都是埋深大、渗透性弱的岩体。此外，随着钻探技术的发展，这种试验方法的缺陷也日益突出。

国外对于渗透性参数现场快速测试已有较为完整的理论和方法，如源-汇试验、压水试验代替抽水试验、压气试验、微水试验、水力劈裂试验等，并早已应用于工程实际，尽快消化、吸收国外成熟的先进技术和方法，探求一种快速、高效的渗透性参数测试方法显得非常迫切和必要。

微水试验（Slug Test）是在一个试验钻孔中，瞬间抽取/灌入一定体积的水，记录钻孔中水位上升/下降的变化规律，从而计算钻孔周围岩土体渗透性参数的一种简易方法。有多种方式可以激发微水试验，如瞬间抽水、瞬间注水、振荡棒瞬间落入钻孔中或从钻孔中取出、密闭井孔并充（吸）气等。微水试验不仅能用来确定含水层的导水系数，还可以对储水系数做数量级上的估计。而且由于微水试验时间短，不需要抽水和附加的观测孔，故既经济又简便，对地下水正常观测的影响也较小，几乎不造成任何污染，在国外及我国台湾省被广泛应用于岩土体渗透性参数确定。微水试验作为一种现场水文地质试验技术，目前在国内鲜有应用，有关微水试验的应用研究报告和论文很少。据研究，通常情况下10s就可以完成一组微水试验，传统的观测手段（如水位计、人工电测深法）根本无法满足实时测量并记录水位数据的要求，这也是造成目前国内极少开展微水试验的主要原因。随着计算机技术的快速发展，开发基于微水试验的岩土体渗透性参数现场快速测试系统的软、硬件条件均已成熟。通过调查研究得知，无论采样频率还是数据精度，市售的压力传感器完全能满足微水试验水位观测之要求；用于数据采集的信号处理芯片技术已完全成熟，相关数据处理、传输软件也不存在技术难度。周志芳等（2008，2015）提出了倾斜地层和单裂隙渗透特性的测试理论和方法，解决了岩体渗透张量单孔现场快速测试的技术问题。基于振荡式微水试验的原理和岩体渗透系数张量的基本表达式，提出单孔分段振荡式微水试验。研发了基于水流振荡波理论的岩体渗透张量单孔测试技术和设备，具有体积小、重量轻、成本低、试验周期短等突出优点。

岩体的渗透性主要取决于岩体结构面的空间分布规律。因此，岩体渗透性研究首先需要对岩体裂隙的特征进行分析和描述。岩体裂隙结构面的空间展布及自然特性可由其几何特征来表征。对于结构面几何参数的统计研究，20世纪80年代以前主要是沿用构造地质学中的一些方法，通过结构面产状要素的野外量测编制裂隙玫瑰图、裂隙极点图和裂隙等密度图，较形象而准确地反映断裂系的几何各向异性，对裂隙进行分组以及确定裂隙的优势产状。20世纪80年代开始，随着计算机技术的飞速发展，结构面网络模拟技术被用于研究裂隙结构面参数的概率分布。基于Monte-Carlo模拟得到等效的结构面网络，给出直观形象的裂隙体系图像，并可以近似地求得结构面密度、RQD、渗透系数张量、裂隙连通性等参数。传统的统计方法和结构面网络模拟技术，从宏观上较形象、完整地描述了岩体中裂隙结构面的空间展布规律，并定量地给出了岩体有关渗透性的参数，但这种定量仅仅是一种近似。因为岩体的渗透性参数不仅与结构面宏观展布几何参数有关，还与结构面细观几何尺寸（结构面的粗糙度、开度、充填情况等）密切相关。裂隙结构面表面是粗糙起伏凹凸不平的，其粗糙起伏特征千变万化，难以用简单数学关系准确表达。自20世纪80年代末、90年代初开始，人们应用Mandelbrot B创立的分形几何学这一新理论及思维方法，对包括规模、隙宽、密度和粗糙度在内的岩体结构面几何特征进行分形分析。目前国内外研究大体上归纳为Cantor点集法、条带法和概率分布法三种。从物理学观点看，无论是微观展度还是宏观展度的岩体破裂过程，均具有分形结构，裂隙结构面粗糙度是一种自然分形现象。近几年来，大量研究运用分形几何研究结构面粗糙度特征，得到了结构面粗糙度与分维D的关系式。但各学者所得的分维D都不尽相同，究其原因，是与所取尺寸大小有关。事实上，只有当所取尺寸小于某一临界值时，分维值才趋于真值。Xie和Pariseau（1992）则克服了上述不足，从统计平均角度发现，岩体结构面粗糙度与Koch雪花曲线类似，基于Koch雪花曲线，回归分析得出了结构面粗糙度与分维关系式。

苏联学者Ломизе早在1951年就开始了单个裂隙水流运动的试验研究，得到了单个裂隙水流运动的立方定律。立方定律仅近似地描述两侧壁光滑平直、张开度较大且无充填物的渗流规律。为了考虑裂隙粗糙度、张开度变化等因素对渗流的影响，一些学者引用等效水力传导开度的概念，对立方定理进行了修正，周创兵和熊文林（1996）提出了广义立方定律。Louis 等（1974）指出，应该对把裂隙岩体当作连续介质还是不连续介质进行小心地分析。Wilsor 和 Withespoon（1970）把裂隙岩体分别当作连续介质和不连续介质进行计算比较后指出，最大裂隙间距与建筑物最小边界尺寸之比大于 1/50 时，应按不连续介质考虑。Maini（1972）指出，应把上述的最大裂隙间距改为平均裂隙间距，其相应的比值大于 1/20 时，应按不连续介质考虑。尺寸问题就其实质是个"典型单元体"（Representative Elementary Volume，REV）体积问题，Withespoon 认为三维裂隙网络连通性好，其 REV 值比二维的小。周志芳（1991）认为 REV 的绝对大小与岩体中裂隙发育程度、分布规律有关，相对大小则与研究问题流场的区域范围有关，当研究的流场区域体积远大于 REV 体积时，就可以把研究区域近似成连续的渗流场处理。向文飞和周创兵（2005）对 REV 做了概括性的总结研究，通过对 REV 定义的讨论，分析 REV 的一般力学意义，认为 REV 是蕴含着"离散与连续""微观与宏观""随机性与确定性"辩证关系的基本力学概念，阐述了裂隙岩体 REV 与岩体力学模型的选取及力学参数取值的密切关系，指出裂隙岩体 REV 是选择岩体力学模型的定量标准，集中反映岩体力学性质的尺寸效应。

从 20 世纪 80 年代初期以来，万力等（1995）长期从事地下水资源、裂隙岩体渗透特性及渗流模型等研究，特别对各项异性裂隙介质渗透特性及其空间分布变化规律进行了深入系统研究，建立了多孔介质和裂隙介质中渗透系数随深度衰减的经验模型，并用该模型分析了小浪底、白鹤滩水电站等多个含水层的渗透系数随深度衰减的规律。提出了利用 RQD 均值随深度增大估算渗透系数和变形模量的经验方法。采用表征岩体渗透性的单位吸水量为参数，有效地分析了砂泥岩裂隙岩体中自重应力和岩性对渗透性空间分布规律的控制作用。采用渗流场-应力场耦合的观点，以表征渗透性的单位吸水量随深度变化的数据，反求了大尺度岩体变形模量。对中国山东金岭铁矿和湖南辰溪煤矿顺灰岩的大裂隙系统和微裂隙系统的渗透张量进行了连续测量，深入分析了岩石渗透性随灰岩埋深的各向异性变化律。基于离散裂隙渗流方法与裂隙化渗透介质建模，深入分析了裂隙岩体的非均质性和各向异性等渗流特征，并对裂隙岩体典型单元体及其水力传导（渗透）张量大小进行研究。

（3）渗流分析理论与优化设计方法。

水利水电工程渗流分析包括稳定/非稳定、线性/非线性、饱和/非饱和及多相流等，目前通常采用等效连续介质方法、离散网络方法和双重介质方法等进行渗流场的数值模拟。当水文地质条件较为明确时，可采用稳定渗流分析方法进行特定设计工况下岩土体的长期渗流特性评价。非稳定渗流分析可描述重力水的运动过程，以及自由面波动范围内岩土体地下水的释放和储存，对库水涨落过程中边坡岩土体和地下洞室围岩的地下水变化过程有较好的描述能力。饱和/非饱和渗流分析方法可描述包括重力水、毛细水、甚至薄膜水在内的地下水水分迁移和降雨入渗-蒸发循环过程，因而在理论上对地下水运动具有较强的描述能力，但其存在的主要问题是土水特性曲线、非饱和渗流参数以及降雨入渗系数难以确定。

渗流控制是减少地下水的渗流量、降低渗透压力并改善渗透稳定性的重要工程措施。经过百余年的发展，渗流控制理论与实践已从早期的以防渗为主发展到防渗与排水并重的阶段，并认识到渗流出口的反滤保护对渗流控制的重要性。对岩土体渗流进行控制时，各种防渗排水结构改变了岩土体的渗透特性、渗流状态或边界条件，导致渗流问题呈现强烈的材料非线性、边界非线性或耦合非线性，从而使渗流分析复杂化。鉴于排水孔幕在岩体工程渗控实践中的重要性，其分析方法仍得到了广泛研究，如基于流量或渗透特性等效方法、排水子结构法、杂交元法、"以沟代井列"法、半解析法、"以管代孔"法、"以缝代井列"法、空气单元法和复合单元法等。郑宏等（2005）建立了椭圆Signorini 型变分不等式提法，在理论上克服了溢出点的奇异性，能很好地解决稳定无压渗流问题。陈益峰等（2007）建立了适用于复杂排水孔幕的精细模拟技术，并提出了连续介质/裂隙网络渗流的 Signorini 型抛物变分不等式分析方法。陈益峰等（2009）将 Signorini 型抛物变分不等式提法与子结构技术和自适应罚函数相结合（简称 SVA 方法），较为成功地解决了稳定及非稳定渗流条件下渗控效应的评价和渗控结构的优化问题。刘武（2015）等基于正交设计方法、非稳定渗流正分析、BP 神经网络、遗传优化算法，提出了岩体渗流场的多目标、全过程动态反演分析方法，解决了长河坝、锦屏等高坝坝基涌水的动态反演问题。

显然，不同的渗流控制措施具有不同的力学作用机制，揭示各种渗控措施的作用机制和渗流控制效应是进行渗流控制系统设计的基础。水利水电工程渗流控制需要根据工程地质条件，针对具体的控制对象与控制目标，采用综合工程措施，组成渗流控制系统。另外，由于岩土体渗流与其他过程具有显著的耦合效应，岩土体的渗流控制也需要结合具体的地质特征和工程特点采取不同的控制策略、原理、时机、方法和技术。只有这样，才能真正做到渗控系统设计的优化，并确保工程的长期安全运行。陈益峰等（2010，2011）基于岩土体多场多相耦合理论，并充分考虑各种工程渗控措施在耦合模型中的地位和作用，提出了工程岩土体渗流控制的过程、状态、参数和边界多元控制理论。渗流多元控制理论以严密的数学理论为基础，以渗控效应的精细模拟为手段，融合了工程实践中各种防渗、排水、反滤渗控措施的物理机制，实现了渗控材料特性、渗控结构效应和水文地质结构特征的有机结合，为工程岩土体渗流控制优化设计奠定了坚实的理论基础。

（4）基础渗控性能演化与安全调控。

张伟等（2009）研究了减压井的淤堵机理，研发了过滤器可拆换式新型减压井结构。研究得出减压井失效的主要原因有化学淤堵中所发生的氧化还原反应，以及井中填充反滤料因各种因素影响引起的淤堵，淤堵的反滤料很难从减压井内取出做清淤处理后重新放回，即使采用高压水反冲洗除淤效果也不理想。并且减压井造价较高，为了解决减压井排水减压效果明显和长期运行易被淤堵的矛盾，赵坚等（2004）提出以高分子土工合成新材料为主材的减压井管新型结构，试图利用结构合理、易于更换滤芯、综合造价低、施工简便等优点来改造传统减压井。新型减压井管设计的基本思路为：井管结构上满足运用期对土工织物滤层的可更换要求，充分考虑更换的可行性和方便性，按此思路设计出开槽内管涨压式、分离管片内撑式、分离网片内撑式等三种井管结构形式,管材主要采用PVC塑料管,其他附件尽可能选用有一定强度和不易锈蚀的材料。新型结构井管造价与传统减压井相比一次投资基本相当,但可以解决滤芯置换、长期使用等问题,经测算,若井管制作进一步做到标准化、定型预制,综合造价可以降低20%～30%。因此这种过滤器可拆换式新型减压井结构具有较高的可行性、实用性。

西南地区河谷深切,坝址区地貌及地质条件复杂,地下厂房的位置往往离库区较近,水库蓄水后,地下厂房围岩渗流特性将成为影响工程安全和正常运行的重要因素之一,为减小厂区渗漏并改善厂房围岩的渗透稳定性,工程设计采取防渗帷幕、排水孔幕和排水廊道等渗流控制措施。陈益峰等(2014,2016)采用子结构、变分不等式和自适应罚函数相结合的方法(简称SVA方法)对牙根二级、锦屏一级等水电站的厂坝区进行整体三维渗流场分析,评价了厂区围岩渗流控制方案的合理性,并论证其优化的可能性,实现了高水电枢纽工程设计、蓄水和运行各个不同阶段的渗控系统布局与优化、渗流异常反馈与治理、渗流安全评价与调控,为工程全过程的渗流安全控制提供了重要技术支撑。

5.1.2　抗滑稳定理论研究进展

我国是当今世界高坝建设的中心,呈现出高坝大库、地质复杂等特征。高坝坝基的抗滑稳定问题是工程设计中最关键的问题之一,它直接关系到工程安全和项目造价。坝体的外形、构造、布置、工程量往往取决于抗滑稳定问题。而实际工程中坝址区具有良好地质条件的情况较少,大多数工程都会遇到复杂的地质情况。同时,目前我国的水电建设中拟建、在建的高坝规模不断增长,其中许多枢纽坝高达到了200～300m级,创造了同类型坝的世界最高纪录。此外,由于深层滑动失稳的工程实例很少,抗滑稳定设计经过实践检验的不多,仅仅依靠过去传统的经验来设计这些大型工程,无法保证真正的经济和安全。因此,致力于研究高坝坝基抗滑稳定的理论模型、计算方法、参数取值和失稳机理、控制标准是具有极其重要意义的。

高坝坝基抗滑稳定研究首先需要解决两个问题:①合理的理论模型和计算方法;②基岩物理力学参数取值。在此基础上才能进一步探讨基础破坏失稳机理和稳定评价标准。这几个方面也正是高坝坝基抗滑稳定研究的关键问题。

高坝结构通常采用岩质基础,作为一种多裂隙的不均匀性非连续介质,岩体内部软弱结构面、裂隙或破碎岩体大量存在,且岩石材料本身具有明显的应变软化非线性特性,使得在数值分析方法中完全真实地模拟这些性质相当困难。在这一点上坝基抗滑稳定与岩石力学研究内容相似,但坝基岩体的受力和工作条件更为复杂。目前,在高坝抗滑稳定理论模型和数值模拟方法上,研究中运用最为广泛的数值计算方法就是有限单元法,但有限单元法本身是基于连续介质假定的,并且存在一些难以解决的缺陷,如应力场受到网格精度和力学模型概化影响相当大,应力解答具有不确定性,也因此难以制订出配套的稳定安全设计标准。对于基础软弱结构面和裂隙节理,虽然有限单元法可以通过设置节理单元或者接触单元来解决,但单元力学参数难以准确确定,使得计算结果与实际变形状况相去甚远。因此,许多学者进行了更深入的研究,发展了一些新的理论方法,如块体单元法、不连续变形分析法(Discontinuous Deformation Analysis,DDA)、流形元法等，提出了节理岩体损伤断裂力学模型、物理细胞演化力学模型等，为尽量精确地模拟裂隙岩体性质和破坏机理做出了有益的探索。

另外，对稳定分析起重大影响作用的材料参数取值则存在着很大的不确定性：试验所用的岩体材料与坝基岩体本身是处在不同的应力环境中，并且由于尺度效应和试验数据的相对有限，岩基材料的力学参数取值范围变化较大。在这种情况下，即使理论和计算方法非常精细，但依据的材料参数不精确，稳定计算结果的可信度也就失去了保证。由于各种数值仿真方法和配套材料参数的不确定性，也就造成了失稳机理和稳定评价"无据可依"的状况，许多学者对此进行了深入的研究，但至今尚未找到能够被工程界所广泛接受的解决方法。

针对理论模型和计算方法的精致与模型参数的粗糙这一长期存在的矛盾，可靠度理论是解决这一矛盾的有力工具。自 20 世纪 70 年代以来，在建筑工程结构设计中采用以概率为基础的极限状态设计已成为发展趋势，逐渐成为国际上许多国家的结构设计理论基础和标准。我国从 1984 年起相继颁布了一系列工程结构设计标准，标志着我国在解决结构可靠度问题上已开始由以经验为主的定性分析阶段进入了以统计数学为基础的定量分析阶段。在稳定可靠度分析方面，研究指出失效概率是对安全系数的有益补充。大量的研究也分别对坝基非线性随机有限元分析、条件可靠指标、随机场——逾渗临界等分析方法，以及如何确定坝基胶接面宏观抗剪强度，如何考虑材料的非线性特性、考虑失效单元函数间相关性影响以及如何寻求结构最大可能失效模式等问题做出了很好的尝试。为了同国际接轨，我国现行重力坝设计规范规定使用一种简化的可靠度方法——分项系数极限状态表达式来进行结构和地基的稳定性验算。这种采用分项系数来处理结构自变量不确定性的思想总体来说是成功的。然而，对于规范关于深层抗滑稳定的设计规定，也有研究提出规范建议公式存在物理概念上的错误和应用上的混乱，亟待改进。

此外，我国现行设计规范关于混凝土坝安全稳定的评价主要是基于极限状态进行设计，安全评价指标也主要是经验性的，没有考虑大坝的渐进破坏机理和稳定性演化过程。如果上述关键技术问题没有被很好地解决，在地质条件复杂的西南地区修建高混凝土坝，不但其安全运行得不到保障，而且经济指标也会显著降低。研究高坝坝基的渐进破坏过程和岩基失稳的整个演变过程，而不仅仅只是某个时步的状态，更有利于从整体上把握其失稳破坏规律及安全判据。这一方面的研究工作目前尚不完善。对于坝基安全稳定性的统一量化控制标准，国内外工程界也尚无定论。如针对混凝土重力坝与坝基岩石系统失稳问题，有研究分别提出以能量准则或坝踵拉应力区相对宽度的应力控制标准作为失稳判别准则，采用稳定性分析方法来研究重力坝的承载能力；也有研究提出以准弹性临界作为稳定临界准则的设计极限状态，并导出了以准弹性强度储备系数为设计安全指标的审查公式，但遵照该方法的准弹性强度储备系数计算过程较为复杂，限制了它的推广应用。

对于高坝深层抗滑稳定问题，各种复杂地质条件的影响也是研究的热门方向。大多数高坝工程都会遇到极为复杂的地质结构，高应力、高渗压、高地震烈度问题突出，在高渗透压力和高地应力作用下，发生岩体强度的弱化，坝基裂隙岩体内节理裂隙不断扩展，进而威胁坝体和基础的安全稳定，因此，考虑渗流与变形（Hydro - Mechanical，

H－M）耦合效应与作用的坝基抗滑稳定已成为高坝设计中最关键的问题之一。在岩石水力耦合机理研究方面，损伤力学、细观力学和微观力学的基本原理和自洽、均匀化等数学方法被广泛应用于岩石水力耦合的本构模型，并确定相应的宏观等效计算参数。这类研究侧重于从微观和细观的角度探讨岩石试件在破坏过程中的渗透特性演化规律，但如何将这类研究成果推广应用于解决包含大量尺度各异的节理、裂隙的坝基岩体水力耦合问题还需要做进一步的研究。同时，现有研究着重考虑大坝的正常工作状态，对于其在超强震环境中可能出现的强非线性、弹塑性和不连续变形乃至破坏过程研究较少。该部分理论基础薄弱，难以满足对超强地震下大坝灾变过程的模拟，与之相关的一系列基础科学问题也有待突破。已有岩体动力本构模型难以反映地震动作用下高重力坝体系的动态弹塑性、动态损伤及断裂等实际出现的力学特性，降低了计算成果的可信度。

近十多年来，在一大批大型、巨型工程项目实践的推动下，我国在复杂地质条件下高坝坝基静动力抗滑稳定分析理论与控制方法的研究方面取得了一系列重大研究进展，主要包括以下几个方面。

（1）考虑变形全过程的高坝基础整体稳定安全分析理论。

对于重力坝复杂坝基，常晓林等（2014）考虑坝基渗流与应力状态的耦合效应，基于等比例、不等比例和等保证率强度储备系数法的非线性有限元方法模拟大坝的整个破坏过程，揭示了重力坝的失稳演化机理：始于坝踵，经由软弱结构面（或建基面）的屈服区自上游向下游扩展，与坝趾抗力体压剪屈服区连通，形成剪切滑移通道，而导致大坝整体失稳。在此基础上，提出了坝基稳定设计的稳定临界准则，推导了相应的稳定计算公式，建立了与非线性有限元分析方法相匹配的高混凝土重力坝稳定临界评价方法，即大坝从点破坏到整体失稳的破坏过程中有一临界点，在此之前，坝处于稳定阶段，表现为随荷载增加屈服区的扩展是缓慢的稳定的，过了这点以后，屈服区的扩展急剧加快，直至发展到整体失稳破坏，稳定临界准则把这一临界点作为衡量稳定的设计标准。按稳定临界准则设计的坝将处于这样一种工作状态：坝踵处基岩、建基面和块体有局部微裂松弛区，但限定在不损伤防渗帷幕范围内；坝趾处建基面或块体开始出现屈服，坝踵坝趾总屈服长度不超过坝底的 10%；坝基岩块体和坝体基本上处于弹性状态。最后，基于该稳定临界准则，提出了基于非线性有限元法的重力坝稳定控制标准。

研究提出的稳定临界准则是在研究了坝体和坝基的破坏过程、破坏机理基础上，从理论分析入手提出的准则，与抗剪断公式相比，临界准则和设计安全系数是通过大量非线性计算分析导出的稳定计算公式，属于理论公式，能真实反映大坝的安全度。以稳定临界准则作为混凝土重力坝的设计标准，物理概念清楚，计算方法先进，是从理论上研究高重力坝稳定性的重大突破，对推动我国高重力坝稳定设计理论的发展有重要意义。

对于高拱坝的整体稳定问题，杨强等（2008）、Liu 等（2013）针对坝基岩土材料普遍使用的 D－P 屈服准则，对不收敛的不平衡力的物理意义进行了深入研究，在国际上首次提出了不平衡力即为结构所需加固力这一全新的学术理念，进而建立起变形加固理论。该理论核心为最小塑性余能原理，指出非稳定结构总是趋于自承力最大化而加固力最小化的状态，并说明三维弹塑性分析中无法转移的残余不平衡力即为结构所需最优加固力系。变形加固理论给出了变形体结构失稳的明确定义：对给定外荷载，当结构不存在同时满足平衡条件、变形协调条件、本构方程的力学解时即为失稳。针对高次超静定的拱坝结构而言，其整体稳定是一个变形稳定问题，反映的是一个破坏过程。以超载来评价拱坝的稳定性，每一个荷载状态 K 都对应于一个最小塑性余能 $\Delta E \geqslant 0$，可以以 K-ΔE 曲线定量评价拱坝整体稳定性。采用 K-ΔE 曲线而非单一安全度确定拱坝整体稳定性，可以反映拱坝破坏的变形全过程。这和地质力学模型试验中所得到的稳定指标体系是一致的。

变形加固理论成功地解决了收敛性和加固分析这两个长期困扰国际坝工界的关键技术难题，使定量加固设计在三维非线性有限元框架内得以实现，并充分考虑了高拱坝全局的非线性自我调整能力，大大提高了坝基加固措施的有效性和针对性。

（2）基于极限状态设计的重力坝稳定分析方法。

常晓林等（2014）通过大量的工作，尝试将可靠度分析方法和分项系数极限状态设计法用于重力坝深层抗滑稳定研究。在国内外首次提出了一种适用于重力坝坝基多滑面抗滑稳定分析的广义等 K 法，各滑块具有相同的安全系数和可靠指标，在此基础上，基于可靠度设计方法，提出了新的重力坝典型双滑面深层抗滑稳定设计表达式。该表达式为分项系数设计表达式，在大量可靠度验算的基础上，确定了表达式的分项系数，针对不同工程等级提出了分级的分项系数标准，使得该套分项系数与目标可靠指标达到统一，即在满足该表达式时，也满足了目标可靠指标的要求，既具有定量标准，又兼顾了可靠度和风险分析概念。进而基于分项系数思想，提出了与非线性有限元法相匹配的分项系数有限元法及其稳定控制标准，该方法可为我国混凝土坝设计规范中有限元法稳定计算缺乏配套设计标准问题提供解决方案。

（3）高坝整体稳定地质力学模型试验技术及安全评价。

高混凝土坝地质力学模型试验属破坏试验，可以揭示整个破坏过程，属非线性稳定试验方法。其试验方法主要有超载法、降强法、超载与降强相结合的综合法，三种方法所考虑的影响稳定安全的因素不一样。超载法假定坝基（坝肩）岩体的力学参数不变，逐步增加坝体上游水荷载，直到基础破坏失稳，这种方法反映了超标洪水的来临对工程安全度的影响。降强法通过逐步降低岩体及软弱结构面的力学参数，直到基础破坏失稳，反映了工程在长期运行中，岩体及结构面力学参数降低对工程安全度的影响。综合法是超载法和降强法的结合，既考虑到可能遇到的突发洪水，又考虑到岩体及软弱结构面力学参数的降低，能反映多因素对工程安全性的影响。然而长期以来在地质力学模型试验中只能采用超载法试验，而无法进行降强法和综合法试验，其关键的问题是传统的模型材料无法改变材料的力学特性，因而无法在模型上实现材料强度降低的力学行为，要实现这两种方法需要在模型材料上有所突破，研制出能降强的模型材料，方能实现降强法和超载法试验。

在这一研究领域，周维垣和杨强等（2008）发展了超载法三维地质力学模型试验技术。采用小块体模拟被节理切割的岩体，采用粘砌法或堆砌法砌置的组合块体模拟裂隙组出现的频率和连通率，实现了地基结构的精细模拟。在大量地质力学模型试验的基础上，总结出起裂超载系数、非线性变形超载系数、极限承载力超载系数的整体稳定控制指标体系，形成成果序列被水利部拱坝规范《混凝土拱坝设计规范》（SL 282—2003）

和电力行业标准《混凝土拱坝设计规范》（DL/T 5346—2006）所采用，推动了我国高混凝土坝建设的技术进步。

另外，张林等（2009）研制出了模拟岩体及岩体内断层、软弱结构面抗剪断强度变化的变温相似材料，建立了基于变温相似材料的材料降强破坏分析的成套技术，实现了三维地质力学模型综合法破坏试验（降强和超载过程相组合）。研究开发的基于变温相似材料的降强试验技术为国际首创，在地基岩体及软弱结构面的降强模拟这一空白领域实现了突破。

5.2　复杂坝基渗控安全与抗滑稳定理论研究面临的关键科学问题

5.2.1　基础渗控安全研究

根据复杂地质条件下高坝基础渗控安全方面的研究现状，未来亟须重点突破的关键科学问题可归纳为如下几点。

（1）高水头水利工程基础渗流特性与动态演化规律。

高水头水利枢纽工程长期处在高渗压、高水力梯度的渗流环境，导致高坝岩基及高压引水系统围岩中的渗流规律将明显偏离 Darcy 定律，而呈现显著的非线性特征。传统的基于 Darcy 定律的岩体渗透参数取值方法和渗流分析理论，不仅显著低估岩体的渗透特性，导致工程防渗系统的设计存在极大的安全风险，而且导致渗流场的分析和渗控系统的安全性评价显著偏离实际。目前，高速非 Darcy 渗流的研究主要集中在土石坝堆石体中的渗流、破碎岩体或软弱结果面中地下水以及多相混合渗流等方面，对于高坝基岩及高压引水系统深埋围岩渗流特性的研究还鲜有报道。实际上，由于开挖爆破的影响，高坝岩基及高压引水系统围岩中含有许多微观裂纹和宏观贯通裂隙，在高水压力的作用下，裂隙岩石中的渗流不再符合 Darcy 定律，高渗压作用导致岩体中的微裂隙、节理等软弱结构面张开、扩展，甚至发生水力劈裂，从而改变岩体的透水性能，并进一步影响其渗透稳定性。此时，常规的研究手段已很难满足评估岩体在高渗压下的渗透特性以及工程防渗设计的需要。为此，国内外研究人员采用高压压水试验对裂隙岩体的透水率、渗透变形、抗冲蚀性能、渗透稳定等特性开展了广泛而深入的研究。

然而，现场高压压水试验结果分析以及岩体渗透参数取值尚无现成的规范可循，一般根据工程所在部位岩体实际承受的渗透压力进行试验压力的选取，并借鉴 Darcy 流假定的常规压水试验行业规程推荐公式进行渗透系数的计算，这往往导致同一试验段高压压水试验计算得到的岩体渗透系数反而比常规压水试验计算的小；同样，对于高压压水试验本身而言，也会出现计算得到的岩体透水率随试验压力增加而不断降低的不合理结果。因此，开展高渗压下裂隙岩体非线性渗透特性的研究，发展基于非 Darcy 流定律的岩体渗透参数取值方法，已成为解决高水头水利枢纽工程渗流安全控制的关键。高坝岩基和高压引水系统围岩承受极高的渗透水压和水力坡降，渗透破坏的风险急剧增大，传统基于 Darcy 定律的渗流分析与控制理论已难以满足要求。开展高水头条件下岩体渗流特性与演化规律研究，已成为高水头水利工程建设与安全运行的关键科学问题。

（2）深厚覆盖层坝基渗流-变形耦合特性与协同控制技术。

河谷深厚覆盖层一般指堆积于河谷之中厚度大于30m的第四系松散沉积物。河谷深厚覆盖层具有结构松散、岩层不连续的性质，岩性在水平和垂直两个方向上均有较大变化，且成因类型复杂，物理力学性质呈现较大的不均匀性，因此河床深厚覆盖层是一种复杂的地基。正是由于覆盖层复杂的不良地基条件，给水利水电工程建设带来了一定困难。据统计，因坝基问题而失事的大坝约占失事大坝的25%；另据不完全统计，国外建于软基及覆盖层上的水工建筑物，约有一半事故是由于坝基渗透破坏、沉陷太大或滑动等因素导致的。我国在已建的土石坝工程中，由于渗流控制及防渗措施不当，以致存在隐患和发生事故的工程约占35%～40%。由此表明，在河谷深厚覆盖层上修建水利水电工程时，渗漏、渗透稳定、沉陷及不均匀沉陷等问题均较突出。因此，研究河谷深厚覆盖层这类复杂的不良地基具有重大意义，对确保水利水电工程安全、加快建设步伐将产生积极影响。在成层砂砾石深厚覆盖层基础上修建高型土石坝，坝基深厚覆盖层的渗透性质与力学性质的好坏往往会影响到坝体的安全与否；并且在大坝建成以后，坝基覆盖层的渗透性质和力学性质会不断地发生变化，这些都为大坝的安全带来很多隐患，因此，正确合理分析坝基的渗流场以及应力场的分布就显得尤为重要。传统的研究坝址区渗流场与应力场的分布是单独进行的，两场分开考虑。应力场方面，已充分考虑到了土体本构关系的非线性，如邓肯-张模型本构模型等，其研究完全是从土体的角度对坝址区进行研究，未考虑土体中水流对应力场的影响；渗流场的分析则是在定水力参数的基础上，运用地下水渗流理论对坝址区水文地质条件进行评价。通过对两场的分析对坝基深厚覆盖层土体压缩引起的沉降、深厚覆盖层岩土体渗透性的变化以及覆盖层土体物理性质的空间演变规律进行研究。非线性耦合分析正好可以充分满足这样的研究要求，不仅能同时获得同一时刻两场的分布，而且充分考虑了坝基深厚覆盖层土层参数变化的时间效应，使两场耦合结果更能确切描述客观现象。因此，深厚覆盖层等复杂地质体中的渗流对其变形和稳定性具有重要的影响，但目前对渗流与变形的协同控制研究还不够深入，深厚覆盖层等基础的渗流与变形耦合分析理论、原位试验方法及协同控制技术均有待突破。

5.2.2 抗滑稳定理论研究

根据复杂地质条件下高坝坝基静动力抗滑稳定分析与控制的研究现状，未来其研究发展趋势可归纳为更加系统性、综合性、整体性及实用性。在复杂岩体力学特性的静动力本构模型研究、复杂地质条件下高坝坝基渐进失稳过程的数值模拟方法及参数选取研究及复杂地质条件下高坝坝基失稳的细观机理和工程控制标准研究等三个研究方向上，未来亟须重点突破的关键科学问题可归纳为如下几点。

（1）复杂岩体力学特性的静动力本构模型研究。

根据实测资料和试验数据，提出能准确描述复杂岩基力学行为、充分考虑各种复杂条件和荷载效应相互作用和影响的宏细观多尺度静动力本构模型，是复杂地质条件下高坝坝基静动力抗滑稳定分析与控制研究的重要前提条件。

1）复杂岩体多尺度本构特性研究。天然岩体是基岩与裂隙系统组成的复合介质，其宏观力学特性是基岩力学特性与裂隙系统几何与力学特性的综合表现，具有显著的多尺度特性。目前常用的宏观唯像本构模型忽略了岩体的多尺度效应，无法揭示岩体变形破坏的细观机理，而且描述精度和适用范围都受到局限。因此，发展基于细观力学的宏观本构模型是最有前途的发展方向之一。此类方法既描述了岩体的细观结构，又能得到宏观本构模型，兼备了细观力学方法的准确性和宏观唯像方法的实用性。

一个完整的宏细观多尺度力学模型应包括三个层次：建立描述岩体细观结构的几何模型；基于合理的宏细观等效原理，建立岩体宏细观参数与细观几何模型之间的联系；建立细观几何模型的时空演化规律，从而获得宏观力学参数的时空演化规律，即宏观本构模型。

2）坝基岩体材料动态力学性质和本构关系研究。岩体动力本构模型是高坝地震动作用下数值模拟的关键问题之一。地震动作用下岩体本构模型极其复杂，其在不同荷载条件、岩体材料和地应力场条件下会表现出不同的动力本构特性，从本质上讲，岩体动力本构模型是岩体自身与所赋存环境在地震动作用下相互作用的综合反应。已有模型难以反映地震动作用下高坝结构及基础的动态弹塑性、动态损伤及断裂等实际出现的力学特性，这导致计算成果不能很好地反映高坝的地震响应，降低了计算成果的可信度，因而针对不同的岩体材料和不同的荷载作用方式，建立相应的岩体动力本构模型，无论是对理论分析还是工程应用均具有重要价值。

3）复杂岩质坝基 H－M 耦合机理研究。近年来，随着人们对高地应力区岩体的渐进破坏特征及水力耦合行为的关注和重视，研究岩石试件在损伤破坏阶段渗透特性变化规律的成果日益增多。在岩石水力耦合机理研究方面，损伤力学、细观力学和微观力学的基本原理和自洽、均匀化等数学方法被广泛应用于岩石水力耦合的本构模型，并确定相应的宏观等效计算参数。这类研究侧重于从微观和细观的角度探讨岩石试件在破坏过程中的渗透特性演化规律，但如何将这类研究成果推广应用于解决包含大量尺度各异的节理、裂隙的坝基岩体水力耦合问题还需要进一步的研究。

（2）复杂地质条件下高坝坝基渐进失稳过程的数值模拟方法研究。

长期以来，刚体极限平衡法在高坝坝基抗滑稳定分析中占据主导地位，虽然这种方法比较粗糙，忽略了很多因素，但是其力学概念比较清楚，方法比较简单，实践经验也很丰富，因而得到广泛应用。随着计算技术的发展，有限元法已成为解决结构问题的重要手段，在高坝抗滑稳定分析中也得到大量使用。在现阶段，高坝坝基深层抗滑稳定问题的分析方法以刚体极限平衡为主，辅以有限元法进行应力和稳定复核。各个重大工程（如三峡、向家坝、金安桥等）虽然都采用了非线性有限元方法进行了坝基抗滑稳定分析和加固效果研究，但其计算结果只能作为参考。由于有限元方法在单元剖分、材料本构关系、物理力学参数、单元位移模式以及合理的评价标准等因素方面存在不足，导致其在高坝抗滑稳定领域的应用受到严重制约。因此，发展更准确更精细的数值模拟方法及相应的参数选取模式，是复杂地质条件下高坝坝基静动力抗滑稳定分析与控制研究的基础。

1）复杂岩体材料的宏细观多尺度分析方法研究。对地基岩体等具有非均质性特征的材料的力学性能研究，仅从宏观上考虑，虽具有计算量小的优势，但却难以反映结构破坏的细观特征和机理；而基于实体单元的细观分析，虽然可以较好把握结构的细观破坏过程，但要耗费巨大的计算机资源，甚至不可行；而从整体结构中取出局部构件进行细观分析，又难以准确确定其边界条件。如何建立一套有效的多尺度关联分析方法求解从宏观到细观的问题，并能均衡考虑计算精度和计算代价，将是一个值得探讨的课题。在研究方法上，目前求解宏细观问题的多尺度数值计算方法主要有多尺度连续介质方法、连续介质-分子动力学耦合方法、准连续介质方法等。基于连续介质的宏细观多尺度方法在分析复杂材料、局部区域具有高梯度的问题时，比一般的连续介质方法更加有效，且在相近的精度下计算代价要更小。因此，通过构造能反映胞体单元内部材料非均质影响的多尺度基函数，借助宏细观分析方法进行求解，能够较好解决复杂地基非均质材料模拟等类似问题。

2）复杂岩体材料的连续-非连续耦合分析方法研究。高坝岩石地基是一种多裂隙的不均匀性非连续介质。在变形初期，其宏观表象仍然呈现出类似连续介质的变形特征，荷载与位移之间的关系表现为连续。随着变形的持续发展，岩体内部的宏观结构面和细观微裂隙开始发挥作用，导致荷载与位移之间的非线性关系。随着变形的进一步发展，荷载与位移之间的关系将不再连续，呈现出断续介质的基本特征。若采用基于连续介质理论的数值方法（如有限元法）来模拟岩体，此类等效连续和均匀化方法只适用于破坏前期，难以反映破坏后岩体的变形特征。近年来，基于非连续块体系统的分析方法（如离散元法、不连续变形方法、流形元法等）得到了很大的发展。这些方法可以模拟岩体的破坏失稳全过程。然而，细观特性与宏观特性之间关系的描述目前仍依赖于反复假定和纠错，通过假定的细观特性与实际物理试验结果对比，再应用于大尺度结构分析。继续发展这些理论方法，尽量精确地模拟裂隙岩体性质和破坏机理，研究岩体在外部荷载和环境作用下的缺陷演化规律及结构失稳全过程，也是今后一个重要的跨学科课题。

（3）复杂地质条件下高坝坝基失稳的细观机理和工程控制标准研究。

研究高坝坝基的渐进破坏过程和岩基失稳的整个演变过程，而不仅仅只是某个时步的状态，更有利于从整体上把握失稳破坏规律及安全判据。这一方面的研究工作目前尚不完善。对于坝基安全稳定性的统一量化控制标准，国内外工程界也尚无定论。

1）高坝坝基失稳的细观机理研究。针对典型复杂坝基进行渐进失稳数值破坏试验，阐明复杂坝基抗滑稳定失稳的触发机制，分析岩体结构面劣化和水力要素变化特征、滑面孕育和发展过程以及渐进失稳体物理力学参数的演化特征，归纳复杂坝基的宏细观失稳特征，从能量耗散和能量转移的角度揭示坝基抗滑稳定失稳的细观机理。

2）高坝坝基岩体动力稳定失稳过程的细观机理研究。对于高坝坝基岩体来说，一般情况下包含各类结构面，包括岩体节理、裂隙、软弱面、断层等。为了进行动力分析，目前的研究中经常把坝基岩体简化为等效的弹黏性或者弹黏塑性连续介质进行计算，这虽然简单、方便，却无法考虑由于坝基岩体节理裂隙细观特征对波传播特性的直接影响，所以不能真实反映细观构造特征对裂隙介质动力损伤特性的力学响应。今后的工作应考虑在宏细观多尺度的计算框架下，建立裂隙岩体的细观动态损伤模型，研究坝基岩体这种含有细观结构面的非连续介质的真实损伤演化规律。

3）高坝坝基抗滑稳定工程控制标准研究。以高坝坝基渐进失稳的数值模拟方法为基础，分析坝基失稳的渐进破坏演化规律，研究复杂坝基抗滑稳定的关键控制因素和临界状态，从宏细观角度研究失稳准则和坝基稳定临界状态下的真实安全度，探讨坝基抗滑稳定评价方法和评价标准。同时,通过综合运用室内试验和现有大型工程的实测资料和地质勘测资料,对比分析大坝在实际运行过程中的坝基稳定安全度,进而验证和完善坝基抗滑稳定分析方法和评价标准。

5.3 复杂坝基渗控安全与抗滑稳定理论研究优先发展方向

5.3.1 基础渗控安全研究

复杂地质条件下基础渗流分析与控制由于其研究对象的特殊性、赋存环境的复杂性以及工程应用的广泛性,自然有其自身的研究特点,主要体现在如下几个方面。

(1)研究对象的系统性。

复杂地质条件下基础渗流不仅研究岩石、节理裂隙等结构面的渗透特性,还要研究由岩块和结构面组成的岩体结构系统及其赋存环境对渗透特性的影响。从发展趋势看,岩土力学与岩土工程的研究对象从相对单一、范围较小的岩土体,向大范围、多尺度的深部地质体方向发展,以期从局部出发,在整体上更好地把握岩土体的渗透特性和工程性质。

(2)研究内容的多样性。

复杂地质条件下基础渗流研究内容十分广泛,大致可分为三类:①基础的地质特征和物理性质对其固有渗透率的影响,包括土质学、岩体工程地质力学等;②岩土体渗透特性工程特性,包括与岩土体变形相关的理论和方法;③基础渗透特性的改造和控制,包括岩土体渗流、变形分析与控制等。从考虑的因素看,主要考虑荷载特性(多维荷载、时效荷载、周期荷载、振动荷载)、岩土体的结构特性(地层条件、边界条件、岩土体类型)、状态特性(饱和程度、温度状态、渗流状态、地应力状态)、岩土参数特性(物性参数、力学参数、几何参数、耦合参数)对基础渗流的影响。从发展趋势看,由研究单场或单相环境向多场多相环境发展;由研究单纯内动力驱动或外动力驱动模型向内外动力耦合作用模型发展。

(3)研究目标的协调性。

复杂地质条件下基础渗流研究目标总体上是确保工程稳定安全,并最大限度地防灾减灾。但不同的研究阶段,研究目标有所侧重,例如在可行性研究阶段侧重于基础及其建筑物的技术经济与环境可行性论证,在初步设计阶段强调基础及其建筑物的优化设计,在施工与运行期可能侧重于施工安全、高效运行和环境友好。而且,岩土工程的经济、技术与环境目标的统筹协调日益得到重视。从发展趋势看,由单纯研究基础及其建筑物稳定性向地质灾害的预测与防治方向发展,从研究基础及其建筑物失稳防治到工程诱发的地质灾害防治与人地关系协调方向发展。研究目标的这种协调性,要求在不同的研究阶段进行多目标决策,规避目标之间的冲突,统筹目标之间的协调。

(4)研究方法的综合性。

水电与岩土工程基础是非连续、非均匀、非线性、非各向同性的赋存于复杂地质环境中的地质体。针对地质体与结构组成的复杂系统,并考虑系统各部分之间的相互作用和相互影响,水电与岩土工程基础渗流研究采用综合研究方法,注重理论研究与试验研究相结合、水文地质评价与流体力学分析研究相结合、定性描述与定量分析相结合、确定性分析与不确定性分析相结合、整体与局部以及宏细观相结合，数值模拟与试验验证相结合、计算分析与监测反馈相结合。另外，水电与岩土工程基础渗流研究对象的系统性、研究内容的多样性以及研究目标的协调性，在客观上要求遵循"定性描述、地质概化、理论建模、试验验证、数值模拟、工程反馈"以及循环往复、逐步深化的研究路线。只有这样，才能从宏观和微观的不同层次和不同尺度上认识复杂地质条件下基础渗流运动规律，揭示复杂地质条件下基础渗透特性，把握复杂地质条件下基础渗流运动状态，更加合理地利用和改造岩土体。

（5）研究方向的交叉性。

复杂地质条件下基础渗流研究与流体力学、地学以及工程和环境学科密切相关，因而学科研究无论是研究对象、研究内容还是研究方法和手段，都明显地具有学科交叉的特点。复杂地质条件下基础渗流研究较多运用了流体力学、地学、工程和环境学科的研究方法，吸收和融入了这些学科的最新研究成果，发展了具有交叉学科性质的研究方向。由于学科交叉，学科边界也越来越模糊，研究内容越来越丰富，新的学科增长点不断涌现。固守传统学科范畴，秉持传统学科研究方法是不利于学科创新的。因此，需要根据学科发展状态和工程需求，与时俱进地重新审视和界定学科边界，适时拓展和完善学科研究体系。

总之，复杂地质条件下基础渗流研究遵循多学科交叉融合、多手段综合集成、多尺度综合集成的研究思路。学科发展呈现出理论进展首先源于实际工程需求，又回到实际工程中进行检验和发展的一般规律。

根据以上研究特点，今后研究工作的优先发展方向可归纳为以下三点。

1）高水头水电工程基础渗控理论与关键技术：尽管渗流控制在水电工程建设中得到高度重视，但高水头水电工程的渗漏、涌水问题突出，高水头水电工程基础的渗流分析理论、控制技术、设计准则和长期性能均有待深入研究。

2）深厚覆盖层坝基渗流-变形耦合特性与协同控制技术：深厚覆盖层上筑坝涉及坝基防渗和变形控制两个关键问题，需要从渗流和变形耦合的角度，对深厚覆盖层的渗流特性、变形特性、试验方法和控制技术予以深入研究。

3）岩溶峡谷区深埋长隧洞渗流特性与控制技术：岩溶峡谷区地下水赋存条件和运动状态复杂，深埋长隧洞建设与运行普遍涉及涌水、衬砌外水压力等问题，深埋长隧洞围岩的渗流分析方法、控制技术和预报理论有待深入研究。

5.3.2　抗滑稳定理论研究

由于研究对象的复杂性等因素，复杂地质条件下高坝坝基静动力抗滑稳定分析理论与控制方法研究有其自身的特点，主要体现在如下几个方面。

（1）研究对象的复杂性。

复杂地质条件下高坝坝基静动力抗滑稳定分析与控制问题所研究的对象是高坝坝体结构与岩体坝基系统，其具有结构复杂、结构与基础相互作用复杂、荷载效应（地应力、地震荷载、渗流、温度等）复杂、裂隙渗流及多场耦合过程复杂、渐进破坏机理和稳定演化过程复杂等特点。从发展趋势看，目前的研究将从考虑单一因素影响、单一尺度模拟、单一稳定评价指标等，向考虑多因素影响、宏细观多尺度模拟、渐进破坏失稳全过程评价等方向发展，在整体上更好地把握失稳破坏规律及安全判据。

（2）研究方法的综合性。

在复杂地质条件下高坝坝基静动力抗滑稳定分析与控制问题的研究中，由于其研究对象的复杂性，研究方法也具有综合性的特点。针对地质体与结构组成的复杂系统，研究必须考虑各种复杂地质条件的相互作用和相互影响，注重理论研究与试验研究相结合、工程地质评价与力学分析研究相结合、定性描述与定量分析相结合、确定性分析与不确定性分析相结合、整体与局部以及宏细观相结合、数值模拟与试验验证相结合、计算分析与监测反馈相结合。

（3）研究方向的交叉性。

复杂地质条件下高坝坝基静动力抗滑稳定分析与控制研究牵涉多个学科领域，如数学、物理、地学等基础学科，以及弹塑性力学、损伤力学、断裂力学、非连续介质力学、流变学等学科，无论是研究对象、研究内容，还是研究方法和手段，都明显地具有学科交叉的特点。由于学科交叉，学科边界也越来越模糊，研究内容越来越丰富，新的学科增长点不断涌现。固守传统学科范畴，秉持传统学科研究方法是不利于学科创新的。因此，需要根据学科发展状态和工程需求，与时俱进地重新审视和界定学科边界，适时拓展和完善学科研究体系。

（4）研究内容的系统性。

复杂地质条件下高坝坝基静动力抗滑稳定分析与控制问题的研究内容十分广泛，大致可分为三个部分。首先是描述其力学行为的最基础的理论本构模型。从发展趋势上看，将从宏观唯像模型向考虑岩体细观力学特性的宏细观多尺度本构模型发展。其次是更准确更精细的数值模拟方法及参数取值，从发展趋势上看，将从传统连续介质计算方法向宏细观多尺度、连续-非连续模拟方法发展。最后是依据以上模型和方法的渐进破坏过程、失稳机理和整体稳定评价体系研究。以上三部分内容相辅相成，层层推进。

根据以上研究特点，今后研究工作的优先发展方向可归纳为三点。

1）根据实测资料和试验数据，提出能准确描述复杂岩基力学行为、充分考虑各种复杂条件和荷载效应相互作用和影响的宏细观多尺度静动力本构模型，是复杂地质条件下高坝坝基静动力抗滑稳定分析与控制研究的重要前提条件。

2）发展更准确更精细的连续-非连续耦合、宏细观多尺度数值模拟方法及相应的参数选取模式，是复杂地质条件下高坝坝基静动力抗滑稳定分析与控制研究的基础。

3）以数值模拟方法为基础，分析坝基失稳的渐进破坏演化规律，研究复杂坝基抗滑稳定的关键控制因素和临界状态，探讨坝基抗滑稳定评价方法和控制标准。

5.4　小结

复杂地质条件下高坝基础渗控安全与抗滑稳定问题是水利水电工程设计中最关键的问题之一，它直接关系到工程的整体安全。目前的研究工作已经取得了丰富的成果，积累了许多成功的经验，形成了相关的理论和分析方法。然而，在理论模型、计算方法、失稳机理以及控制标准等方面仍然存在着诸多前沿科学问题尚待解决。

在基础渗控安全研究方面，今后应重点针对高水头水电工程基础渗控理论与关键技术、深厚覆盖层坝基渗流-变形耦合特性与协同控制技术及岩溶峡谷区深埋长隧洞渗流特性与控制技术等开展研究，深入探讨基础渗流分析理论、渗流及变形特性、控制技术、设计准则和长期性能。在抗滑稳定研究方面，应根据实测资料和试验数据，提出能准确描述复杂岩基力学行为、充分考虑各种复杂条件和荷载效应相互作用和影响的宏细观多尺度静动力本构模型，发展更准确更精细的连续-非连续耦合、宏细观多尺度数值模拟方法及相应的参数选取模式，探讨复杂地质条件和工作条件下高坝坝基的渐进破坏过程和岩基失稳的整个演变过程，研究复杂坝基稳定的关键控制因素和临界状态，提出安全经济的坝基安全稳定性统一量化控制标准，为我国水利水电工程的设计、施工和安全运行提供理论依据和技术支撑。

参考文献

［1］ 常晓林，周伟，赖国伟，等．高混凝土坝结构安全与优化理论及应用［M］．北京：中国水利水电出版社，2014.

［2］ 陈祖煜，陈立宏．对重力坝设计规范中双斜面抗滑稳定分析公式的讨论意见［J］．水力发电学报，2002（2）：101-108.

［3］ 陈益峰，卢礼顺，周创兵，等．Signorini 型变分不等式方法在实际工程渗流问题中的应用［J］．岩土力学，2007（增刊1）：178-182.

［4］ 陈益峰，周创兵，郑宏．含复杂渗控结构渗流问题数值模拟的 SVA 方法［J］．水力发电学报，2009，28（2）：89-95.

［5］ 陈益峰，胡冉，周嵩，等．高堆石坝水力耦合模型及工程应用［J］．岩土工程学报，2011（9）：1340-1347.

［6］ 国家自然科学基金委员会工程与材料科学部．水利科学与海洋工程学科发展战略研究报告［M］．北京：科学出版社，2011.

［7］ 国家自然科学基金委员会，中国科学院．中国学科发展战略：水利科学与工程［M］．北京：科学出版社，2016.

［8］ 刘武，陈益峰，胡冉，等．基于非稳定渗流过程的岩体渗透特性反演分析［J］．岩石力学与工程学报，2015，34（2）：362-373.

［9］ Liu YR，Guan FH，Yang Q，et al. Geomechanical model test for stability analysis of high arch dam based on small blocks masonry technique. International Journal of Rock Mechanics and Mining Sciences，2013，61（7）：231-243.

［10］ 刘颖，邵景力，陈家洵．基于微水试验倾斜承压含水层水文地质参数的推估［J］．地球科学（中国地质大学学报），2015，40（5）：925-932.

［11］ 马洪琪．糯扎渡水电站掺砾黏土心墙堆石坝质量控制关键技术［J］．水力发电，2012，38（9）：12-15.

［12］ 沈珍瑶，谢彤芳．确定含水层渗透系数的微水试验法［J］．地下水，1994（1）：4-6.

［13］ 万力，胡伏生．三段压水试验［J］．地球科学：中国地质大学学报，1995（4）：389-392.

［14］ 杨强，刘耀儒，陈英儒，等．变形加固理论及高拱坝整体稳定与加固分析［J］．岩石学与工程学报，

2008，27（6）：1121 - 1136.

[15]　殷有泉. 岩石力学与岩石工程的稳定性 [M]. 北京：北京大学出版社，2011.

[16]　张楚汉. 论岩石、混凝土离散 - 接触 - 断裂分析 [J]. 岩石力学与工程学报，2008，27（2）：217 - 235.

[17]　张国新，金峰. 重力坝抗滑稳定分析中 DDA 与有限元方法的比较 [J]. 水力发电学报，2004，23（1）：10 - 14.

[18]　Zhang HW, Wu J, Lv J, et al. Extended multiscale finite element method for mechanical analysis of heterogeneous materials [J]. Acta Mechanica Sinica, 2010, 26（6）：899 - 920.

[19]　张林，杨宝全，丁泽霖，等. 复杂岩基上重力坝坝基稳定地质力学模型试验研究 [J]. 水力发电，2009，35（5）：39 - 42.

[20]　张宗亮，冯业林，相彪，等. 糯扎渡心墙堆石坝防渗土料的设计、研究与实践 [J]. 岩土工程学报，2013，35（7）：1323 - 1327.

[21]　郑宏，刘德富，李焯芬，等. 一个新的有自由面渗流问题的变分不等式提法 [J]. 应用数学和力学，2005，26（3）：363 - 371.

[22]　中华人民共和国能源行业标准. 混凝土重力坝设计规范：NB/T 35026—2014 [S]. 北京：中国电力出版社，2005.

[23]　周创兵，陈益峰，姜清辉，等. 复杂岩体多场广义耦合分析导论 [M]. 北京：中国水利水电出版社，2008.

[24]　周维垣，杨强. 岩石力学数值计算方法 [M]. 北京：中国电力出版社，2005.

[25]　周志芳，王仲夏，曾新翔，等. 岩土体渗透性参数现场快速测试系统开发 [J]. 岩石力学与工程学报，2008，27（6）：1292 - 1296.

[26]　周志芳，庄超，戴云峰，等. 单孔振荡式微水试验确定裂隙岩体各向异性渗透参数 [J]. 岩石力学与工程学报，2015，34（2）：271 - 278.

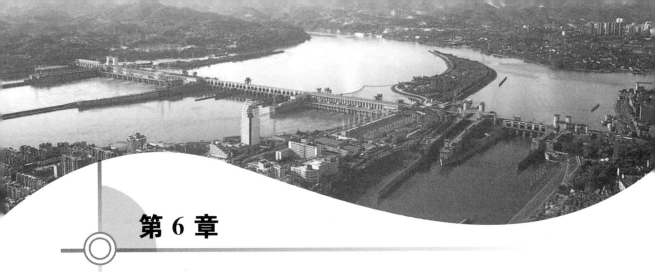

第 6 章

高坝建设智能监控理论发展趋势研究

6.1　高坝建设智能监控理论发展趋势研究进展

大坝在全球水资源综合利用和水能资源开发利用中发挥着重要作用，高坝更是以其开发利用效率高而得到大力发展。我国目前有一批世界级的高坝（包括 300m 级高拱坝、300m 级高土心墙堆石坝、250m 级高面板堆石坝和 200m 级高碾压混凝土重力坝等）已经建成、正在或将要建设，已经成为世界高坝工程建设的中心。然而，高坝工程规模大，工程与社会条件都十分复杂，技术难度很高，其建设是一个极其复杂的随机动态过程，受水文、气象和地质等自然因素影响大，涉及力学、地质科学、材料科学、控制科学、信息科学等多学科知识。同时，国内外 200m 以上高坝建设数量还较少，相对来说工程设计和施工的成熟经验仍然不多，其成套技术尚不够成熟。在高坝工程建设过程中，均遭遇到前期工作中没有预料的困难。因此，如何实现高坝建设过程可测、可知、可控是高坝建设过程中面临的关键技术问题。

近年来，水利水电工程学科及交叉学科的国内外学者从各自不同的角度，对高坝建设过程控制理论、建设过程监控技术手段、管理措施等进行了有益的研究和探索，取得了重要的进展和成效，可以较好地指导和服务于高坝工程建设。我国高坝工程建设水平也经历了人工化阶段、机械化阶段以及自动化阶段。特别是进入 21 世纪后，随着计算机技术的不断进步和大型计算分析软件的问世，通过信息采集技术实现信息采集及结合数值仿真模拟技术指导设计与施工，大坝建设管理进入了数字大坝阶段。但是在高坝工程建设智能化监控方面还需进一步的研究和创新。近 10 年来，我国学者通过不懈努力与大量创造性工作，在高坝智能监控技术研究方面取得了一些重要研究进展，显著提高了我国高坝的安全建设与管理水平。随着物联网技术、大数据技术、智能技术、云计算技术的不断深入应用，我国高坝工程建设经过不断总结和发展，必将逐步由自动化阶段、数字化阶段向智能化阶段发展。

当前，我国高坝工程将越来越多地在条件更为艰苦复杂的高寒高海拔地区建设，如何在现代化高科技的基础上深度融合智能建造理论与技术，开展研究高坝工程建设智能监控理论与关键技术具有重要的理论意义和时代意义。以下将从高坝建设过程控制的几个重要方面来具体阐述其相应的研究进展。

6.1.1　高坝建设进度仿真与控制研究进展

随着系统工程科学、计算机科学、虚拟现实技术、人工智能技术的发展，我国在高坝工程建设进度控制领域系统地提出了高坝建设进度仿真与控制理论方法，对建设进度仿真的研究大体经历了数字仿真、可视化仿真、虚拟实时交互仿真以及智能仿真与控制四个阶段，当前也正在向高坝建设进度智能仿真与控制方向不断深入发展。

（1）数字仿真研究阶段。

国内外学者采用系统工程的观点分析高坝建设过程，利用离散事件仿真技术构建相应的施工仿真模型，对高坝建设过程进行模拟，从而仿真得到建设工期、施工强度、机械利用率等施工参数，对这一阶段的仿真研究称之为数字仿真研究阶段。

在国外，Jurencha 和 Widmann 在 1973 年的第 11 届国际大坝会议上，最早提出采用计算机仿真技术来对混凝土坝浇筑过程进行模拟，并应用于奥地利施里杰斯坝（Schlegeis Dam）工程建设管理中。Halpin 教授将计算机仿真技术与循环网络模型相结合，提出了循环网络仿真模型，实现了混凝土运输过程的仿真模拟。随后越来越多的仿真工具出现，如 INSIGHT、RESQUE、UMCYCLONE、ABC、CIPROS、HK - CON-SIM 等。随着面向对象的编程语言的发展，出现了一些新的施工过程仿真系统，如 AbouRizk 和 Martinez 教授分别引入了通用仿真建模语言 Simphony 和 STROBO-SCOPE，可用于多种施工环境的进度仿真模拟。

在国内，天津大学在 20 世纪 80 年代与成都勘测设计研究院合作，对二滩水电站双曲拱坝混凝土跳仓浇筑进行了计算机仿真研究，成果符合一般施工规律。何有忠等人以长江三峡二期工程大坝混凝土浇筑施工为对象，采用计算机仿真技术模拟混凝土浇筑施工的过程，研究了多种施工方案以及在施工过程中制约和影响大坝施工的各种因素对工程施工的影响程度，提出了混凝土浇筑量与工程形象面貌并重的施工方法，为业主制订较优的施工进度计划、动态管理提供参考。钟登华等根据随机排队理论，利用系统仿真技术建立了高碾压混凝土坝施工仿真模型，并实现了碾压混凝土生产、运输和仓面施工三大子系统的耦合模拟。杨学红等人提出采用赋时 Petri 网对大坝施工系统进行仿真建模，描述模型中资源等施工参数随施工进度的变化情况；翁永红等人将仿真计算结果传输到 P3 进度软件，来动态分析混凝土工程施工在时间、工程量、施工形象等方面的进度特征。

（2）可视化仿真研究阶段。

随着可视化技术的不断应用，对仿真过程和结果可以利用三维可视化技术进行直观表现，进一步推动了高坝建设仿真理论与技术的发展，从而跨入了可视化仿真研究阶段。

在国外，AbouRizk 教授利用 AutoCAD 将 Simphony 仿真计算结果进行了可视化分析与展示。Kamat 和 Martinez 教授将离散事件仿真技术与可视化技术相结合，利用 Vitascope 仿真平台，实现了土石方开挖工程的三维可视化仿真等。

在国内，钟登华等首次将 GIS 技术应用于高混凝土坝施工仿真分析中，研发了高混凝土坝浇筑过程三维动态可视化仿真系统，动态展示大坝混凝土浇筑过程。赵春菊等利用面向对象的建模技术建立了碾压混凝土坝施工系统中不同类型的几何模型，并采用 OGRE 平台研发了碾压混凝土坝施工过程三维动态可视化仿真系统。申明亮等利用 Visual C++ 结合 OpenGL 技术编程也实现了混凝土坝浇筑过程三维动态可视化仿真分析。

（3）虚拟实时交互仿真研究阶段。

随着虚拟现实技术的发展，高坝建设仿真也从基于图形图像的可视化仿真研究阶段跨入了基于虚拟现实技术的高坝建设实时交互仿真研究阶段，使用户能够沉浸在虚拟仿真环境中，并对仿真过程进行实时交互查询与分析。

国外一些学者提出将系统仿真技术与虚拟现实技术相结合，利用以计算机技术为核心的现代高新科技生成逼真的集视觉、听觉与触觉为一体的特定范围的施工场景环境，用户借助必要的硬件设备（如头盔显示器、立体眼镜、数据手套等）以自然的方式与场景环境中的物体进行实时交互，从而产生身临其境的感受和体验；同时，研发出了基于 VRML、VEGA 等一系列的虚拟仿真软件平台，有效提高了施工仿真技术水平。

在国内，天津大学、武汉大学等一些学者也在水电工程施工仿真中引入了虚拟现实技术，建立了水电工程施工真实场景，提出了基于 4D 技术的水利水电工程施工虚拟实时交互仿真理论与方法。

（4）智能仿真与控制研究阶段。

由于高坝建设过程具有很强的随机性、不确定性和经验性等特征，近年来，结合智能理论与方法，开展智能化与自适应动态仿真理论方法研究是当前的研究发展趋势。将智能仿真与高坝施工仿真系统结合，一方面通过将各种专业领域知识引入仿真模型，可增强仿真建模能力；另一方面利用仿真建模的有关知识去引导或辅助建模过程，使得非仿真专业人员也能方便有效地建立和试验仿真模型，并可以交互式地录入和修改知识规则。

在国外，Song 和 Chung 等根据现场采集的实时施工数据，利用自适应贝叶斯更新技术进行仿真模型参数的实时更新和分析，可以更为准确地对施工进度进行预测；Horenburg 等提出了基于多 Agent 框架的施工仿真计算与施工进度优化方法，利用现场实际施工数据，结合仿真计算，实现了施工资源的优化配置。

在国内，天津大学钟登华等建立了基于实时监控的高坝施工进度实时仿真理论，利用实时监控信息，实现了仿真模型的实时更新；同时，结合模糊贝叶斯更新技术，提出了高坝建设过程自适应仿真理论，并建立了高坝施工进度动态预警数学模型，对高坝建设进度进行智能仿真分析与反馈控制。

6.1.2 高坝建设质量监控研究进展

随着我国高坝工程的大规模建设，建设者在工程建设中开展了大量的施工过程控制实践工作，并形成了较为完整的施工过程控制体系，主要可概括为：施工方案的编制与审核、施工方案的执行与检查、施工过程的调整与反馈和施工结果的检验与评定等。在施工方案编制与审核过程中，依靠建设者对现场实际施工情况的分析，结合工程经验和相关规范确定施工方案；在施工方案的执行与检查过程中，依靠人工对各项施工工序进行执行，并对各项施工参数通过视觉检查和量测检查相结合的方式进行检查；在施工过程的调整与反馈过程中，通过现场管理人员或者上报上级管理人员，对施工过程的突发情况或施工方案执行偏差情况进行决策和调整，并反馈至相应施工人员，使其执行相应指令；施工结果的检验与评定过程，通过实验监测对施工质量进行分析，结合施工过程中盯仓记录对施工结果进行整体评价。

随着信息化、网络化和计算机技术的发展，高坝建设过程在传统施工控制的基础上逐渐向数字化发展，诞生了数字大坝理论，并在糯扎渡心墙堆石坝、梨园面板堆石坝和南水北调等大型水利水电项目的建设中得以成功应用。对于建设者而言，数字大坝理论实现了对大坝施工质量、进度等方面施工信息的实时采集和动态处理，在有效减少人力投入的前提下，实现了施工信息的全过程、实时、在线分析，以及施工信息的集成和共享，为建设者进行施工信息决策和施工过程控制提供了强大的科学手段。

在碾压混凝土坝和混凝土拱坝监控中，中国水利水电科学研究院、清华大学等单位提出了大体积混凝土施工智能控制技术，并提出了大体积混凝土通水冷却智能控制方法，实现了混凝土温度的智能控制，在我国溪洛渡、黄登等高坝工程中得到了成功应用；同时，在高心墙坝建设过程中，天津大学通过集成全球导航卫星系统（Global Navigation Satellite System，GNSS）技术、信息技术、人工智能技术、自动控制技术等，自主研发了坝面填筑碾压质量智能监控系统，实现了碾压轨迹、行车速度、碾压遍数、激振力、压实度等碾压参数的全天候、精细化、远程、实时监控，实现施工质量的智能控制，摆脱人为因素的干扰，保证了大坝施工质量，在我国两河口、双江口工程中得到了成功应用。

总体而言，高坝施工质量控制方式发展经历了三个阶段：①人工控制阶段，其特点为仅依靠人工手段进行高坝施工质量信息的采集、分析、决策和执行；②数字监控阶段，其特点为以信息技术、计算机技术、卫星定位技术、数据库技术等为支撑，可以实现对高坝施工质量信息的自动采集与分析控制；③智能监控阶段，其特点为以人工智能技术、自动控制技术、大数据分析技术等为支撑，可以实现对高坝施工质量信息的全面实时自动采集，并进行智能分析与反馈决策，极大地提高高坝施工质量管理的科学化、精细化水平。

6.1.3　高混凝土坝建设温控研究进展

裂缝是混凝土坝的主要病害之一，裂缝的出现不仅影响大坝整体性，降低耐久性，裂缝的处理还会延误工期、增加投资，严重的裂缝还可能影响大坝安全。因此，防裂一直是混凝土坝建设及运行过程中的重要任务。

裂缝产生的根本原因是混凝土拉应力超过了抗拉强度，因此，防裂需从降低拉应力和提高材料的抗裂性能两个方面入手，降低拉应力的主要手段就是温度控制和减小约束等温控措施。20 世纪 30 年代美国在建造胡佛大坝时起，提出了分缝分块、低温浇筑、通水冷却等混凝土温度控制的基本措施，这些措施仍然是目前混凝土温控防裂的主要手段。我国学者在大坝建设实践中，已形成了一整套包括温度场与应力场计算、全过程温度与应力控制、温度控制标准和措施等混凝土温控防裂理论与方法。但是，由于混凝土坝施工和运行的复杂性，混凝土坝裂缝仍是未能完全解决的问题。

自 20 世纪 80 年代我国学者朱伯芳院士等提出了混凝土分层浇筑温度应力的有限元算法开始，有限元仿真分析方法已经成为把握混凝土温度与应力变化过程的主要手段。许多学者围绕混凝土硬化过程中的热力学模型、通水冷却的模拟、动态温度边界条件的模拟、各种缝的性态模拟等方面开展了大量卓有成效的研究工作；截至目前，我国已有多家单位开发了混凝土坝仿真计算程序，并相继在三峡、二滩、小湾、龙滩、溪洛渡、锦屏一级等大型工程的计算分析中应用。现在，能够模拟混凝土硬化、混凝土分块浇筑、通水冷却等温控措施、接缝灌浆、气象水文条件变化、蓄水过程等六个过程的全坝全过程仿真分析方法，已经成为混凝土坝温控防裂计算分析的主要手段。

　　混凝土温度裂缝主要产生于三大温差：基础温差、上下层温差和内外温差。基础温差会引起从基础向上的劈头裂缝和坝内部轴向的贯穿性裂缝，上下层温差引起大坝内部裂缝，内外温差引起仓面或表面裂缝。具体裂缝的产生往往受多种因素影响，如拆模冷击、寒潮、降雨冷击等。近期的研究和实践表明，除了如上三大温差外，温差的形成过程对裂缝的起裂和扩展作用影响较大，尤其是采用人工冷却时如果冷却不当，导致降温过程中的相邻混凝土温差值、温度梯度和降温速率过大，将会在坝内产生严重裂缝。另外，冷却水温与混凝土温差过大，水管周边的微裂纹也是宏观裂纹产生的诱导因素之一。

　　常规而言，防裂需要从材料、结构和温控三个方面入手，通过原材料选择和配合比调整，减小绝热温升、自生体积收缩变形，延长半熟龄期，提高抗拉强度、徐变度等，有条件可外掺或内掺 MgO 减小自生体积收缩。近年来，溪洛渡、向家坝等工程开展了低热水泥混凝土的试验性应用，取得了较好的效果，目前，正在建设的白鹤滩、乌东德工程全坝采用低热水泥；贵州三江、落脚河、马槽河等工程采用外掺 MgO 技术，简化温控措施，效果良好。结构措施是指合理设计结构形式和分缝分块，以避免应力集中，释放温度应力。在温控措施方面，中国水利水电科学研究院的张国新教授研究团队提出了"九三一"温控模式。"九"是指"九字方针"，即早保护，小温差，慢冷却；"三"是指一期、中期和二期（也可称之为早期、中期和后期）共三期通水冷却；"一"是指"一个监控"，即智能监控。相对于传统的温控模式而言，更加强调温控过程中时间和空间方向的温度梯度控制，通过减小温度梯度控制温度应力，进而降低开裂风险。对于碾压混凝土坝而言，特别是厚度较大的重力坝，其降温至稳定温度场需几十年乃至上百年时间，基础温差形成的时间漫长，再考虑到混凝土的徐变和强度的增长，基础温差控制可以适当放松；但是碾压混凝土重力坝内部长期高温，对内外温差的控制应当加强。近年来的实践表明，碾压混凝土坝内部长期高温，如果控制不力，叠加寒潮、蓄水冷击等不利影响，易在上游面产生裂缝，蓄水后在水力劈裂作用下，微小裂缝容易扩展成较大范围的劈头裂缝，应引起足够重视。

　　在工程实践中，时常会发生设计很好的混凝土坝工程发生较严重裂缝事故，究其原因，往往是由于施工信息获取的不及时、不准确、不真实、不系统，导致温控施工管理的失控，实际施工的混凝土坝温差大、降温幅度大、降温速率大、温度梯度大，最终导致混凝土裂缝的产生。针对这一问题，朱伯芳院士提出了"数字监控"的概念，即将传统的仪器监测与工程施工期、初次蓄水期乃至运行期全过程数字仿真分析相结合，实现对大坝温度、变形、应力等关键要素的全过程全场实时监控，有效克服仪器监测的"空间上离散""时间上断续"的不足。中国水利水电科学研究院的研究团队建立了国内第一个数字化温控系统——混凝土温度与应力控制决策支持系统，并在周公宅工程获得应用。该系统可在大坝施工过程中根据实际施工条件和温控措施，对全坝各坝块进行全过程仿真分析，及时了解大坝坝体各坝块的温度与应力状态及各种温控措施的实际效果，并可预报竣工后运行期的温度和应力状态。2009 年，"数字监控"技术在锦屏一级及溪洛渡工程开始应用，运用该系统可以实时开展大坝工作性态评估，降低事故风险，同时可以为施工期动态设计提供决策支持。

以"信息化""数字化"为基础，结合人工智能、自动化等技术，便可实现施工过程中影响质量的若干工序的智能化，智慧地球、智能电网、智能建筑等不同工程领域的人就智能化的理念进行着延伸并试图改变本领域的技术创新，并正潜移默化地影响着人们的生活。在水利工程领域，中国水利水电科学研究院在温控防裂方面提出了"数字大坝"朝"智能大坝"的转变，并就该转变理念进行了介绍，其研发的混凝土坝防裂智能监控系统在鲁地拉、藏木、丰满、黄登等工程获得应用。清华大学就智能大坝进行了详细论述，指出智能大坝是在对传统混凝土大坝实现数字化后，采用通信与控制技术对大坝全生命周期实现所有信息的实时感知、自动分析与性能控制的大坝；其研发的智能温控系统在溪洛渡工程得到应用。葛洲坝公司针对大体积混凝土冷却通水系统也进行了相关的研究和实践。以通水冷却的智能化为起点，混凝土生产、运输、浇筑、保温等全环节的温度控制的智能化也已经取得初步成果。智能温控技术的不断发展，将为促进温控施工的精细化提供强有力的技术保障，温控防裂也将有可能补上最后一块短板。

6.1.4　高坝岩基灌浆质量监控研究进展

大坝基础灌浆是改善坝基地质条件的重要措施，通过这种施工方法，使得原本存在薄弱环节和渗透通道的大坝基础岩体地质条件得到改善，从而增强坝基的整体性和密实性，降低其渗透性，使得坝基和大坝形成一个连续的整体，共同抵御坝基渗流等因素的破坏。然而，由于坝基地质条件的隐蔽性和复杂性、浆液在岩体裂隙中扩散的不确定性和灌浆施工工艺的复杂性，导致灌浆施工质量的准确控制极其困难。目前国内外对高坝岩基灌浆质量监控的研究主要在以下几个方面取得了一定的研究进展。

（1）灌浆参数实时监测与分析方面。

灌浆参数的监测包括对钻孔参数、压水试验及灌浆施工参数的监测。灌浆参数实时监测与分析的实现最早开始于国外。20 世纪 70 年代，日本最先开始把计算机技术引入灌浆施工中，在高 102m、帷幕灌浆量为 10 万 m 的大坝灌浆工程中，使用了由计算机管理的包括自动记录和自动控制的全自动化灌浆系统。到了 80 年代，日本的 FR - 120 - 2FC 型灌浆记录仪和瑞典的 CFP1011 型灌浆记录仪就可以做到连续描绘灌浆过程中的压力和流量。1985 年，美国垦务局（United states Bureau of Reclamation，USBR）第一次使用计算机来监测灌浆施工的试验，并且研制了一种综合的计算机监控系统，这个系统能提供、产生和记录所有灌浆施工监测，控制和分析所需的信息，该系统被应用于美国的 Upper Stillwater 大坝灌浆工程。2007 年，美国 Hayward Baker Inc. 公司把地表抬动和隧洞变形监测与灌浆监控相结合，开发了一种新的灌浆监测系统，这个系统能在灌浆施工过程中监测临近结构的变形和地表的抬动，自动控制灌浆压力，把灌浆引起的结构破坏和漏浆的风险降到最低。另外，Hayward Baker Inc. 的另一个灌浆系统 iGrout system 采用无线网络技术传输来自多条线的灌浆数据，并且能提供每条线的灌浆消耗、表压力值和有效压力、流量、表观 Lugeon 值、灌浆时间以及隧洞变形的实时图形显示。国内方面最早开展灌浆参数监测的是中国水利水电基础工程局（以下简称基础局）和天津大学，1987 年两个单位联合研制出了国内第一台智能化灌浆自动记录仪（J10 智能灌浆记录仪），实现了灌浆参数的自动化记录。2000 年开发的 G2000 灌浆监控系统（包括硬件和软件）实现了灌浆压力、流量、浆液密度三个重要参数的自动监测，能将灌浆数据自动转换成规范中要求的各种成果图表，并在小浪底帷幕灌浆工程中得到了应用。国内其他进行灌浆参数监测研究的单位还有长江科学院仪器与自动化研究所（以下简称长科院）、中南大学、清华大学等。中南大学于 2003 年研制了 LJ-Ⅱ型智能灌浆、压水测控系统，成功实现了压力、流量、水灰比三个参数的过程动态监测。此外，为了便于灌浆数据的整理和分析，天津大学开发了基于 B/S 结构的水利水电工程三维灌浆统一模型分析系统，系统实现了对灌浆参数的在线实时监测与分析，并结合三维灌浆统一模型，对灌浆工程的地质信息进行预报分析，对灌浆参数进行三维可视化分析，系统包含了对各个阶段的灌浆信息的综合管理平台，提供了一个集灌浆参数监测、信息集成管理、灌浆地质预报分析、灌浆参数分析和灌浆质量评价的统一平台。

（2）灌浆可灌性分析研究方面。

可灌性是灌浆工程中的一个重要参数，它决定了被灌岩体是否需要灌浆以及灌浆的难易程度，因此，对可灌性作出准确的评估将对灌浆施工质量的控制带来巨大的促进作用。可灌性的影响因素众多，目前对可灌性的研究主要集中在以下几个方面：可灌性与裂隙隙宽和水泥粒径的关系、可灌性与透水率的关系、可灌性与浆液属性的关系、可灌性与其他影响因素的关系以及可灌性的预测与评价等。尤尔特和 Sadeghiyeh 等指出透水率和单位注灰量在灌浆工程中存在以下 4 种组合关系：高的单位吸水量与大的注浆量的组合、低的单位吸水量与小的注浆量的组合、低的单位吸水量与大的注浆量的组合、高的单位吸水量与小的注浆量的组合。并且提出只有第 1 种组合下的灌浆才是有效的，第 2 种组合表明岩体透水性很小，没有必要灌浆，第 3 种组合压力使用过大从而造成结构破坏，第 4 种组合则表明岩体具有可灌性，但不能使用普通水泥进行灌浆。根据透水率和单位注灰量之间的关系来分析可灌性是一个较为简便的方法，但是目前的研究只是定性的结论，不能做到定量的分析，对实际灌浆施工的指导性非常有限。

（3）浆液扩散机理研究方面。

浆液扩散机理方面的研究大致可以分为两类，一类是灌浆浆液扩散的数值模拟研究，另一类是灌浆浆液扩散的解析解及其应用。由于流体动力学的复杂性，尤其是水泥浆液属于宾汉姆流体，不能用牛顿流体的公式进行求解，Navier-Stokes 方程（简称 N-S 方程）虽然描述了流体的流动过程，但是要想求解 N-S 方程，必须将其进行简化后才能得到解析解。数值模拟软件可以模拟宾汉姆流体在复杂形态下的流动状态，不但可以模拟浆液在二维裂隙网络中的流动，还能模拟浆液在三维裂隙网络中的流动。因此天津大学、中国水利水电科学研究院等很多学者利用数值模拟软件对浆液在裂隙中的流动进行了数值模拟研究，并结合实际的工程进行了浆液扩散数值模拟研究的验证和应用。

(4) 灌浆质量评价研究方面。

目前针对帷幕灌浆质量的检测方法主要为破坏性检测法，也就是通过钻孔取其芯样或通过这些钻孔来检测灌浆区域的某些性质的方法，检测结束后要对这些钻孔进行回填处理。最常用的破坏性检测法是检查孔压水试验，压水试验得到的 Lugeon 值可以反映岩体的渗透性和可灌性，通常将 Lugeon 值与灌浆工程师的经验判断结合来判断灌浆帷幕的整体性和质量。此外，检查孔地震波或声波测试也是一种破坏性的帷幕灌浆质量检测法，通过比较灌前和灌后岩体的地震波波速，能够对灌浆质量进行定性的评价。另外，还有利用地震波成像的方法来评价灌浆质量。目前，灌浆质量评价方法都只是从单方面对灌后岩体的属性进行检测和评价，没有综合考虑灌后岩体的渗透性和密实性。对于帷幕灌浆的综合评价大多是利用多种检测手段对帷幕灌浆的效果进行检测，然后对不同检测手段得到的成果进行独立的分析，最后再根据这些独立的分析结果来判断帷幕灌浆的效果。现有的研究还缺乏对帷幕的渗透性及密实性进行综合的灌浆质量评价。

6.2　高坝建设智能监控理论发展趋势研究关键科学问题

随着设计施工技术的进步，我国水利工程广泛采用的坝型（碾压混凝土坝、高拱坝、高堆石坝）相继突破或正在向 300m 级发展。今后我国重大水利工程的建设将集中在金沙江上游、澜沧江上游、大渡河上游、雅砻江上游、黄河上游、雅鲁藏布江以及新疆等高海拔、高寒及高烈度地震地区，迫切需要进一步加强高坝建设性能监控基础理论研究，为保证高坝工程高标准建设与长期安全运行提供基础。目前主要存在以下三个方面的关键科学问题。

(1) 高寒、高海拔地区高坝工程建设智能化监控理论。

高坝建设是一个复杂的系统，其具有坝体施工强度大、施工水流控制性强、施工干扰大、影响因素多等特征。高坝的建设过程是一个极其复杂的随机动态过程，具有条件复杂、过程复杂、不确定性强等特征，建设进度和建设质量都难以控制。特别是我国的高坝工程将越来越多地在高寒、高海拔地区建设，建设条件更为复杂，如何借助物联网技术、现代信息技术、人工智能技术、大数据分析技术等，建立高寒、高海拔地区高坝工程建设过程的智能化监控理论与技术体系，从而有效地保证和提高高坝工程建设进度和质量，这是高坝建设领域目前面临的关键科学问题之一。

(2) 高寒地区高混凝土坝工程建设智能温控理论。

混凝土在细观上呈现为骨料、硬化水泥砂浆和界面三种材料，混凝土硬化过程中会因应力不均出现微裂纹、气泡等缺陷，是后期宏观裂缝形成的诱因和起点。同时，大风干热等现场复杂的施工环境、分层分块浇筑带来的界面差异、复杂温控措施、外界多变温湿度条件等都会影响混凝土裂缝的发展过程，如何揭示高寒复杂施工环境下混凝土裂缝萌生、发展、贯通及扩展机理，建立高寒地区高混凝土坝工程建设智能温控理论与技术体系，这是高坝建设领域目前面临的关键科学问题之二。

（3）高坝建设性能动态评估与控制理论。

复杂条件下高坝建设性能演变是不可避免的客观现象。只有揭示性能演变规律，建立演变模型，才能做到科学设计、准确评估、适时控制。高坝建设性能演变过程复杂不确定性强，缺乏相应的性能评估方法与控制理论，如何建立高坝建设性能动态评估与控制理论，从而为高坝高标准建设提供科学依据，这是高坝建设领域目前面临的关键科学问题之三。

6.3 高坝建设智能监控理论发展趋势研究优先发展方向

6.3.1 高寒复杂条件下高坝工程建设进度智能仿真理论与方法

（1）研究高混凝土坝建设进度智能仿真理论与方法。

综合考虑结构形式、防洪度汛、地质条件、施工工艺、资源配置、水文气候等多维复杂边界条件，建立高混凝土坝施工进度智能仿真模型；研究高寒复杂条件下混凝土性能对仓面资源配置及施工工艺的影响，将施工质量作为仓面施工仿真约束条件，建立基于质量控制的仓面施工过程精细化仿真模型；研究高寒复杂条件下仓面间歇期参数与施工进度和仓面施工质量的关系，提出高寒复杂条件下耦合施工进度与质量控制的仓面间歇期控制方法；研究高寒复杂条件下混凝土坝施工质量与施工进度的相互作用机理，提出质量控制和施工资源驱动的混凝土坝施工仿真分析理论与方法，实现耦合质量要素和进度要素的混凝土坝施工过程综合智能优化分析。

（2）研究高土石坝建设进度智能仿真理论与方法。

针对高土石坝施工的坝体填筑分期分区复杂，工程量大、施工工期长两大特征，系统研究提出高土石坝施工进度智能仿真与优化方法。针对开挖筑坝料的空间分布变异性，综合考虑土石方开采和存储的时间和空间复杂约束关系、资源投入以及坝料供需和中转关系，研究建立多料场约束复杂条件下的高土石坝土石方动态平衡与调配优化数学模型，合理调配各建筑物、料场、中转料场的土石料，为各时期、各区域提供相应的调配规划；研究基于高土石坝坝料开采-运输-填筑全过程实时监控的施工进度智能仿真分析方法，保证计划进度目标的顺利实现；研究基于建筑信息模型（Building Information Modeling，BIM）技术的高堆石坝施工仿真模型及系统平台，为高堆石坝施工进度管理提供重要技术支持。

6.3.2 高寒复杂条件下高坝建设质量智能监控理论与方法

（1）研究高混凝土坝建设质量智能监控理论与方法。

考虑高寒复杂条件下混凝土生产质量控制准则，建立骨料粒径以及混凝土生产质量控制模型，提出混凝土生产质量控制方法；研究高寒复杂条件下仓面浇筑前混凝土温度时变特性，建立从生产到浇筑全过程混凝土温度演变模型，确保混凝土温度处于受控状态；研究高寒复杂条件下仓面混凝土振捣工艺特征，提出仓面混凝土振捣工艺智能监控方法，建立仓面混凝土振捣过程智能监控模型以及振捣质量评价模型，实现仓面施工质量的在线智能监控；综合考虑高寒复杂条件下混凝土拌和、运输及仓面施工过程的相互影响，建立混凝土生产、运输及仓面施工的智能监控统一模型。

（2）研究高土石坝建设质量智能监控理论与方法。

研究高土石坝料场开采-运输-填筑全过程施工质量智能监控方法。研究提出高土石坝料场和基坑开采方量及面貌的实时监控与预警技术；针对筑坝材料特征参数的不确定性，基于智能分析算法，提出筑坝材料含水率与颗粒级配的现场快速检测方法；研究基于智能交通理念的高土石坝坝料运输智能监控方法，对坝料运输与调度过程进行动态优化；研究基于高分辨率摄像和图像识别技术的高心墙堆石坝的心墙料掺和均匀度以及大坝分区料界污染智能监控和预警方法；研究堆石坝坝面填筑碾压施工质量智能压实方法，以堆石坝施工质量实时监控系统的相关数据信息为基础，运用数据挖掘与人工智能，通过对不同分区的含水率、级配等料源参数和现场碾压施工参数等进行智能分析，建立压实质量动态评估模型；研究基于环境感知、信息融合、智能控制、无线通信等众多高新技术的高土石坝智能碾压技术，构建感知-决策-执行三层结构的碾压机智能驾驶系统。

6.3.3　高坝工程岩基灌浆智能监控理论与方法

（1）研究高坝工程岩基灌浆统一模型和可视化分析方法。

研究建立集成三维精细地质模型、灌浆孔模型、水工建筑物模型以及浆液扩散模拟模型的灌浆三维统一模型；提出基于灌浆统一模型的灌浆分析方法，在结合灌浆统一模型与实时监控技术的基础上，通过对现场施工数据的实时采集，耦合分析三维地质模型、灌浆孔模型以及灌浆参数三者之间的关系，实现灌浆孔地质条件的预测，并在此基础上建立基于灌浆统一模型和实时监控的分析控制方法；提出灌浆施工过程的虚拟现实（Virtual Reality，VR）可视化分析方法，实现灌浆施工过程三维交互式可视化分析。

（2）研究高坝工程智能灌浆分析与反馈控制方法。

研究提出灌浆可灌性分析理论，研究基于耦合多因素的注灰量与导水率关系的可灌性智能分析方法，并根据可灌性的分析来对灌浆施工质量进行反馈控制。研究提出基于精细地质模型的浆液扩散过程模拟分析方法，采用数值模拟技术对浆液扩散进行数值模拟分析，计算模拟灌浆压力变化条件下浆液的扩散半径、灌浆压力分布等的变化规律；不同地质条件，通过输入不同的灌浆参数，模拟出相应的灌浆效果，从而分析出单耗合理的递减率；揭示在压力灌浆条件下浆液流动与压实之间的关系；基于数值模拟分析结果对后续灌浆过程进行分析，为现场灌浆控制提供科学依据。

（3）研究高坝工程智能灌浆效果分析与评价方法。

综合考虑灌浆后岩体的渗透性和密实性，研究提出灌浆工程效果智能分析与综合评价方法，对基础灌浆效果进行科学评价，通过灌浆质量的综合评价结果及相应的处理措施，实现对大坝基础灌浆施工质量的事后控制。

6.3.4　高寒复杂条件下混凝土坝多场耦合模拟及全生命期真实工作性态实时动态反馈仿真方法

（1）研究混凝土全生命期性态多尺度多场耦合模拟方法及试验验证。

对混凝土全生命期性态的准确把握是混凝土温控防裂的基础，数值模拟是主要手段。针对混凝土硬化、强化和劣化的全过程，从细观-微观-宏观多尺度建立混凝土温度场、湿度场、化学场、应力场多场耦合模型，建立相应的模拟方法；利用工业电子计算机 X 射线断层扫描技术（Computed Tomography，CT）、电镜扫描、混凝土性能试验等方法，系统开展混凝土细观结构、宏观性能试验，为混凝土性态模拟方法提供试验验证和参数率定，进而建立一整套具有较高可信度的混凝土全生命期性态模拟方法。

（2）研究考虑安全与经济均衡的混凝土温控防裂措施适应性模型与优选策略。

对温控措施的效果进行准确预测是温控施工智能化的前提，针对混凝土生产、运输、浇筑、养护的各个环节，建立不同温控措施与防裂效果的定量相关模型，为智能温控系统提供核心引擎。同时，需要研究不同温控措施的成本构成，建立温控措施的成本效益模型，研究不同区域不同类型混凝土坝的温控措施优选策略。

（3）研究混凝土坝防裂全过程智能监控与成套系统研发技术。

智能温控是温控施工精细化的重要支撑，是补齐温控防裂短板的重要手段。针对混凝土坝温控施工的全过程，在混凝土生产、运输、浇筑、养护的全环节，按照监测-分析-控制的总体思路，研究混凝土温控要素的实时监测技术、混凝土温控质量实时评价技术、混凝土温控施工自动反馈控制技术，通过硬件研发和软件开发，集成混凝土坝智能温控成套系统。

6.3.5　高坝建设性能动态评估与调控方法

基于高坝建设性能监控集成系统，研究建立一套与高坝建设性能演变需求相匹配的、多种性能指标并重的综合评价指标体系；系统分析影响高坝建设真实工作性态的关键因素，研究高坝真实工作性态仿真计算与分析理论，揭示高坝建设期真实工作性态及其影响机制，分析其与设计工作性态差异的主要原因，揭示高坝建设性能演变机理；研究建立基于多源信息的高坝建设性能动态评估模型；研究适合于反映高坝建设性能演变的实时监测技术与分析方法，构建高坝建设性能调控理论体系。

6.3.6　高坝建设过程智能监控集成系统与智能工程管理体系

（1）研究高坝建设过程智能监控系统集成方法。

研究基于物联网和云平台的高坝建设过程海量信息的获取、挖掘、融合方法；针对高坝建设信息多源多维度特性，无缝动态集成施工过程监控信息，建立基于施工信息模型的高坝施工过程监控信息集成平台。

（2）研究智慧大坝理论与技术体系。

系统研究智慧大坝关键技术，构建高坝建设的智慧大坝分析理论，在智慧大坝环境下，实现各种工程信息的数字化与集成化，并在工程整个寿命周期内实现综合信息的动态更新与维护，为高坝建设与安全运行提供全方位的基础数据支撑和分析平台。

参考文献

[1] AbouRizk S. Role of simulation in construction engineering [J]. Journal of Construction Engineering and Management，2010，136（10）：1140-1153.

[2] Leung S W，Mark S，Lee B. Using a real-time integrated communication system to monitor the

progress and quality of construction works [J]. Automation in Construction, 2008, 17 (6): 749 - 757.

[3]　L. Song, N. N. Eldin. Adaptive real - time tracking and simulation of heavy construction operations for look - ahead scheduling [J]. Automation in Construction, 2012, 27 (6): 32 - 39.

[4]　Reza Akhavian, Amir H. Behzadan. An integrated data collection and analysis framework for remote monitoring and planning of construction operations [J]. Advanced Engineering Informatics, 2012, 26 (4): 749 - 761.

[5]　Akhavian R., Behzadan A. H.. Knowledge - based simulation modeling of construction fleet operations using multimodal - process data mining [J]. Journal of Construction Engineering and Management, 2013, 139 (11): 04013021 (1 - 11).

[6]　Zhong D., Li J., Zhu H., et al. Geographic information system - based visual simulation methodology and its application in concrete dam construction processes [J]. Journal of Construction Engineering and Management, 2004, 130 (5): 742 - 750.

[7]　Zhong Denghua, Ren Bingyu, Li Mingchao, et al. Theory on real - time control of construction quality and progress and its application to high arc dam [J]. Science China Technological Sciences, 2010, 53 (10): 2611 - 2618.

[8]　A. H. Behzadan, V. R. Kamat. Automated generation of operations level construction animations in outdoor augmented reality [J]. Journal of Computing in Civil Engineering, 2009, 23 (6): 405 - 417.

[9]　Mohamed Y., Abourizk S. M.. Framework for building intelligent simulation models of construction operations [J]. Journal of Computing in Civil Engineering, 2005, 19 (3): 277 - 291.

[10]　R. Edward Minchin, David C. Swanson, Alexander F. Gruss, et al. Computer Applications in Intelligent Compaction [J]. Journal of Computing in Civil Engineering, 2008, 22 (4): 243 - 251.

[11]　Zhong Denghua, Cui Bo, Liu Donghai, et al. Theoretical research on construction quality real - time monitoring and system integration of core rockfill dam [J]. Science in China Series E: Technological Sciences, 2009, 52 (11): 3406 - 3412.

[12]　Horenburg T., Günthner W.. Construction scheduling and resource allocation based on actual State data [J]. Journal of Computing in Civil Engineering, 2013, 27 (6): 741 - 748.

[13]　Alzraiee H., Moselhi O., Zayed T. A hybrid framework for modeling construction operations using discrete event simulation and system dynamics [C] // Construction Research Congress. 2012: 1063 - 1073.

[14]　Okmen., Oztas.. Construction project network evaluation with correlated schedule risk analysis model [J]. Journal of Construction Engineering and Management, 2008, 134 (1): 49 - 63.

[15]　Eriksson M, Stille H, Andersson J. Numerical calculations for prediction of grout spread with account for filtration and varying aperture [J]. Tunnelling & Underground Space Technology, 2000, 15 (15): 353 - 364.

[16]　Zhong D H, Yan F G, Li M C, et al. A real - time analysis and feedback system for quality control of dam foundation grouting engineering [J]. Rock Mechanics & Rock Engineering, 2015, 48 (5): 1 - 22.

[17]　Fan G, Zhong D, Yan F, et al. A hybrid fuzzy evaluation method for curtain grouting efficiency assessment based on an AHP method extended by D numbers [J]. Expert Systems with Applications, 2016, 44: 289 - 303.

[18] 马洪琪，钟登华，张宗亮，等. 重大水利水电工程施工实时控制关键技术及其工程应用 [J]. 中国工程科学，2011，13 (12)：20 - 27.

[19] 钟登华，王飞，吴斌平，等. 从数字大坝到智慧大坝 [J]. 水力发电学报，2015，34 (10)：1 - 13.

[20] 钟登华，练继亮，吴康新，等. 高混凝土坝施工仿真与实时控制 [M]. 北京：中国水利水电出版社，2008.

[21] 朱伯芳，张国新，许平，等. 混凝土高坝施工期温度与应力控制决策支持系统 [J]. 水利学报，2008，39 (1)：1 - 6.

[22] 樊启祥，周绍武，林鹏，等. 大型水利水电工程施工智能控制成套技术及应用 [J]. 水利学报，2016，47 (7)：916 - 923，933.

[23] 李庆斌，林鹏. 论智能大坝 [J]. 水力发电学报，2014，33 (1)：139 - 146.

第 7 章

高坝泄流消能与安全防护理论发展趋势研究

我国河流众多，水量充沛，梯级流域水电开发过程中天然河道落差被集中在拦水坝前后，形成数十米甚至 300m 级高坝工程，其泄洪水流流速高达 30～60m/s，高坝工程泄洪消能问题非常突出。西南山区河流地处高山峡谷，地形陡峻，地质条件复杂，地震多发，高坝工程必须确保泄洪安全，兼顾生态环境安全。高坝泄洪消能与安全防护涉及水力学、河流动力学、结构力学、地质力学以及生态学、环境科学、气象学、热力学等多种学科。其中，水力学是最为重要的基础学科。近二十多年来，在二滩、三峡、小湾、锦屏一级、溪洛渡、双江口、小浪底、糯扎渡、向家坝、拉西瓦等大型水利水电工程建设的推动下，我国在高坝泄流消能与安全防护理论与技术方面取得了一系列重大研究进展。

7.1　高坝泄流消能与安全防护理论发展趋势研究进展

水力学是研究水的平衡和运动规律及其应用的一门科学。18 世纪，在经典力学的框架下，水力学的理论体系开始形成。20 世纪初，随着科学试验水平的迅速提高，水力学的作用开始得到充分发挥。水力学具有明显的双重属性，一方面它是流体力学的一个分支，另一方面它又是水利工程下的一个二级学科。高坝水力学是在基于水力学理论和方法解决高坝工程中高速水流问题的过程中形成的，主要研究高坝泄洪消能防冲、空化与空蚀、泄洪振动、水气二相流与掺气减蚀、泄洪雾化及近年来迅速兴起的泄洪诱发低频声波、泄洪诱发场地振动、泄洪掺气水流过饱和、工程水力学数值模拟等。

近十多年来，在我国的高坝工程快速发展的背景下，高坝水力学呈现出前所未有的快速发展态势，无论理论方法、研究手段还是工程新技术的研发都取得了显著的进展，为高坝工程的建设和运行提供了有力的支撑。

高坝泄流消能领域的发展趋势可以归纳为深度、广度和高度三个方向，即：理论研究从宏观尺度向细观尺度深化；研究范围从坝区向流域拓展；新技术研发向进一步突出原创性和系统性提升。近年来，高坝泄流消能与安全防护理论研究的进展突出表现在以下几个方面。

7.1.1　消能与防冲研究从传统的总流理论发展到流场理论

传统的水力学在很大程度上是一维总流方程（积分方程）与经验系数相结合的产物。流场模拟和测量技术的发展促进了以变量场为主要特征的高速水流流场理论的形成。

高坝泄洪消能与防冲研究建立在水力学的基础之上。流场理论作为流体力学的一个分支，虽然有 N-S 方程为核心的严密理论体系，但由于强非线性的 N-S 方程无法实现理论求解（除了极个别的简单流动外），因此在计算机技术普及之前，为了解决实际问题，水力学将总流方程与经验系数相结合。以此为基础的高速水流理论体系可以称之为总流理论，主要提供流量、水深以及断面平均流速等变量值。

随着计算机技术的发展，流场模拟在水力学中逐步兴起，同时以粒子成像测速（Particle Image Velocimetry，PIV）技术为代表的现代流场测量技术开始升级传统的测量方法，这使得水力学能够获得各种变量的复杂时空分布场，并以此为基础揭示出以往无法获得的详细流场和压力场特征、内在消能机制以及水流优化路径等，由此形成了以变量场为主要特征的高速水流的流场理论。对于高速水流的能量耗散，总流理论只能用沿程水头损失或者过流断面的局部水头损失来加以描述，因而经常在消能与防止空化空蚀之间顾此失彼；而流场理论则告诉我们，高速水流的能量耗散主要归因于水流剪切，通过控制剪切强度以及剪切掺混区的位置和范围，可以使消能与防止空化空蚀同时得到兼顾。

近年来，随着试验设备的改进与测试技术的提升，涌现了一批具有原创性的基于流场理论的研究成果和重大关键技术：从多股多层淹没射流新型跌坎底流消能流场理论到无碰撞挑流淹没水垫塘动水垫消能理论，从宽尾墩阶梯短消力戽联合消能到掺气型阶梯消能理论，从突扩突缩孔板或洞塞有压泄洪洞消能到竖井旋流或水平旋流无压泄洪洞消能。这些基于复杂三维流动研究成果的新型消能形式成为当代高坝泄流消能和安全防护理论的重要研究进展。世界各国水利枢纽运行所面临的洪水安全问题十分突出，约 1/3 的泄水工程曾遭受不同程度的破坏。我国的高坝泄洪消能工程因其水头高、流量大、河谷狭窄，单宽泄洪消能功率高出国外同规模工程 3~10 倍，因而，高速水流产生的消能防冲、雾化、振动、空蚀、低频声波等的危害更甚。因此，高坝泄洪消能与安全防冲问题更加复杂。

迄今为止，高坝泄洪消能主要形式有挑流消能、底流消能、面流消能、阶梯消能等。由于工程所处的地形地质条件千变万化，枢纽布置各不相同，因此，泄洪消能设计方案需要因地制宜、形式多样，许多高坝泄洪消能创新形式应运而生，有时为不同消能形式的某种组合，因此其水流形态极富变化，水力特性独特，消能机理复杂。

挑流消能形式结构简单，消能效果显著，缺点是雾化影响严重。传统的底流消能雾化较低，但是应用在高坝泄洪消能工程时，消力池临底流速较大，底板的抗冲保护难度较大。面流消能雾化介于挑流和底流消能之间，但消能率较低且表面波浪影响距离较远，不利于航运及下游河岸的防冲保护。挑流是一种使用最多的高坝泄流消能形式。据统计，坝高超过 70m 的高坝工程中有 90％以上采用的是挑流泄洪消能形式，因此其安全性问题尤为重要。国内外挑流工程破坏的实例很多，如著名的卡里巴（Kaliba）拱坝坝后冲刷破坏事故（冲坑深度近 100m）严重威胁大坝的安全。2017 年，坝高为 234m 的美国奥罗维尔土石坝（Oroville Dam）溢洪道底板严重冲刷破坏，直接威胁大坝安全，危急时刻不得不启用非常溢洪道泄洪，仅仅几个小时非常溢洪道下游即冲出 10m 多深的深坑，非常溢洪道如果因泄洪冲刷破坏不能使用，势必严重威胁水库安全，溃坝的可能性极高，因此，下游 18.8 万居民紧急疏散。万幸的是这之后该流域强降雨消退，才没有最终酿成更严重的灾难性事故。我国的二滩泄洪洞、紫坪铺冲沙洞、瀑布沟深孔泄洪洞、三板溪溢洪道等高坝工程的泄洪洞或溢洪道均不同程度地出现了泄水建筑物破坏情况。为此，我国学者曾结合二滩水电站开创了高拱坝表深孔空中碰撞挑流水垫塘消能技术，引领了此后的高拱坝坝身泄水建筑物设计。此后，这项技术陆续应用于小湾、溪洛渡、白鹤滩、乌东德等 300m 级的高拱坝，贡献巨大。

但是，对于高拱坝两岸地质条件欠佳、挑流水舌空中碰撞时泄洪雾化强度和范围增大所带来的安全防护难度加大和工程投资过大等不足，我国学者攻克了窄河谷高拱坝表深孔多股挑流水舌空中无碰撞的世界性技术难题，在高拱坝溢流宽度有限、挑跌流横向空间狭小等极为不利条件下，通过将表深孔同时侧收缩、多股空中水舌沿纵向充分扩散、相互穿插而过，实现了多股挑流水舌不发生空中碰撞，解决了该项技术中表孔泄流能力、水垫塘冲击荷载、泄洪雾化强度和范围增大三大核心问题，创新性地提出了高拱坝表深孔多股挑流水舌无碰撞水垫塘消能形式，研究成果表明，这种表深孔均侧向收缩、多股挑流水舌前后分区域入水使得水流入水范围大大增加，水垫塘强紊动剪切区增大，从而使水垫塘底板冲击动水压力与空中碰撞方式相比明显降低。由于各股挑流水舌空中不发生碰撞，因此泄洪雾化强度大大降低、雾化影响的高度和长度范围也显著减小，并已成功应用于世界第一高拱坝锦屏一级水电站等多项大型水电工程中。该技术为窄河谷高拱坝大流量泄水建筑物设计开辟了一条新途径，为今后类似工程采用无护底水垫塘消能奠定了重要基础。

近几年，我国学者通过双翅式、燕尾式组合挑流技术，又实现了高重力坝坝身分级分散挑流消能，上述技术已用于黄登重力坝坝身泄水建筑物的设计中。此外，为了解决高水头大单宽流量溢洪道出口挑流消能防冲难题，我国学者还提出了翻卷式挑流鼻坎、反向斜切挑流鼻坎、边墙局部后缩式挑流鼻坎等许多挑流新技术，这些技术也都应用于实际工程中。

国内外高坝工程采用底流消能而发生破坏的工程实例很多。如 1987 年建成的苏联叶尼塞河上游萨扬-舒申斯克水电站，坝高 245m，是当时世界上最高的重力坝，其坝身泄洪消能采用了底流消能方式，运行过程中消力池发生数次冲刷破坏。我国的五强溪水电站底流消力池和景洪消力池均发生严重冲刷破坏。据统计，在向家坝工程建成之前，坝高 100m 以上采用传统底流消能的高坝工程绝大多数消力池都发生了不同程度的冲刷破坏。近年来，我国学者通过深入系统的研究，解决了原有底流消能形式的临底流速过高、流态不稳定、消能效率低这三大核心问题，提出了多股多层水平淹没射流（或称新型跌坎底流）的新型消能形式。这种消能形式兼有三元空间水跃和淹没射流特征，具有自身独特的水力特性和消能机理。这种消能形式对于泄洪前沿宽度有限、单宽流量较大、雾化要求较高而又无法采用挑流消能形式的高坝工程，可以有效地解决其泄洪消能难题。向家坝工程实践表明，这种新型消能方式具有雾化较低、消能率较高、流态稳定的显著特点，具有广阔的推广应用前景。

为了保护高坝下游河床和岸坡不受泄洪高速水流的严重冲刷，需要修建消力塘防护结构。消力塘防护结构包括平底消力塘、反拱消力塘、护坡不护底消力塘、透水底板消力塘。在高速水流作用下发生破坏的工程实例屡见不鲜，破坏的形式包括整体浮升破坏、翻转失稳破坏、局部断裂破坏、抗磨层面破坏。

消能防护结构的破坏是高速水流与缝隙流动水荷载联合作用的结果，其稳定性更应注重脉动荷载的作用。我国学者从高速水流与缝隙流的动水荷载整体时空相关特性和耦合作用规律研究入手，综合分析时均压力、脉动压力、缝隙压力和上举力的影响，取得了消能防护结构破坏机理研究的新突破，创新了消能防护结构，在实际工程中发挥了重要作用。随着研究的深入和工程实际运行检验，证明大多数创新性技术是成功的。但是，不可否认还有许多基础理论问题还没有完全研究清楚，尤其是有些实际工程中的复杂流场多尺度旋涡结构及其机理作用解释的并不十分透彻，高速水流强烈掺气条件下的水气二相流各相间相互作用力的机制还十分模糊，高速掺气水流对混凝土壁面和非均质河床的冲蚀作用机理的差异性研究迄今为止涉及很少。这些不足势必影响此类新技术的进一步推广应用，因此，非常有必要加强细观尺度的流场和压力场等水力特性研究。

7.1.2 空化空蚀与掺气减蚀研究从传统宏观尺度深化到细观尺度

高坝泄洪消能过程中的空化指的是随着流速的增大或压力的降低，水流中含有的微尺度气核快速生长、发展、溃灭的全过程。空蚀指的是空化发生溃灭时产生的高强脉冲荷载（高达 $30 \sim 100 \mathrm{MPa}$）打击过流壁面形成的泄洪建筑物破坏的现象。

空化与空蚀归根结底是空泡的形成、发展和溃灭过程，空泡动力学是研究空化与空蚀的基础。虽然仍有诸多问题需要进一步的深入研究，但从整体上讲，空泡动力学至少对于单一空泡的运动（包括空泡与固体表面的相互作用）已研究得比较成熟。

通常，泄水建筑物的空蚀破坏多数发生在高水头泄洪洞、深孔或底孔，以及大型溢洪道的过流表面。当水流的流速超过 $25 \mathrm{m/s}$ 后，在压力梯度发生急剧变化的部位，如龙抬头的反弧段末端、突缩突扩段，极易发生空蚀破坏。空蚀的破坏力极大，严重时会威胁整个泄洪设施的安全，引起学术界和工程界的高度重视，成为过去半个世纪中水工水力学的一个研究重点。然而，就高坝工程中的空化空蚀问题而言，设计和研究人员主要关心的是某种过流体形在一定的水流条件下是否会发生空化空蚀，亦即工程特定条件下发生空化空蚀的临界条件，以及如何避免空蚀破坏的发生。因此，像水流空化数和初生空化数这样的总流参数再次成为被关注的焦点之一。通过水流空化数和初生空化数进行预判，继而通过详细的压力测量和减压箱试验加以论证和优化，成为研究高坝工程空化空蚀问题的主要方式。

以往对高坝工程空化空蚀问题的研究主要是通过空化数预判和减压箱试验，这种通过水流空化数和体形初生空化数对比关系分析是否发生空化的总流参数方式，弱点之一是忽视了空化全过程的细观机制，从而影响到减蚀方案的制订。近年来的细观尺度（介于宏观与微观之间的空泡、气泡尺度）研究，使得越来越多的复杂机理得到直接揭示。研究人员从细观尺度（介于宏观与微观之间的空泡、气泡、水滴、小涡团尺度）对空化空蚀和减蚀问题进行研究。譬如，关于掺气减蚀的机理，以往有多达十种以上的解释，且都缺乏直接的试验证据。而最近的细观研究则清楚地表明，空气泡对空化泡溃灭作用的影响随着两者的距离远近而表现为三种方式：当二者距离较远时，空气泡可以阻挡空化泡产生的冲击波；当二者距离较近时，空气泡可以改变空化泡的溃灭方向；当二者距离很近时会贯通合并为含气型空泡，从而溃灭强度大大降低。因此，传统的掺气浓度并非决定减蚀效果的唯一指标，空气泡的个数比气液体积比更为重要。

以往的设计理念大多是将泄洪洞作为水流的通道，依靠出口集中消能。但是，高水头大流量泄洪洞的规模不断提高，出口挑流消能和防冲难度也显著增加，特别是重大工程的大型导流洞在工程建设完成后即废弃不用，浪费巨大，十分可惜。在高水头大流量条件下，导流洞改建泄洪洞的水流衔接和消能问题异常突出。目前，导流洞改建泄洪洞主要有两种方式，一种是有压泄洪洞，另一种是无压泄洪洞。有压泄洪洞常常采用洞内突扩突缩消能，如孔板和洞塞式泄洪洞，这种洞内消能方式很难进行掺气保护，泄洪消能与空化空蚀矛盾十分突出。孔板式是最早应用于高坝泄洪消能的有压突扩突缩洞内消能方式，在小浪底水利枢纽工程中取得了很好的效果。洞塞式消能工也属于突扩突缩内流消能，但与孔板有明显差异。孔板是通过一次突缩，紧接着一次突扩进行消能；洞塞式通过一次突缩，然后有一段调整段，之后是一次突扩进行消能。大量研究表明，洞塞具有更为良好的防空化性能。无压泄洪洞常常采用旋流实现水流衔接过渡，如竖井旋流和水平旋流。水平旋流已应用于公伯峡水电站。竖井旋流已应用于数十个水电工程，为了将竖井旋流应用于高水头大流量泄洪洞，我国学者通过持续研究，形成了包括双涡室掺气型旋流竖井、分级旋流竖井等多项旋流竖井技术。

近年来，掺气减蚀技术水平得到显著提升。早在20世纪50年代，国外科学家通过试验已经证明，掺气有利于减蚀甚至免蚀。当空化区域近壁面掺气浓度达到7%～8%时，空化基本可以消除。美国学者Falvey在80年代后期总结了明渠水流、封闭管道水流和自由跌落水流三类问题的掺气机理方面的研究成果，总结了用于计算掺气起点、掺气水深、含气浓度分布等的经验公式，这为后人认识和研究掺气水流的发展规律和掺气设施的应用研究奠定了理论基础。国外高坝建设多在50—80年代完成，通过工程的建设和研究，掺气减蚀技术的应用已将相当普遍；我国于70年代末在冯家山工程首次采用掺气设施后，该项技术迅速得到推广与应用，研究和技术人员结合泄洪洞和溢洪道的设计，做了大量细致的研究工作。掺气是减蚀的有效手段，但近年来实际工程中仍出现了掺气后反弧段下游边墙和深孔闸门下游边墙被空蚀破坏的情况。近年的研究表明，反弧段前掺气坎掺入的空气受反弧段离心力的影响，气泡加速上浮，至反弧末端时掺气浓度已经很小，而反弧段下游水面自掺气向全水深的扩散尚不充分，反弧末端掺气坎底部掺气尚未充分扩敞，致使反弧段后容易出现边墙掺气盲区，即清水三角区。为解决这一问题，出现了采用掺气坎上游侧墙渐缩后突扩（侧墙贴角）的侧墙掺气技术，能明显提高反弧段下游边墙近壁掺气效果，有效消除原边墙清水区。上述全断面掺气减蚀研究成果已应用于二滩水电站、溪洛渡水电站等高坝大型水利水电工程。研究还表明，深孔闸室突跌下游边墙发生空蚀破坏的主要原因是深孔闸室出口水流流速超过 25m/s 时，底部有掺气保护而侧墙没有得到掺气保护，因此，没有得到保护的侧墙极易在高流速作用下发生空蚀破坏。

总之，高水头泄洪洞的掺气设施已经从二维平面结构形式逐渐发展为三维立体结构形式，掺气坎保护范围也从底部强迫掺气扩展到底部和边墙的全断面掺气保护，这些新型掺气技术的出现都得益于对掺气设施局部水气两相流的细观尺度分析和研究成果。特别是将掺气减蚀技术创新型地应用于洞内旋流消能工和阶梯消能工，拓展了掺气减蚀技术的应用范围，为高坝泄水建筑物安全运行提供了强有力的科学技术支撑。

尽管如此，近年来仍有一些高坝泄流工程在运行之初即发生了冲蚀或空蚀破坏。通过反演试验表明，虽然掺气浓度达到了可以减免空蚀所需的 3% 左右，但是由于掺入水体中的气泡个数和气泡分布存在差异，导致有些工程的掺气减蚀效果大打折扣。同时，由于模型存在一定的缩尺效应，特别是对于气泡、空化泡等所具有的细观尺度行为的缩尺效应更为显著，已经影响了模型试验的验证效果。此外，大量原型观测试验表明，泄洪洞的通风补气量的原型实测值远大模型试验和规范计算的结果。

鉴于模型试验中存在着缩尺效应，将实验室的研究成果直接用于原型工程后，常常存在一定的差异，特别是对空化问题的研究，比尺效应的问题更为突出。多年来，学术界一直非常重视该方面的研究。通常采用的方法是针对某一问题，开展系列比尺模型试验，以比较不同比尺的模型试验成果，通过无量纲分析寻找其中的规律和发现问题，用以指导同类问题的研究；另一重要的研究手段是开展水力学原型观测，多年来，结合大型水电工程的投入运行，进行了数十个工程的泄洪水力学原型观测，积累了很多重要的认识和经验。

虽然数值模拟方法不存在缩尺效应，但是由于水气沙多相流的精细模拟方法的局限，目前还不能对工程中掺气水流流场和空化水流压力场等核心物理量的细观尺度行为进行更加精确的数值模拟。

特别是，工程长期运行过程中，由于泄流建筑物不可避免出现磨蚀、材料老化、强度衰减甚至过流壁面的损伤，过流表面出现新的不平整，影响了泄水建筑物的水流结构，改变了原有水流条件，因此势必带来一系列的影响。比如消能效果下降、局部出现新增空蚀风险等不利的影响。尤其是我国众多水利工程均处于服役期，因此，对于服役期的水力学特性演变值得深入研究。

综上所述，现有技术虽然用于解决实际工程问题，但是仍有许多基础理论问题有待进一步研究解决。

7.1.3　流固耦合研究从单纯的破坏防治发展到过流结构的实时检测

由于高坝泄洪高速水流的强烈紊动，其脉动压力作用于结构上常常诱发结构和场地的强烈振动，是高手头大流量泄洪的关键技术问题之一。国内外学者对流体诱发结构振动的内在机理开展了大量的研究工作，提出了不同的物理模式，但对高速水流诱发结构振动问题的机理研究尚需深入。根据流动和工程结构的性质，流体诱发振动可以分为稳定流动和非稳定流动；按振动特性分，流体诱发振动可分为水流的强迫振动、自控振动和自激振动；按诱发振动的主要激励分，流体诱发振动可分为外部诱发激励（External-ly Induced Excitation，EIE）、不稳定诱发激励（Instability Induces Excitation，IIE）、运动诱发激励（Motor Induced Excitation，MIE）和共振流体振子诱发激励（Resonant Fluid Oscillator，RFO）。对于实际工程而言，其诱发振动的因素可以是一种机制起作用，也可以是多种动力机制共同起作用。通常，研究不同性质的振动也将采用不同的理论分析方法。近来发现，高坝泄洪诱发的泄流结构和地基的振动通过场地的传递或放大作用，导致大坝周围的场地和房屋持续振动，影响居民的生活。

采用挑流、自由跌流等泄洪消能方式，都存在射流冲击河床或防护底板的水力现象，射流冲击反映到固体壁面上，则有时均压力和脉动压力作用，这些力均与底板的稳定及轻型结构的振动密切相关。国内学者对壁面时均压力、点面脉动压力的幅值、点面荷载时间空间相关特性、频谱特性以及点面转换关系等进行了系统研究，为认识脉动压力机理、结构动力响应计算分析和过流结构实时检测提供了重要依据。

就高坝水力学而言，传统的流激振动研究主要旨在避免高速水流对过流结构尤其是闸墩、导墙、闸门等相对薄弱的部位和轻型结构的损伤破坏。研究的目的是在考虑耦合动力安全的前提下进行泄流结构的优化设计，提高工程设计的安全性和经济性。我国学者在模拟方法与试验模拟材料方面取得了显著的创新性成果，提升了流激振动的模拟预测水平，成果得到了广泛的应用，为我国高坝工程流激振动破坏的防治提供了有力的支持。

由于泄洪诱发振动的复杂性，泄洪振动响应的定量预测难度很大。在工程设计阶段，采用水弹性模型进行试验模拟和预测仍是目前行之有效的手段，这种模型是按水流脉动压力主体部分符合重力相似律准则来设计的。20 世纪 80 年代后，国际上普遍采用水弹性模型模拟材料，通过加厚模型材料的横断面以达到模型整体刚度相似，通过在模型上附加质量以达到质量分布近似。为了突破变态水弹性模型的局限，学者研制了力学特性的水弹性模型相似材料，可模拟混凝土结构、钢结构和地基的动力学特性，实现对"水流动力荷载-结构-水体-地基"四位一体的耦合动力系统的物理相似模型。鉴于至今难以准确描述水流荷载的特征即振源机制和特征，采用反分析法对泄流结构体系在多振源或不确定性动力荷载作用下的动态特性进行研究具有重要意义。随着先进数值计算和识别方法的发展，流激振动反问题的研究将成为重要的研究方向之一。

在传统的流激振动研究的基础上，研究人员发现高速水流的脉动压力可以作为激励源，通过结构响应分析，可以判断出结构是否存在损伤破坏。我国学者利用高速水流脉动压力作为激励源，通过对结构响应的分析，判断结构损伤破坏，由此形成了一套结构损伤检测的新方法，为过流结构的无损检测和实时监测探索出了一条新途径。

以往的流激振动研究主要集中在工程本身，特别是过流建筑物。近年来，由于工程问题的需要，流激振动的研究范围已经扩大到坝区以外的周边区域。当工程周边存在相距很近的生产和生活聚居区时，以前习以为常的局部区域振动问题便凸显出来。为此，研究人员从振源、传播途径、响应规律和减振措施等方面进行了专项研究，结果表明，通过优化泄洪运行方式进行源头控制、辅之以适当的房屋减振措施是解决此类问题的合理有效途径。相关成果可供今后解决同类问题参考借鉴，也为今后的坝址选择增加了一项新的约束条件。

对于高坝泄洪水流诱发振动危害的评估，主要考虑两个方面：①评估对泄水建筑物自身的危害；②评估对环境或人体的危害。关于泄洪诱发场地振动的影响评价，目前还没有统一的控制指标。

泄流结构在长期的服役过程中，在水动力荷载、温度荷载或施工荷载的共同作用下不可避免地产生各种损伤和缺陷，甚至发生破坏，对基于泄洪激励的在役泄流结构安全动态监测和诊断新技术，有着日益迫切的需求。

7.1.4 泄洪雾化预测形成了计算和试验相结合的模拟方法体系

液体雾化的概念最早是从喷嘴射流的研究中产生的，这种雾化指的是一种液体在气体中或其他液体中分散形成液滴的现象。泄洪雾化是指泄洪过程中下游局部区域内所产生的降雨、雾流以及周围空气中水气含量（湿度）的变化。鉴于我国的大型水电站多位于高山峡谷地区，泄洪雾化的影响更为突出。

我国学者率先开展了泄洪雾化研究。泄洪雾化形成的机理可以初步概括为：①泄洪水舌表面的大量掺气、扩散或旋滚，导致部分水体失稳，脱离水流主体，碎裂成水滴，大粒径水滴抛洒降落形成雨，小粒径水滴飘浮在空中成为雾流；②掺气水舌空中对撞或与下游河流水体相互碰撞，产生喷溅，飞溅出的水滴受到重力、空气阻力和坝后风速场的影响，斜向抛射，并在射流入水点附近区域降落，形成喷溅降雨，喷溅过程中产生的大量小粒径水滴飘浮在空中形成浓雾，受坝后风速场作用，雾滴不断扩散、飘逸形成雾流，并向四周逐渐扩展变淡，降雨强度随之减小。早期的泄洪雾化预测主要是基于有限的原型观测结果和抛物运动分析。随着研究工作的不断深入，模拟计算和模型试验相结合的预测方法体系逐渐形成。

从 20 世纪 80 年代开始，泄洪雾化问题得到了设计和科研人员的普遍重视。最早的泄洪雾化预测主要采取了两条路径，分别基于有限的原型观测结果和抛物运动分析。随着研究工作的不断深入，形成了三种方法并举的雾化预测体系，即模拟计算、模型试验和原观资料对比分析。

影响泄洪雾化的因素十分复杂，除了水流条件外，河谷地形、河谷风等均对雾化降雨有着明显的影响。即使水流本身，不仅其空中扩散和入水激溅直接决定着雾化降雨强度及其分布，而且其形成的水舌风也影响着水滴的空中运动。这些影响给泄洪雾化的模拟计算造成了很大的困难，近年来研究人员不断将各种新方法引入到泄洪雾化的模拟计算中，使得预测水平得到不断的提高。同时，模型试验也受到缩尺效应的影响，通常认为溅水区的试验结果相对可靠，而水雾扩散区的试验结果尚仅能供设计参考。原型观测资料的可靠性毋庸置疑，但其主要问题在于各个工程的具体条件千差万别，因此这些资料主要用于类似工程的粗略估测以及为数值模拟和模型试验提供验证。为了更加深入地了解泄洪雾化的规律，研究人员将视线扩大到雾化水滴谱、水舌空中扩散和入水激溅过程中水滴的形成和运动规律，借助现代试验技术手段，取得了一些初步的结果。

近年来，国内学者通过对泄洪雾化机理，特别是水滴喷溅机理的研究，在考虑地形和环境风的条件下，创造性地提出了挑流水舌对撞和撞击尾水时水滴随机喷溅的数学模型，研究了水滴在重力、浮力、空气阻力及水舌风作用下的随机喷溅规律，提出了应用蒙特卡罗方法求解雾化范围和地面降雨强度。基于原型观测反馈分析，建立了挑流泄洪雾化预测的水滴随机喷溅数学模型和智能快速预测模型，提高了泄洪预测的科学性和精度。

同时，研究人员基于底流消能泄流雾化机理研究和底流雾化原型观测结果，提出底流雾化雾源量的计算关系式，建立了考虑雾雨的自动转换过程、碰并过程、雾滴的凝结和蒸发过程的底流泄洪雾化预测数学模型，为评价泄洪雾化对坝下局部气候环境影响提供了定量的依据。

鉴于泄洪雾化的细观尺度形成机理较为复杂，一些学者尝试采用神经网络等模糊类数学模型预测泄洪雾化降雨和雾流范围，利用原型实测数据，通过自主学习提高预测模型的准确性和适用性，取得了一些研究成果。采用这种方法也从另外一个角度证明了开展泄洪雾化细观尺度行为的重要性和紧迫性。

随着泄洪雾化问题得到广泛的关注，最初不时发生的泄洪雾化破坏厂房、变电站等设施，严重影响工程正常运行的情况基本得到杜绝。目前泄洪雾化的最大威胁在于其影响边坡稳定。对于这一问题，理论和方法研究还有待于进一步深化。在正确预测泄洪雾化降雨强度及其分布的基础上，合理评价其对边坡稳定性的影响，从而合理确定边坡防护的范围和方式，将有助于进一步提高防护安全性，降低防护成本。

近年来，许多学者对高坝工程泄洪雾化在流域尺度带来的大气水气含量、温度等的影响颇为关注，这些水文气象因子的改变对当地生态环境影响重大，但是，这方面的研究成果相对较少，该领域研究也是今后需要重点发展的方向。

7.1.5　水气二相流的界面作用机制和高速气流运动研究不断深化

水工水气二相流的研究首先要解决两个问题：①如何通过掺气减免空蚀破坏；②阐明高速水流掺气后对水力特性的影响，如增加水深、减轻冲刷等。目前，准确预测掺气导致的水力特性变化研究还不够成熟，在设计强迫掺气减蚀设施时还无法与水面自掺气综合考虑，加之模型试验相似性和缩尺效应、掺气浓度和掺气水流流速测量等问题，使得水工水气二相流研究尚不能很好地满足工程需要。

水气界面作用机制是水气二相流研究中的关键环节。关于水气掺混的形成机理，最早有表面波破碎理论、紊流边界层理论和紊动强度理论等。我国吴持恭教授从涡团运动出发，建立了一套明渠自掺气水流计算方法体系。现代试验技术水平的提高使得深入观察水气界面的细观作用机制更加方便。试验表明，紊动作用与黏滞性作用的对比决定着水滴的分离，水面变形决定着气泡向水中的卷入。如何从界面作用的细观机制出发，进一步完善水气二相流计算方法是需要继续研究的一项重要内容。

液滴下落冲击液面的精细研究有助于人们加深对泄洪雾化的认识，可为构建更为精细的泄洪雾化数学模型提供理论支撑。各国学者已经开始采用细观尺度的流体力学模型开展液滴冲击液面或固面时的散裂和飘散，也取得了一些积极的进展，但该项研究刚刚起步，研究成果很少，因此，这方面的研究有待进一步扩展和加强。

现代试验技术水平的提高大大促进了水气界面作用机制研究。然而近年来，高坝建设的工程实践使得通气孔高速气流问题变得比以往更加突出。如小浪底排沙洞和糯扎渡泄洪洞通气系统的高速气流引起的巨大噪声和设施破坏等问题已经严重影响工程正常运行。因此，泄洪洞洞顶余幅中含水区的运动规律、通气量的预测以及通气孔风速的控制等都还有待进一步研究。

7.1.6 数值模拟成为高坝泄洪消能的重要研究方法之一

传统的高速水力学研究方法实质上是一种以试验为主的半理论半经验方法。计算流体力学是随着计算机技术的发展而迅速发展起来的，而高坝水力学的数值计算又比其他许多学科相对有所滞后。早期的计算水力学模型相对简单，基本上不包含水流的紊动参数。20 世纪 80 年代末期，紊流精细模拟越来越多地被应用于高速水力学研究和泄水建筑物的设计。与实体模型试验相比，数值模拟具有成本低、周期短、不存在缩尺效应等优点，尽管在可以预见的未来，数值模拟还难以作为实体模型的一种替代手段独立承担高速水流研究和泄水建筑物设计优化任务，但是不能否认数值模拟作为实体模型试验的一个有力的补充手段，将发挥越来越大的作用。例如，详细揭示流场的细部特征；对大量的工况进行优化初筛；对水流运动的影响因素进行单因子试验等。紊流数值模型逐渐成为高速水流数值模拟的主流

高坝水力学中的紊流模拟因其复杂及非恒定的边界条件、强烈的水气掺混等因素而显得难度较大。经过二十多年的努力，数值模拟已经逐渐被工程设计人员普遍接受，成为与理论分析、模型试验和原型观测互补的一种新的主要研究方法。目前，包括挑流、底流和有压流在内的各种泄洪方式，以及坝身、泄洪洞和溢洪道等各种泄水建筑物中的水流都可以获得基本合理的紊流数值模拟结果。

近年来，随着计算机硬件技术的不断进步，各种新的数值模拟方法逐渐被科研和工程领域重视并得到了广泛应用，其中光滑粒子水动力学（Smoothed Particle Hydrodynamics，SPH）是最具代表性的一种。自 SPH 在 1977 年被两位学者 Cincold 和 Luck 独立提出开始，其应用范围已经从最初的天体物理学发展到目前的流体动力学问题。不同于传统的基于欧拉网格的数值计算方法，SPH 基于拉格朗日系统建立控制方程，在整个模拟过程可以完全不依赖计算网格，这使得 SPH 具有一些网格法所不具有的优势，如适于模拟具有复杂或者大变形自由面的水流问题和处理具有复杂流固交界面甚至是运动结构物的流固耦合问题。

SPH 方法在流体模拟中的另一个应用领域是多相流、特别是气液两相流的模拟。相对于液液两相流，气液两相流具有更大的密度比。界面附近的密度剧变通常会导致数值不稳定，从而引起非物理的界面破裂现象，因此气液两相流的高精度模拟是对 SPH 方法的一个重大挑战。针对此问题，Grenier 等通过拉格朗日变分方法与 Shepard 权函数，建立了适用于界面流与自由表面流的哈密尔顿描述方式。同时，除 CSF 表面张力模型外，他们在 SPH 动量方程中引入一个形式与压力项一致的较小排斥力，且该作用力仅存在于不同相的粒子间。基于上述这些策略，他们实现了水中气泡的上升运动、重力流等过程的二维模拟。Szewc 等应用该排斥力模型进一步考察了三维气泡在黏性流体中的上升过程。气泡形状、终端速度、曳力系数等方面的计算结果都与锋面跟踪法（Front Tracking）及相关试验的结果较好相符。在被淹孔口的气泡演化过程模拟中，Das 等则在不同相的界面粒子间添加了类似于 Lennard‐Jones（L‐J）势函数的相互排斥力。该排斥力随粒子间重叠程度的增加而快速变大，从而有效阻止了两相间的穿透行为。上述

两种排斥力模型都含有一个经验参数，其值与具体问题相关。

国内的学者在 SPH 方法模拟溃坝方面也有许多研究，毛益明、汤文辉等运用 SPH 方法模拟了自由表面流动过程，没有使用传统的描述分子间作用力的 L-J 模式，而是在此基础上给出了新的固壁边界条件，模拟了二维涌浪和溃坝问题。李大鸣、刘江川等运用 SPH 方法模拟了拉西瓦水电站表孔泄流的流量过程和水流运动，模拟值与物理实测的堰表面压力值对比证明了 SPH 方法在高速水流模拟方面的可行性。张弛、万德成等对比了 SPH 和 MPS 两种目前主流的粒子方法在溃坝模拟上的表现，对比了两者在压力场分布、自由面形状、计算效率等多个方面的优劣，结果表明对于二维溃坝问题，SPH 方法给出的自由面更加光滑，粒子分布更加均匀；在收敛性方面，两者在满足 CFL 条件的情况下差别不是很大。

在对纯水流问题与流固耦合问题的模拟中，SPH 已经取得了很大的进展，计算方法相对成熟稳定，已经可以与传统的网格计算法分庭抗礼，而在交界面大变形（自由面和结构物表面）问题中，SPH 还略占优势。但在泥沙模拟和气液两相流模拟方面，尤其是动态掺气过程的模拟中，SPH 方法才刚刚起步，尚有大量工作需要逐步推进。考虑到 SPH 方法在处理多相流方面具有自身的优势，可以预见在未来会有越来越多的关于泥沙输运和水流掺气的 SPH 研究成果出现。同时采用 SPH 方法模拟复杂的多物理过程问题的研究也将出现，这些问题包含需要考虑材料特性的柔性体变形模拟，需要考虑破坏土体特性的滑坡体入水问题，以及需要考虑固液气三相的泥石流运动问题等。

综上所述，SPH 方法效率更高，适于模拟宏观的复杂流动，为实际应用和后续研究提供了重要的参考。

值得关注的是，从分子运动理论出发，基于介观尺度构建的用于流体力学的格子玻尔兹曼方法（LBM）模型，经过二十多年的发展，已经逐渐发展成一种广泛应用的计算流体方法，当前国际上 LBM 的研究涵盖了多个学科领域。目前对它的研究已从纯粹的理论领域迈向工程实际应用，形成了一个国际研究热点。格子玻尔兹曼方法从介观角度出发，以分子运动论和统计力学为理论基础，用简单规则的微观粒子运动代替复杂多变的宏观现象，通过建立离散的速度模型，在满足质量、动量和能量守恒的条件下得出粒子分布函数，然后对粒子分布函数进行统计计算，得到水深、流速等宏观变量。LBM 的优势在于：①离散格子玻尔兹曼方程属于完全线性化方程，而传统求解 N-S 方程中往往需要对非线性对流项进行处理；②传统 N-S 方程求解中需要通过耗费巨大计算量去求解泊松方程获得压力场，而 LBM 中则可以通过计算流体状态方程获得压力场；③相对于传统数值模拟方法，LBM 更擅长于处理复杂边界，有利于模拟复杂界面的变化；④LBM 计算效率高，具有完全的计算并行性。

LBM 多相流模型可以分为伪势模型、颜色模型、自由能模型和相场模型，目前伪势模型和相场模型由于简单和可调参数范围更大，使用率更高。但各模型均有部分缺陷，需要改进和进一步发展。对于各模型而言，主要的改进和研究方向为减小虚假速度，扩大部分模型密度比和黏滞性之比的可模拟范围，以及高 Reynolds 数流动计算稳定性和大尺度计算区域的模拟。计算应用于工程中的复杂流动时，可与传统的流体体积法（Volume of Fluid，VOF）法相结合，同时忽略气相的影响以扩大密度比和黏滞系数比范围。由于 LBM 方法具有天然的优越性，因此，在高坝泄洪消能研究领域将发挥重要的作用。

我国学者在该领域的贡献大致可以归纳为两个方面：①发挥数值模拟的优势，揭示出许多以往不够了解的水流内部规律和流动细节；②针对高坝水力学问题的特点，提出了新的模拟方法。可以预见，随着数值模拟水平的迅速提高，它将在高坝水力学研究和高坝工程实践中发挥越来越大的作用。

但是，高速水流问题具有许多自身的特点，而在已有的紊流精细模型中常常对这些特点难以直接有效地加以精细模拟。高速水流的紊流数值模拟是我国与国际先进水平相差较大的领域之一，发挥我国在高速水力学理论和应用研究的优势，针对高速水流的特殊水力现象，研发具有高速水力学特点的数值模拟技术，是在紊流数值模拟领域创新发展的有效途径，也是提高高速水力学理论研究和技术研发水平的必然要求。

7.1.7 高坝泄洪消能对周围环境生态的影响日益受到关注

随着研究的深入，人们逐渐认识到高坝泄洪消能不仅关系到工程本身的安全和经济性，而且关系到周围环境和生态的安全。高坝泄洪消能对环境生态的影响主要体现在：①在泄水建筑物泄洪消能引发的振动沿场地传播对周围建筑物和居民的影响；②高坝泄洪消能水流引起的气压脉动沿大气传播及对周围建筑物轻薄型结构和居民生活的影响；③高坝泄洪消能雾化对周围空气中水气含量的影响；④高坝泄洪消能掺气水流对坝下游很长距离河道水体过饱和影响。

近 10 年来，在借鉴国内外经验的基础上，我国科技人员在水利工程环境安全及泄洪消能研究领域大胆创新，技术水平不断提高。特别是在枢纽布置和泄洪消能系统设计等方面均有所突破，有些方面已达到世界先进水平。但是，泄洪消能技术涉及工程安全并对周围环境产生直接影响。近年来，泄洪消能建筑物发生破坏的实例屡见不鲜；泄洪导致河道水体总溶解气体（Total Dissolved Gras，TDG）过饱和，影响水生生境，可能直接导致鱼类患"气泡病"（Gas Bubble Disease）甚至大规模死亡。随着高坝大库的建设，向家坝和黄金坪等水电站屡屡发生高坝泄洪诱发周边场地振动的问题。泄洪诱发导致的场地振动，影响周围居民生活及其建筑物安全。目前对于该问题的研究还很不充分，俄罗斯学者通过原型观测对泄洪引起周边城市振动现象进行了初步研究，但对于场地振动对环境影响的评价指标体系研究仍处于空白状态；日本学者研究了泄洪诱发低频声波现象，未对其环境的影响评价进行研究。泄洪水流雾化影响工程正常运行和两岸岸坡稳定，甚至改变坝址局地气候条件。通过泄洪雾化多年来的相关研究，对雾化现象的认识逐步深入，对其主要雾源、影响范围分级分区有了较为明确的界定。但是，由于泄洪雾化问题的复杂性，在原型观测资料的欠缺、模型试验相似律的进一步验证、数值模拟各种影响因素的考虑等方面还有待改进，尤其是泄洪雾化环境影响方面缺乏对各种影响因素的评价指标及其综合评价方法。泄洪冲刷导致下游河床形态发生改变，进而影响水流流动特性和水生生境。因此，开展泄洪消能系统环境影响综合评价指标体系构建及其综合评价方法研究，在此基础上提出改善和缓解环境影响的措施与策略具有十分重要的理论价值和重大的实际应用价值。尤其是泄洪消能新技术的采用，对泄洪安全和环境影响研究更加急迫。

7.2　高坝泄流消能与安全防护理论发展趋势研究关键科学问题

对于高坝泄洪消能和安全防护理论而言，尽管对各种特殊水流现象的表现特征已经有了越来越深入的认识，但是，这些现象的细观作用机制还存在许多未知点。高坝泄洪消能和安全防护理论与技术的进一步发展需要对各种水流现象的细观机制有一个准确的认识。这里所谓的细观尺度是与宏观尺度和微观尺度相对而言的，宏观尺度亦即水流的总流尺度，与水头、水深、流道长度、溢流宽度、断面面积等具有相同量级；微观尺度亦即分子尺度，与分子的热运动具有相同量级；细观尺度介于上述两者之间，反映黏性耗能涡、水滴、气泡等最小水流单元的动力学机制。因此，细观水力机制是高坝泄洪消能和安全防护理论研究面临的重要科学问题，其主要问题大致可归纳为以下几个方面。

7.2.1　高坝泄流消能多相流动细观尺度行为与水力调控机制

高坝泄洪水流是水、气、沙多相流，属非连续介质，高坝泄洪安全中的大量问题是细观尺度上的非连续介质作用过程，揭示细观作用机制至关重要。

高坝泄洪水流往往流速高达数十米每秒，水流流速增加后，水气界面会出现气体卷吸，形成掺气水流。掺气水流对于建筑物安全既有有利的影响，也有不利的影响。有利的影响主要表现在掺气可以减蚀，掺气水流还可以减轻下游河床的冲刷；不利的影响主要表现在掺气增加水深而加大建筑物结构尺寸，掺气引起的水流雾化加剧而必须增加额外的防护措施。主要依据水力学的总流理论建立的水力设计方法均无法精准预测上述高坝泄洪水流带来的影响。

高坝泄流消能水流巨大的冲击破坏作用往往是导致泄水建筑物破坏和下游冲刷破坏的最直接原因。近 30 年来，虽然在一定程度上能够通过水工模型试验和紊流数值模拟方法解决高坝工程中的泄流消能技术问题，但是，水工模型试验均不同程度存在缩尺效应，紊流数值模拟方法尚未达到对水气二相流的精细模拟要求，研究成果往往与实际情况存在一定的差异，有时甚至出现重大的差异。因此，必须提高现有研究的理论水平、提升原有技术手段，加强高坝泄流消能多相流各物理量细观尺度分布规律的研究。

迄今为止，高坝泄水导致的工程破坏时有发生。以往研究和工程实践均表明，高坝泄洪消能水流异常复杂，涉及水气沙多相流动，其流场、压力场、浓度场实质上是随时空变化的。过去通常采用空间平均和时间平均的流场和压力场分析方法，难以适应当前对高坝泄洪消能理论和技术的提升要求。

为什么过去常常采用时空平均的场分析方法呢？主要原因有两个：①模型试验的测量手段主要是基于时间平均方法获取，主要变量的分析主要采用总流平均概念的处理方式，缺乏从细观尺度对各变量场进行深入分析；②目前的数值模拟方法主要采用时均化的 N-S 方程，通过离散化获得代数方程组进行求解，由于计算机运算能力的限制，网格尺寸不能太小，因此，难以满足从细观尺度加以研究的要求。

随着现代试验技术的提高、数值计算新方法的涌现、计算机运算速度的飞跃发展，使得从细观尺度研究高坝泄洪消能水流成为可能。

在高坝泄洪消能水流细观尺度行为规律研究基础上，开展水力调控技术研究，为泄

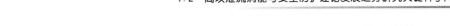

水建筑物优化体形、高坝泄流高效消能、安全防护有效实施提供理论和技术支撑。

7.2.2 高速水流与结构物的相互作用及振动传播规律

高速水流与结构物的相互作用研究包括：①轻型结构物如闸门、导墙、分块底板等的动力稳定性研究；②挡水建筑物如大坝、泄水建筑物的相互作用及其泄洪振动沿地基基础传播特性研究；③高速水流脉动引发的大气气压脉动及其传播特性、气压脉动在通道中的传播规律研究，因为气压脉动会对工程本身、周边建筑物和居民生活产生不利影响。因此，高速水流与不同材料、不同形式的结构物的相互作用不仅直接关系到结构物的安全，也会对周边环境产生明显影响。

人们对高速水流与结构物的相互作用的认识也是逐步深入的。过去主要关注结构物本身的泄洪安全问题，近年来，高速水流泄洪振动带来的次生问题关注度日益提高。一方面是人们对生态环境的重视程度加强，另一方面是研究手段的提升也为研究此类问题提供了技术保障。

由于结构物形式多样，高速水流脉动作用作为一种激励源对结构物自身稳定与安全的影响机制也存在重大差异。采用流固耦合数学模型和物理模型是研究流激振动的重要手段。由于结构振动导致的影响范围很大，振动响应、传播规律和反馈监测理论和方法都需要更深入研究。因此，原有的研究手段必须得到提升，以便适应新的研究需求。

近年来，随着原型观测技术的发展，在实际工程中先后发现了如水力拍振、伴生振动、爬行振动等泄流引起的振动现象，对于这些振动现象的产生机理、发生条件、关键影响因素以及不利振动现象的抑振措施等方面还需深入研究。

对基于泄洪激励的在役泄流结构安全动态检测和诊断新技术，有着日益迫切的需求。20 世纪 80 年代，学者开始研究从结构的动力响应反求结构的动力学参数或结构的损伤的结构整体安全性评估技术，该技术具有整体评估和成本较低的优势。对于大刚度的泄流结构而言，以泄流激励作为激励源进行泄流结构无损动态检测具有科学性、可行性。近期的研究主要集中于以下 4 个关键技术问题：①泄流结构原型动力测试的传感器最优布置方法；②降低环境噪声（水流噪声）影响，提高模态参数识别精度的，基于泄流激励的结构模态参数识别技术；③不同破坏形式和破坏阶段的泄流结构损伤敏感特征量提取；④泄流结构损伤整体精细识别方法。

由于泄流振动物理模型试验存在模型率复杂、模型材料相似不易实现等困难，流激振动的数值模拟正在成为研究水利工程泄洪振动的有效补充手段。泄流诱发结构振动的数值模拟属于计算力学中流-固耦合问题的研究范畴，完整的模拟应包括三个方面的内容：流体（水流）的模拟、固体（结构）的模拟以及流-固之间的耦合方法。大涡数值模拟方法近年来被引入到泄流振动的数值模拟中，在水流大涡模拟的基础上，加入对固体结构变形、振动的考虑，形成流-固耦合作用。流-固耦合根据耦合的层次可以分为单向耦合和双向耦合。如果结构振动对流体的运动影响较小，可采用单向耦合。在固体结构运动、变形、振动幅度较大时，固体对流体的反馈不可忽略，需要采用流-固双向耦合。基于大涡数值模拟的泄流振动研究目前仍处于探索阶段。主要挑战来自实际问题的复杂性，泄洪水流具有高流速、高 Reynolds 数、高 Froude 数、强紊动的特点，并常常伴随强烈的水-气混掺。大涡数值模拟需要针对水流的这种特点，在亚格子动力模式、近壁模型等方面进行更多的验证和改进；而在水流所诱发的振动方面则需要从固体的非线性响应机理、脉动的频率和尺度对振动的影响等方面进行更为深入地探讨。

7.2.3　模型与原型的相似性及缩尺效应

高坝泄流消能与安全防护中的诸多问题（如空化空蚀、掺气水流、泄洪雾化等）均存在明显的缩尺效应，且长期未得到有效解决。

当前，物理模型试验仍是水力学研究的最主要手段。采用物理模型试验时，虽然模型水流满足重力相似准则，但在大多数情况下难以满足雷诺数相似条件，因此，与水流紊动程度关系极为密切的物理量如脉动流速和脉动压力就不可避免地存在缩尺效应。目前，关于水流脉动压力的模型相似律尚未有统一的观点，由于无法从理论上求解脉动压力，工程上仍然主要依靠模型试验结果来估计原型中的脉动压力水平，因此，正确建立脉动压力从模型到原型的引申规律是十分重要的。

水流的掺气和空化特性与脉动流速、脉动压力等脉动量紧密联系。实践中，为了消除这种缩尺影响，常常采用某种修正公式来减小缩尺带来的误差。由于高坝泄洪消能形式多种多样，目前还难以获得普适性的修正公式。其中最为关键的瓶颈是对水流掺气和空化过程中气泡和空化泡缺乏准确的细观尺度描述方法，采用大量试验数据拟合的方法不但工作量极大，而且很难穷尽所有流态。因此，最为根本的解决之道是深入研究气泡、空化泡细观尺度运动规律，从基础理论出发，结合试验结果验证，才有望得到较为普适的修正方法。

与此同时，采用介观尺度的数值分析方法，辅以模型试验验证，开展气泡、液滴、空化泡、沙粒在水流中的细观尺度行为规律研究，为探寻模型缩尺效应的理论基础提供可行的方法和手段。近年来，基于介观尺度的格子玻尔兹曼方法（LBM）在气泡、液滴、空化泡、沙粒在水流中的运动的细观尺度精细模拟中逐渐体现出某种优势。此外，SPH 方法也在水气二相流模拟中发挥着重要作用。当然，基于 N－S 的 DNS 方法也能够在这方面占有一席之地。总之，在相当长的一段时间内，模型与原型的相似性及其缩尺效应有关的理论基础研究仍是本领域亟待解决的关键科学问题。

7.2.4　高坝泄流特殊水力现象的数值模拟新方法

对高坝泄流特殊水力现象（如高速水流掺气、空化水流、泄洪冲刷等）的数值模拟是提升数学模型水平的关键所在。

随着众多新型泄洪消能形式的应用，紊流数值模拟也从经典的后台阶流动和水跃模拟延伸到更为复杂的流动，从单相流动扩展到水气二相、水沙二相流，甚至是水气沙多相流动。所解决的问题也不仅仅局限于时均的流场和压力场，很多情况下需要获取更为详细的水流旋涡结构和浓度场，这就需要改进和提高数值模拟的精细化程度，保持数值模拟的高效性和适用性。

对于高速水流掺气的数值模拟，不但需要准确捕捉水气界面，而且需要重点提升掺气浓度及其分布的精细化水平。VOF 法是常用的追踪水气界面的方法，为了获得精确的掺气浓度场，需要网格划分得足够小，这种方法在实际计算中往往难以收敛。Mixture紊流模型在相同较大的网格条件下对于掺气浓度的模拟结果优于 VOF 法，但由于水气两相流的相间作用力无法准确表达，因此，实际上是一种掺气浓度的近似结果，也难以计算出掺气气泡尺寸的谱分布，因此，对于获得精细化的掺气水流浓度场尚有不小差距。在这方面，基于介观尺度的 LBM 方法理论上能够模拟水气两相之间的相互作用，但是，目前的研究水平只能解决数量较少的气泡在静水中的运动；对于高雷诺数的实际工程中大量强烈掺气的高速水流模拟还需要攻克许多难题。因此，目前这种方法对于大尺度计算域的掺气水流模拟计算还十分困难，在实际工程中的应用依然任重道远。

此外，紊流数学模型还可以模拟实体模型难以实现的特殊流动，如超高压、超低压条件下的流动和水气掺混。通过对大型水利工程原型流动直接进行模拟计算，从而避开模型试验的比尺效应问题。数值模拟和实体模型试验相辅相成，相得益彰。目前在高速水流的精细数值模拟方面需要解决的前沿问题主要包括：高速自掺气水流的数值模拟技术，即在现有的自由面紊流数值模拟技术的基础上，通过对自掺气条件和掺气机理的研究，实现空气掺入过程的准确模拟。空化空蚀的数值模拟技术不仅能够模拟单一空化泡的演变过程，更重要的是能够模拟某一过流体型在不同来流条件下的空化特性。冲刷坑冲刷过程的数值模拟技术，其关键是建立高速水流作用下不同岩体边界的冲刷坑发展和稳定的控制条件。泄洪雾化的数值模拟技术，发挥紊流数学模型水气混合计算的优势，实现不同工程和环境条件下泄洪雾化的精细数值模拟。

7.2.5 高坝泄洪消能的环境生态影响

泄洪消能技术涉及工程安全并对周围环境产生直接影响。泄洪导致河道水体总溶解气体过饱和，进而影响水生生境。泄洪导致场地振动，将会影响周围居民生活及其建筑物安全。泄洪水流雾化影响工程正常运行和两岸岸坡稳定，甚至改变坝址局地气候条件。泄洪冲刷影响建筑物本身的安全，而且改变下游河床形态，势必影响水流形态。如何评价各种泄洪消能技术的上述环境影响，如何确定环境影响的评价指标及其评价方法，在此基础上提出改善和缓解环境影响的措施与策略。尤其是泄洪消能新技术的采用，促使此类水利工程的泄洪安全和环境效应研究更加急迫。这些都是涉及水利工程环境安全保障及泄洪消能技术的关键科学问题。具体科学问题如下。

泄洪消能方式与气体过饱和生成的定量关系包括：水流细观结构与气泡（群）相互作用机制；不同气压和气流条件下液滴碰撞；气泡卷入机制和动水中气泡散裂、扩散、输移规律；基于多影响因子的泄洪水流气体过饱和评估方法与环境影响评价指标体系的构建；建立不同泄洪消能方式下形成气体过饱和的定量化的综合评价指标体系。

泄洪消能诱发的场地振动及大气气压脉动的低频声波可能会对工程一定范围内的工程结构、建筑物、人群造成直接危害，要确定这种影响程度和危害的程度，必须要建立评判泄洪消能对场地振动影响的理论方法，建立多激励源联合输入下的场地振动预测方法、低频声波强度预测模型，提出评价泄洪消能对环境影响的指标体系，评估泄洪消能对环境影响的程度。当影响会产生危害时，必须通过合理的调控措施来有效防治危害发生。

泄洪雾化对工程正常运行和岸坡稳定等带来不利影响，提出泄洪雾化环境效应评价指标识别技术和评价方法，为科学评估泄洪雾化环境效应缓解措施效果提供科学依据，最终建立泄洪雾化环境影响综合评价指标体系。

泄洪冲刷对工程安全和河道演变造成直接影响，河道演变会改变水流特性，进而影响过饱和气体的生成与逸出，提出泄洪冲刷环境影响评价指标识别技术和评价方法，为构建泄洪冲刷环境影响综合评价指标体系提供科学依据。

7.3　高坝泄流消能与安全防护理论发展趋势研究优先发展方向

　　以上 5 个关键科学问题包含了机理与规律、理论与模型、方法与技术 3 个不同层面问题的耦合，围绕上述 5 个科学问题，在高坝泄流消能与安全防护理论方面建议优先开展以下研究内容。

7.3.1　从细观到宏观、理论到工程的多相、多尺度分析

　　从细观到宏观、理论到工程的多相、多尺度分析具体研究内容包括以下几方面。

　　（1）强紊动水体的细观特征，包括涡体的演化与能量传输与转化、单位水体消能率分布。

　　（2）高速水流中的气泡卷吸特性与散裂过程、气泡群输运规律与溶解机制，基于此的掺气水流多元二维计算方法。

　　（3）空化水流中的空化泡、固壁、沙粒相互作用及其溃灭机理。

　　（4）高坝泄洪振动激励源、结构动力响应、场地传播规律以及高坝泄洪气压脉动及其传播规律。

　　（5）泄洪消能水体下游河道气体释放与析出的力学机制与分析方法。

　　（6）泄洪雾化的雨滴雾分布谱特性，包括雨滴谱的直接观测以及各种影响因素对雨滴尺寸的影响规律等。

　　（7）全服役期结构过流壁面形状和物理性质演变与水流改变的相互作用关系及影响规律等。

7.3.2　高坝泄洪精细数值模拟方法与技术

　　高坝泄洪精细数值模拟方法与技术具体研究内容包括以下几方面。

　　（1）泄洪消能掺气、溶解过程的数值模拟方法与反馈分析。

　　（2）空化水流多相多组分耦合的数值模拟方法与反馈分析。

　　（3）泄洪水流冲刷过程的水气固三相耦合运动的数值模拟技术。

　　（4）泄洪雾化过程的多尺度精细化数值模拟技术。

　　（5）泄洪诱发结构振动激励源-结构响应-损伤识别数值模拟与反馈分析。

7.3.3　高坝工程泄流消能对生态环境的影响及减缓措施

　　高坝工程泄流消能对生态环境的影响及减缓措施具体研究内容包括以下几方面。

　　（1）高坝泄流雾化对边坡稳定及局部气象因子变化规律的影响。

　　（2）高坝泄流对河流水体溶解气体饱和度的影响。

　　（3）高坝泄流对河床再造的影响。

　　（4）高坝泄流对周边区域地面振动的影响。

　　（5）高坝泄洪时水气界面震荡导致的低频声波及其对周边居民生活和生产的影

响等。

（6）高坝泄洪诱发场地振动与低频声波的伴生效应。

（7）高坝泄流全要素生态环境影响的评价方法及减缓措施研究。

7.3.4 高坝泄流消能与安全保障技术

高坝泄流消能与安全保障技术具体研究内容包括如下几个方面。

（1）高坝泄流消能新形式及其水力特性研究。

（2）高坝泄洪安全防护新方法研究。

（3）高坝泄洪安全防护标准与安全评估方法研究。

（4）高坝泄流消能安全风险评估方法研究。

（5）全服役期高坝泄流消能稳定性与结构老化过程趋势预测与评估。

7.3.5 全服役期高坝泄流安全的预测、预报、预警

全服役期高坝泄流安全的预测、预报、预警具体研究内容包括如下内容。

（1）全服役期高坝泄流消能演变可视化、预测、预报。

（2）全服役期高坝泄流安全的现场检测、实时监测及反馈分析。

（3）全服役期高坝泄流消能的风险评估与预警。

（4）高坝泄洪消能生态环境影响评估与监控。

7.3.6 低气压环境高速水流特性

低气压环境高速水流特性具体研究内容包括如下几个方面。

（1）低气压环境下泄流雾化机理及预测数学模型研究。

（2）低气压环境下泄洪洞通风补气特性研究。

（3）低气压环境下高速水流空化空蚀机理研究。

（4）低气压环境下高速水流掺气减阻特性研究。

参考文献

［1］ 国家自然科学基金委员会，中国科学院．中国学科发展战略：水利科学与工程［M］．北京：科学出版社，2016.

［2］ 水利部国际合作与科技司．当代水利科技前沿［M］．北京：中国水利水电出版社，2006.

［3］ 夏毓常，张黎明．水工水力学原型观测与模型试验［M］．北京：中国电力出版社，1999.

［4］ 练继建，杨敏．高坝泄流工程［M］．北京：中国水利水电出版社，2008.

［5］ 许唯临，杨永全，邓军．水力学数学模型［M］．北京：科学出版社，2010.

［6］ 林鹏智，刘鑫．光滑粒子水动力学在水利与海洋工程中的应用研究进展［J］．水利水电科技进展，2015，35（5）：36-46.

［7］ 李丹勋，曲兆松，禹明忠，等．粒子示踪测速技术原理与应用［M］．北京：科学出版社，2012.

［8］ 吴时强，吴修锋，周辉，等．底流消能方式水电站泄洪雾化模型试验研究［J］．水科学进展，2008，19（1）：84-88.

［9］ 吴一红，李世琴，谢省宗．拱坝-库水-地基耦合系统坝身泄洪动力分析［J］．水利学报，1996

(11)：6 - 13.

[10] 金泰来，刘长庚，刘孝梅. 门槽水流空化特性的研究 ［C］//水利水电科学研究院，中国科学院，水利电力部. 水利水电科学研究院科学研究论文集：第 29 集　水力学、泥沙、冷却水. 北京：水利电力出版社，1989：57 - 78.

[11] 崔广涛，练继建，彭新民，等. 水流动力荷载与流固相互作用 ［M］. 北京：中国水利水电出版社，1999.

[12] 钱忠东，胡晓清，槐文信，等. 阶梯溢流坝水流数值模拟及特性分析 ［J］. 中国科学（E 辑：技术科学），2009，39 (6)：1104 - 1111.

[13] 周辉，吴时强，陈惠玲. 泄洪雾化降雨模型相似性探讨 ［J］. 水科学进展，2009，20 (1)：58 - 62.

[14] 法尔维. 水工建筑物中的掺气水流 ［M］. 王显焕，译. 北京：水利电力出版社，1984.

[15] 张建民，杨永全，许唯临，等. 水平多股淹没射流理论及试验研究 ［J］. 自然科学进展，2005，15 (1)：97 - 102.

[16] 张建民，王玉蓉，杨永全，等. 水平多股淹没射流水力特性及消能分析 ［J］. 水科学进展，2005，16 (1)：18 - 22.

[17] 邓军，许唯临，张建民，等. 一种新型消力池布置形式：多股水平淹没射流 ［J］. 中国科学，2009，39 (1)：29 - 38.

[18] 张矗，练继建，刘防，等. 基于模型试验的高坝泄洪诱发场地振动影响因素研究 ［J］. 振动与冲击，2016，35 (16)：30 - 38.

[19] 练继建，郭捷山，刘防. 泄洪低频声波诱发房屋卷帘门振动分析研究 ［J］. 水利学报，2015，46 (10)：1207 - 1212.

[20] 李淑君，练继建，欧阳秋平. 高坝泄流诱发坝区及场地振动的振源分析研究 ［J］. 水利水电技术，2014，45 (9)：47 - 52.

[21] 练继建，杨阳，胡少伟，等. 特大水利水电枢纽调控与安全运行研究进展与前沿 ［J］. 工程科学与技术，2017，49 (1)：27 - 32.

[22] LIU M B, LIU G R. Smoothed particle hydrodynamics（SPH）：an overview and recent developments ［J］. Archives of Computational Methods in Engineering，2010，17 (1)：25 - 76.

[23] Cincold R A, Monachan J J. Smoothed particlehydrodynamics：theory and application to non - sphericalstars ［J］. Montly Notices of the Royal Astronomical Society，1977，181 (3)：375 - 389.

[24] Luck L B. A numerical approach to the testing of fissionhypothesis ［J］. The Astronomical Journal，1977，82 (12)：1013 - 1024.

[25] Adrian R J. Hairpin vortex organization in wall turbulence ［J］. Physics of Fluids，2007，19 (4)：457.

[26] Alcrudo F, Garcia - Navarro P. A high - resolution Godunov - type scheme in finite volumes for the 2D shallow - water equations ［J］. International Journal for Numerical Methods in Fluids，1993，16 (6)：489 - 505.

[27] Balzano A. Evaluation of methods for numerical simulation of wetting and drying in shallow water flow models ［J］. Coastal Engineering，1998，34 (1)：83 - 107.

[28] Beltaos S. River Ice Jams ［M］. Colorado：Water Research Publication，LLC，1995.

[29] Heyns J A, Malan A G, Harms T M, et al. Development of a compressive surface capturing formulation for modelling free - surface flow by using the volume - of - fluid approach ［J］. Interna-

tional Journal for Numerical Methods in Fluids, 2013, 71 (6): 788 – 804.

[30] Kim S H. Extensive development of leak detection algorithm by impulse response method [J]. Journal of Hydraulic Engineering, 2005, 131 (3): 201 – 208.

[31] Losasso F, Fedkiw R, Osher S. Spatially adaptive techniques for level set methods and incompressible flow [J]. Computers & Fluids, 2006, 35 (10): 995 – 1010.

[32] Mpesha W, Gassman S I, Chaudhry M H. Leak detection in pipes by frequency response method [J]. Journal of Hydraulic Engineering, 2001, 127 (2): 123 – 147.

[33] Xu Weilin, Bai Lixin, Zhang Faxing. Interaction of a cavitation bubble and an air bubble with a rigid boundary [J]. Journal of Hydradynamics, 2010, 22 (4): 503 – 512.

[34] Nezu I, Nakagawa H, Jirka G H. Turbulence in open – channel flows [J]. Journal of Hydraulic Engineering, 1993, 120 (10): 1235 – 1237.

[35] Reynolds W C. The potential and limitations of direct and large eddy simulations [J]. Lecture Notes in Physics, 1990, 357 (1): 313 – 343.

[36] Rogers D C, Goussard J. Canal control algorithms currently in use [J]. Journal of Irrigation and Drainage Engineering, 1998, 124 (1): 11 – 15.

[37] Schuurmans J, Bosgra O H, Brouwer R. Open – channel flow model approximation for controller design [J]. Applied Mathematical Modelling, 1995, 19 (9): 525 – 530.

[38] Sevim B, Bayraktar A, Altunışık A C, et al. Dynamic Characteristics of a Prototype Arch Dam [J]. Experimental Mechanics, 2011, 51 (5): 787 – 791.

[39] Xu Weilin, Liao Huasheng, Yang Yongquan, et al. Turbulent flow and energy dissipation in plunge pool of high arch dam [J]. Journal of Hydraulic Research, 2002, 40 (4): 471 – 476.

[40] Simpson A R, Bergant A. Numerical comparison of pipe – column – separation models [J]. Journal of Hydraulic Engineering, 1994, 120 (3): 361 – 377.

[41] Zhou J G. Lattice Boltzmann simulations of discontinuous flows [J]. International Journal of Modern Physics C: Computational Physics and Physical Computation, 2007, 18 (1): 1 – 14.

[42] Zhu D J, Chen Y C, Wang Z Y, et al. Simple, robust, and efficient algorithm for gradually varied subcritical flow simulation in general channel networks [J]. Journal of Hydraulic Engineering, 2011, 137 (7): 766 – 744.

[43] Lian J J, Li C, Liu F, et al. A prediction method of flood discharge atomization for high dams [J]. Journal of Hydraulic Research, 2014, 52 (2): 274 – 282.

[44] Lian J J, Zhang W J, et al. Generation Mechanism and Prediction Model for Low Frequency Noise Induced by Energy Dissipating Submerged Jets during Flood Discharge from a High Dam [J]. International Journal of Environmental Research and Public Health, 2016, 13 (6): 594.

第 8 章

高坝抗震安全理论发展趋势研究

8.1 高坝抗震安全理论发展趋势研究进展

中国是一个多地震国家，是世界上蒙受地震灾害最为严重的国家之一。我国西部地区发震频度高、地震强度大，而我国80％的水力资源和大江大河的源头都集中在西部。西部大开发和"西电东送"的国家战略推进了我国水电能源开发和水利工程建设的高速发展，一方面，我国西部地区适宜修建移民淹地相对较少而调节性能好的高坝大库；另一方面西部地区的地形条件（陡峻河谷）大多和区域性地质构造关联，因而如锦屏一级（305m，0.197g）、小湾（295m，0.308g）、白鹤滩（284m，0.457g）、溪洛渡（285.5m，0.355g）、乌东德（265m，0.27g）、拉西瓦（250m，0.23g）、大岗山（210m，0.558g），以及长河坝（240m，0.388g）、糯扎渡（261.5m，0.380g）、双江口（315m，0.205g）、两河口（293.5m，0.288g）、猴子岩（219.5m，0.297g）等我国西部水电建设中的高坝大库必须面对难以避让抗震安全问题的严重挑战。这些工程的特点是大坝的高度或规模达到世界各类型大坝的最高水平，同时这些大坝大多建于高烈度地震区，坝址地质条件复杂，设计地震加速度高。

在如此高烈度地震区进行高坝和超高坝的建设，大坝的规模及相应的抗震设计难度超过了已有经验的范围，强烈地震是威胁高坝安全的主要荷载。新建工程的抗震设计和已建工程的抗震安全评价是保障这些重大工程安全的重要环节。在工程规划设计、施工和长期运行的各阶段，高坝在强震作用下的动力响应分析、安全服役和性能保障成为我国水电开发的关键，面临着一系列相关基础性科学问题和挑战性技术问题，我国相关科研单位和高等院校在国家各类基金和重大科技计划支持下开展了大量卓有成效的基础理论研究和技术攻关。但是，当前已取得的基础研究成果以及高坝抗震理论、方法与技术对强震条件下高坝抗震性能及其震害预测的可靠性还缺乏评估，特别是在极端荷载（如最大可信地震：Maximum Credible Earthquake，MCE）作用下高坝损伤演化及其真实性能更缺乏系统地研究。因此，提高高坝的抗震技术水平将是今后一个时期内的重要任务。

《国家中长期科学和技术发展规划纲要（2006—2020 年）》将能源、水和矿产资源、公共安全列入了我国的十大重点领域之中，在公共安全领域，将重大自然灾害（地震被列为重大自然灾害之首）监测与防御确定为优选主题之一。

高坝抗震安全评价涉及强地震作用下大坝从材料裂纹的萌生、融合、扩展到结构的局部损伤、渐近破坏、整体失稳，直至垮塌的强非线性、多尺度全过程分析，涉及复杂的力学和数学问题。国内外近些年的研究主要包括坝址地震动作用的确定、筑坝材料的非线性动态力学特性、大坝地震响应分析技术、大坝抗震安全评价标准以及大坝的地震风险分析等许多方面。

目前对于抗震设计烈度低于Ⅷ度、高度小于 200m 的高坝抗震技术相对比较成熟，我国大坝抗震设计及其研究水平处于国际先进水平。

8.1.1 抗震设防标准及地震动作用

抗震设防标准及地震动作用的确定是正确评价结构抗震安全性能的基础。水利枢纽工程位于高山峡谷中，高坝（尤其是土石坝）基底空间延伸尺度大、上下高差显著，沿坝基交界面的地震动幅差和相差明显。地震动输入量级、过程形式以及地震动的输入方法，不仅涉及高坝抗震性能评价指标，也涉及地震响应分析技术和方法。

对于地震动设防标准，一方面，不少大坝坝址记录到的地震加速度远远超过大坝设计中采用的地震加速度；另一方面，按传统设防标准确定的地震加速度设计的大坝也表现有一定的抗震能力，有的还经受了强震的考验。如 1976 年意大利 Gemona Freulli 发生的 $M=6.5$ 级强震中，在离震中 50km 范围内有 13 座拱坝未发生震害，其中包括 Ambiesta 拱坝，坝高 59m，震中距 22km，震中烈度达Ⅸ度；2008 年中国汶川 $M=8.0$ 级强震，在震中附近的 4 座超过 100m 的大坝均未发生灾害性破坏，其中包括紫坪铺面板坝，坝高 156m，震中距 17km，震中烈度为Ⅸ度，远超其设计地震水平。面对这一矛盾，各国对于大坝抗震设防采取了不同的处理方法。

日本和俄罗斯采用较低的设计地震加速度值的方法。日本大坝设计基本采用拟静力法，考虑坝体线弹性振动的动力放大影响，拱坝坝身地震系数取为坝基的 2 倍。对高拱坝和重要大坝，除进行拟静力法分析外，还需要进行动力时程分析和动力模型试验，并选择适当的地震波时程曲线；俄罗斯设计标准规定水工建筑物的地震动作用均按场地烈度相应的加速度，采用拟静力方法进行计算，同时引入容许破坏程度系数 K（取 0.25）进行折减，对于Ⅰ级挡水建筑物，按加速度矢量表征的计算地震作用基础上加大 20%。此外，还规定位于高于Ⅶ度地区的Ⅰ级挡水建筑物按场地烈度相应的地震加速度（即不折减）做补充计算。Ⅰ级水工建筑物除进行地震作用计算外，还应进行包含动力模型试验在内的研究，并建议在部分已建成的及已投入使用的建筑物上进行原型试验研究，以检验坝的动力特性及计算方法的合理性。

不同国家大坝地震设防标准的不一致，实际上反映的是对大坝抗震能力认识的不一致。这有几方面的原因：①虽然有几座混凝土坝和土石坝遭受到震害，但还没有一座大坝发生严重破坏，而高混凝土坝和土石坝的地震破坏机理与其极限抗震能力目前还未被充分认识；②对坝址地震动的估计还含有较大的不确定性。

国际水利水电工程抗震设计采用的地震动包括最大可信地震（Maximum Credible Earthquake，MCE）、最大设计地震（Maximum Design Earthquake，MDE）、运行基本地震（Operating Basis Earthquake，OBE）、设计基本地震（Design Basis Earthquake，DBE）、水库诱发地震（Reservoir Triggered Earthquake，RTE）、施工地震（Construction level Earthquake，CE）、安全评价地震（Safety Evaluation Earthquake，SEE）等。虽然设计地震工况较多，但从以往及现行的抗震设计标准和规范来看，多年来基本采用最大设计地震（MDE）、运行基本地震（OBE）两级水平设防的基本理念。

采用两级设防标准有待解决的问题是对应于 MDE 作用下的大坝的安全标准，近年来受到许多国家的关注，但是还没有取得共同的认识。当前，运行基本地震（OBE）一般选为 100 年内超越概率 50%（重现期 145 年）的地震动水平。最大可信地震（Maximum Credible Earthquake，MCE）的概率水准或重现期未有明确规定，一般采用确定性方法。如未发现明显的地震背景，MCE 可采用概率法确定，取很长时间重现期，例如 10000 年。国际大坝委员会的导则认为，就目前的认识水平而言，不可能明确规定必须采用哪种方法，建议同时采用两种方法，并应用工程经验进行判断。而关于最大设计地震（Maximum Design Earthquake，MDE）的概率水准或重现期，没有做明确规定。值得注意的是，MDE 的决定一般都和大坝的失事后果相联系，只对特别重要的坝才令 MDE 等于 MCE。如失事后可能出现重大社会灾害的大坝，MDE 通常可选取确定性方法确定的 MCE 或重现期较长（例如 10000 年）的概率法确定的地震；如对人们生命危险不大，MDE 可选取较小重现期地震。

国际大坝委员会（ICOLD）1989 年 72 号公报《大坝地震动参数选择导则》认为 MDE 可取 100 年内超越概率 10%，重现期为 950 年；2010 年国际大坝委员会 72 号公报《大坝地震参数选择导则》，安全评价地震（Safety Evaluation Earthquake，SEE）代替了 MDE 和国际大坝委员会 46 公报《地震和大坝设计》（ICOLD Bulletin 46 Seismicity and Dam Design）中的设计基本地震（DBE），采用了 SEE 和 OBE 两级设防，安全评价地震（SEE）的重现期未明确。根据 ICOLD Bulletin 72（2010），失事后果严重或极严重的大坝，如选用确定性分析法估算地震参数，SEE 应取 84% 保证率相应数值，且如采用概率分析法，平均年超越概率（AEP）不能小于 1/10000；对于失事后果中等的大坝，如选用确定性分析法估算地震参数，SEE 应取 50%～84% 保证率相应数值，且如采用概率分析法，平均年超越概率不能小于 1/3000；对于失事后果较小的大坝，如选用确定性分析法估算地震参数，SEE 应取 50% 保证率相应数值，且如采用概率分析法，平均年超越概率不能小于 1/10000。要求在 SEE 作用下大坝的结构损坏是可接受的，水库不能出现无法控制的洪水，代表大坝承受最大荷载的极限状态。

对于临时导流建筑物，在设计周期（Design Life）内，CE 的超越概率选取 10%，也可选用设计洪水；但在 2010 年版国际大坝委员会导则中，未明确 CE 重现期。

世界各国的大坝抗震设计规范或导则中，大多数国家采用 MDE（或 SEE）和 OBE 两级抗震设防水准，仅有英国、瑞士等少数国家按 MDE 进行大坝抗震设计。对于重要大坝，MDE 多取 MCE，MCE 重现期多为 5000～10000 年。

美国并无统一的大坝抗震设计规范或导则。在 1970 年以前，美国垦务局大坝设计地震加速度采用 0.1g。自 1974 年提出设计基准地震（DBE）与最大可信地震（MCE）两级设防的概念后，以美国为代表的一些国家开始采用两级地震设防标准，这也是目前许多国家坝工抗震设计中的一种趋势。美国大坝委员会（the United States Commission on Large Dams，USCOLD）1985 年起草并经国际大坝委员会（ICOLD）于 1989 年公布的《大坝地震系数选择导则》明确了使用安全运行基本地震动（OBE）与最大设计地震动（MDE）两级设防的地震动参数选择原则。按照这一原则，在安全运行地震（OBE）作用时，大坝应能保持运行功能，所受震害易于修复，故一般可进行弹性分析，并采用容许应力准则。在最大设计地震（MDE）作用时要求大坝至少能保持蓄水能力，这表示可容许大坝出现裂缝和较大的坝体沉陷（土石坝），但不影响坝的整体稳定，不发生溃坝。同时，大坝的泄洪设备可以正常工作，震后能放空水库。

欧洲国家大多参照国际大坝委员会制定的准则进行考虑。例如，法国按近 1000 年内发生的最大区域地震在最不利位置处发生时确定 MCE，而 DBE 则按大坝运行期内可能发生一次的地震规模确定。在法国的标准 Congres Francais des Grands Barrages（2010）中，OBE 基准期为 100 年，超越概率为 40%，重现期为 200 年。MDE 基准期为 100 年，超越概率为 1.98%，重现期为 5000 年。南斯拉夫大坝 MDE 的重现期选为 1000～10000 年，按失事后果确定。瑞士重要大坝的安全评价按 MCE 考虑，瑞士电力工程服务公司为伊朗若干拱坝（坝高 100m 左右）进行的抗震设计，MCE 的平均重现期定为 2000 年左右。其地震加速度值约为 DBE 的两倍。1991 年英国《大坝地震风险工程导则》将全国共划分为 A、B 和 C 三个地震区带，A 区重现期 30000 年 PGA 为 0.375g，10000 年重现期 PGA 为 0.25g，1000 年重现期 PGA 为 0.10g；1998 年发布的《大坝地震风险工程导则应用注解》以重现期 10000 年的 PGA 等直线图取代了地震区划图。其基本采用 ICOLD SEE 和 OBE 两级设防，并采用 ICOLD Bulletin 72 大坝灾害分级标准将大坝划分为 I～IV 四个等级，重现期依次为 1000 年、3000 年、10000 年、30000 年；MCE 重现期采用 30000 年或依据场地条件确定。

以 Housner 为首的美国大坝安全委员会建议最大设计地震（Maximum Design Earthquake，MDE）重现期为 200 年，经过经济上合理性的论证时，还可适当延长。加拿大大坝安全委员会 1995 年制定的《大坝安全导则》中，最大设计地震 MDE 的年超越概率（AEF）按大坝失事后果确定：①失事后果小的坝，1/100＜AEF＜1/1000；②失事后果高的坝，1/1000＜AEF＜1/10000；③失事后果很高的坝，AEF＝1/10000，由于失事后果与许多因素相关，还无法制定便于操作的确定准则。我国台湾则参照美国垦务局的标准，按失事的危险性将大坝分为 3 类：1 类，MDE＝MCE；2 类，DBE＜MDE＜MCE；3 类，OBE＜MDE＜DBE。其中 DBE 的重现期为 100 年，OBE 的重现期为 25 年。

我国现行的《水工建筑物抗震设计规范》（DL 5073—2000）虽然采用了极限状态的计算公式，实质上仍然是以弹性分析为主的容许应力标准，按计算出的最大拉应力来控制大坝的安全性。通常情况下，依据全国地震区划图确定其抗震设防烈度，一般大坝大震设防水准低于国外的 MCE 或 SEE，其设防地震重现期较一般 OBE 的要求高；对重要大坝，则将设计地震加速度的水准提高到 100 年超越概率 2%（重现期 4950 年）。由此可见，重要大坝的大震设防水准与国外 MCE 接近。

地震动设防标准确定了地震动输入参数确定的基准。相比于强震下高坝地震响应分析方法研究，地震动输入和抗震安全评价指标则显得相对粗放。

重大高坝工程的地震动参数需要通过专门的地震危险性分析确定。前面说过，地震危险性分析方法包括概率分析法和确定性分析法。概率分析法是美国学者 Cornell 于 1968 年提出的一种分析方法，认为某一特定区域内未来将要发生地震活动的时空分布、强度以及所产生的地震动都具有随机性，属于概率事件，综合考虑所有潜在震源区可能发生的各级地震的可能贡献，然后给出坝址不同年限内不同超越概率的基岩峰值加速度和场地反应谱等地震动参数。确定性分析方法则专门针对某一场地或几个场地的特定地震，确定场地的地震动参数，包括最大可信地震 MCE（Maximum Credible Earthquake）的确定。对于重大高坝工程来说，不仅需要关心在其使用年限内遭遇某一地震烈度的超越概率，同时也需要考虑最极端情况的地震，即所谓的最大可信地震（MCE），以应对可能出现的最不利事件。

高坝抗震安全评估基于地震动危险性分析得到的加速度峰值、反应谱、持时等地震动参数。但是，一方面，目前所采用的"一致概率反应谱"由于其包络特征而使中长周期处的谱值显著偏大，并不能反映场地实际可能发生的强震的频谱特性，从而难以适应和满足必须与之配套的工程技术要求；另一方面，目前的地震动参数分析，无论是概率法还是确定性方法，多基于经验衰减关系来估计场址的地震动参数。衰减关系反映的是某一特定地区的地震宏观规律，不能反映由于发震震源、传播过程和局部场地效应差异而产生的场址地震动的特异性。

此外，地震部门给出的坝址地震动加速度是基于理想弹性介质均质岩体半无限空间中传播的前提条件，并且满足标准波动方程的平面定型波在平坦自由地表假设的最大水平向地震动峰值加速度，既未考虑工程场地实际的地形条件和具体的岩体地质条件，也不涉及在该场址要建造的工程结构类型。近年来，随着地震学中模拟和预测地震动方法的不断发展，以及计算机超大规模数值计算能力的提高，采用确定性数值方法模拟地震动成为工程场址地震动研究的一个发展方向。针对强震区修建特高坝的场地相关地震动输入参数的确定，近十年取得了一定的进展，提出了基于断层破裂特性的确定性地震危险性分析方法。

地震动输入机制是与高坝-地基系统地震动力响应分析采用的数值分析方法密切相关的。特别是强震时，坝体能量向远域扩散的辐射阻尼效应的重要性已被日益关注，坝址地震动输入方式更显重要。由于问题的复杂性，目前一些计入地基辐射阻尼效应的动力分析方法中，对地震动输入常引入过于简化的假定，直接影响到计算结果。针对震源-高坝枢纽场址地质地形条件的地震动参数研究工作，成果十分有限仍是高坝抗震研究中的一个薄弱环节，亟须深入研究。

8.1.2 筑坝材料的静动态力学特性

对于混凝土坝抗震安全评估，混凝土材料的动态力学特性是一个非常重要的因素，包括强震下混凝土材料应变率效应的动态力学特性及真实反映地震动循环加载特征的材料动态本构模型和损伤演化规律。

从 1917 年 Abrams 发现混凝土材料抗压强度存在应变率敏感性以来，国内外研究者对这一问题的研究始终未有间断，目前混凝土高坝的抗震安全评估已经可以粗略地考虑混凝土在强震下的动力特性。在美国、日本等许多国家的设计标准中，一般参考美国垦务局 Raphael 在西方 5 座混凝土坝中钻孔取样进行的试验成果，将地震作用下混凝土的动态强度较静态值提高一个百分比。这一结果是在一定条件下取得的，即应变速率大体相当于 5Hz 的振动，但目前已被不分情况地普遍推广应用于大坝的设计。对于 300m 级的高坝来讲，其基本自振频率接近于 1Hz，地震时的应变速率远低于 5Hz 时相应的应变速率。

我国在混凝土材料动力特性及大坝混凝土在地震动中的应变率变化范围所做的大量研究基础上，混凝土抗震设计标准将混凝土动态强度相比于静态强度提高的百分比从 30% 降低为 20%，基本上反映了我国过去 20 多年的研究成果。但是，由于非线性分析技术的限制，这一考虑仍是混凝土动力特征研究成果应用的初级阶段。

实际上，不同动力特性的大坝在地震动作用下的混凝土材料的应变率效应在时间上和空间上都是不同的。显然，不考虑大坝自振特性和地震激励的具体情况，一律将地震作用下混凝土的强度或弹性模量等动态特性参数较静态常数提高一个固定百分比的做法显得过于粗糙。

同时，作为承受挡水作用的大体积混凝土结构，混凝土坝的静态应力水平非常高，仅用动态强度来评价大坝静动叠加响应也不尽合理。目前，国内开展了不同静态预载水平下大坝全级配混凝土的动态特性试验，结果表明，混凝土动态应变率效应与初始静载水平密切相关。

目前，考虑坝体混凝土动态应变率效应的本构模型，主要以传统的本构模型参考宏观唯像动力试验结果进行修正为主，但是基于材料均匀性假设的宏观模型只能做到近似描述其破坏规律，难以解释其力学机理。最新研究指出，直接运用试件的动力加载试验结果建立材料层次的动力本构关系的思路值得商榷。1985 年 Wittmann 等将细观概念引入到混凝土材料力学性能的研究中，从材料细观破坏机制的层面上对宏观力学现象进行机理分析，这一方法在近年来得到快速地发展。一些研究者开始采用细观数值分析方法研究混凝土率相关效应、动态破坏机理、预加静载影响等因素，获取动力本构关系。根据现有的混凝土材料抗拉与抗压强度的应变率敏感性的试验研究成果，关于混凝土材料的应变率效应的物理机制还未有统一认识。基于物理试验验证的数值仿真模型进行复杂应力状态下的混凝土动态强度特性、多尺度破坏机理及相应的非线性本构关系的研究，从能量原理及耗能机制上阐明混凝土率相关破坏现象，从而为高坝混凝土动力强度取值和应力评价标准提供依据，还有待于进行更深入一步的研究。

对土石坝而言，筑坝土石料的变形特性是影响大坝变形规律和防渗体应力大小的重要因素。土石料在循环荷载作用下的变形通常包括弹性变形和塑性变性两部分。动力荷载较小时，主要表现为弹性变形，近似弹性体的特征。动力荷载增大时，塑性变形逐渐产生和发展，动荷载将引起土结构的改变，从而引起残余变形和强度的丧失。对于可能液化的土石料，强震下还存在振动液化问题。

各种动荷载作用下，土的动力变形性状主要受到应变水平、应力条件、孔隙比、周期加载次数、测试手段、颗粒特性及排水条件等因素的影响，但目前广泛采用的堆石料动力本构模型仍是传统的等价线性黏弹性模型及其配套的残余应变模型。由于其理论上的缺陷，这类模型不能反映强震时材料的强非线性特性（如软化、剪胀、应力路径相关性、状态相关性、颗粒破碎、循环硬化等），并且不能反映动载情况下土石料的残余应变发展过程。同时，目前筑坝堆石料动力特性和残余变形试验研究主要关注应变幅值小于 0.2%的情况，对极震条件下大应变幅值堆石料的动力特性和残余变形规律研究还较少。已有的等价线性黏弹性模型和经验残余变形模型能否反映极震荷载下堆石料动力特性和残余变形规律还有待探讨。虽然当前已经提出包括经典弹塑性模型、套叠屈服面模型、边界面模型、广义塑性模型等在内的各种本构模型，但这些模型主要针对黏土和砂土，而堆石料屈服变形规律明显不同于黏土和砂土，直接套用这些模型可能会导致较大的误差，并且堆石料存在颗粒破碎和缩尺效应两个突出的问题，建立能够反映高坝筑坝堆石料破碎和缩尺效应的弹塑性动力本构模型研究仍是目前高土石坝抗震研究中的一个薄弱环节。

近年来，随着糯扎渡、茨哈峡、两河口、双江口等高土石坝工程的建设，高应力作用下筑坝堆石料颗粒破碎对筑坝材料变形与强度等特性的影响研究取得了一定的进展，提出了广义塑性静动力本构模型、考虑颗粒破碎的状态相关堆石料广义塑性模型、堆石体与混凝土面板间接触面本构模型等。但是对于土石料的动力特性及其本构模型，不同研究者给出的试验结果和本构关系还存在较大差别，关于土石料动力变形与强度特性也无统一的描述方法，还没有形成共识，其中一个重要的原因是实际地震荷载是不规则的，其引起的应力路径较为复杂，但目前筑坝堆石料试验研究对于不规则、变应力路径条件下筑坝堆石料循环剪胀、屈服硬化及颗粒破碎规律会还鲜有探讨，建立在现有试验基础上的堆石料弹塑性模型在考虑循环加载-卸载历史影响时予以了极大的简化，难以较好地反映不规则循环加载时材料的变形特性，无法满足高土石坝的建设要求。

由于试验仪器和试验技术的限制，目前筑坝堆石料只能进行缩尺模型试验。国外学者对粒组的尺寸效应进行了很多的研究。大多数结果表明，缩尺后的强度和变形均明显大于缩尺前的，不同类型的颗粒材料（如河床砂砾料和爆破堆石料）的尺寸效应规律有可能表现出相反的规律，并且，不同围压水平下的尺寸效应是有差异的。基于缩尺试验得到的材料特性可能是目前数值分析中低坝计算变形偏大、高坝计算变形偏小的主要原因之一。

需要进一步开展土石料室内试验和原型观测，统计、分析已有的试验成果和大坝观测成果，在此基础上给出不同土类的动力特性参数，针对已建土石坝工程的反演分析，提出更合理的土石料变形与强度指标（包括残余变形和强度）的取值范围以及适用的本构关系、特别重视大粒径筑坝材料动力特性测试中存在的问题，并提出解决途径。

8.1.3　高坝地震响应分析技术

高拱坝的地震响应分析涉及坝体-地基-库水的动力相互作用、材料非线性、横缝几何非线性等问题，属于典型的多介质耦合强非线性动力系统。随着小湾、溪洛渡等高拱坝的建设，混凝土高坝抗震安全评价的动力分析技术在近年来得到了快速发展，从 20 世纪 80 年代中后期考虑无限地基辐射阻尼效应和不均匀地震动输入技术，到 90 年代开始考虑拱坝横缝接触非线性模型，直到 21 世纪考虑强震中大坝混凝土塑性屈服和损伤开裂的发生、发展过程的材料非线性分析模型，高坝抗震分析技术逐渐趋于成熟。

大坝-库水的动力相互作用分析始自 1922 年 Westergaard 对动水压力进行的开创性研究。多年来，地震动作用下库水动水压力的研究始终没有间断，在库水可压缩性、水库边界的吸收作用等方面得到了一些共识性的定性结论。但总体而言，动水压力计算模型比较复杂，定量分析结果差异较大，还难以在实际工程中应用。因此，目前大坝-库水相互作用分析中仍然采用简化的 Westergaard 附加质量模型考虑库水动水压力影响。

地震动作用下大坝-地基动力相互作用模型经历了无质量地基、线弹性无限地基到近场非线性地基-远场无限地基的发展过程。近几十年来，提出了各种结构-地基动力相互作用计算模型。针对瑞士 Emossen（高 180m）、Mauvoisin（高 250m）和 Punt‐dal‐Gall（高 130m）等 3 座拱坝所进行的十多年地震观测结果表明，无限地基的能量耗散将会削减拱坝的地震响应，验证了各种数值分析模型的合理性。但是，目前的模型大多建立在均质无限地基假定的基础上，含有一定的近似性。实际上，大坝地基的地质条件相当复杂，有必要研究更为精细和精确地反映非均质无限地基的动力相互作用影响的数值分析模型，从定量上提高大坝抗震安全评估的准确性。

强震作用下拱坝横缝的张合使拱坝具有一定的适应河谷变形的能力。数值分析表明，强震中横缝的张合使拱坝拱向拉应力得到释放而大幅度地降低，震后由于静水压力的作用，横缝又趋于闭合。汶川地震中沙牌拱坝、意大利地震中 Lumiei 拱坝以及美国 Pacoima 拱坝在强震中的表现，验证了拱坝横缝张合对拱坝动力响应影响的分析模型的可靠性和分析结果的合理性。由于坝体横缝在地震动中的张开度与坝体-地基相互作用分析模型、地震动输入以及材料本构特性密切相关，坝体横缝张开度的定量结果甚至分布规律，不同的计算模型得出的结果还有较大的差异。因此，高拱坝在强震过程中横缝动力接触非线性分析模型的精度、效率等方面的研究有待于进一步深入。

随着坝体高度的增加和地震动设防烈度的增大，坝体在强震作用下出现局部损伤已不可避免，高坝的损伤演化规律与极限抗震能力的研究成为高坝抗震的重要内容，近年来建立了各种地震动损伤破坏分析的非线性数值仿真方法。但是，目前三维开裂与破坏仿真分析理论和方法尚不成熟，同时，由于无限地基、库水动水压力、横缝接触非线性以及坝体混凝土材料非线性的强耦合，就现有的结构分析技术来说，对高混凝土坝在地震作用下开展三维整体模型的裂纹萌生、裂纹追踪、失稳破坏发展过程的强非线性大变形仿真分析是一个巨大的挑战。

高土石坝的动力反应分析方法由于抗震安全评价指标的变化经历了相同的发展过程。1971 年美国发生的 San Fernando 地震造成 Lower San Fernando 坝的大规模坍滑事故表明，地震引起的循环剪切作用下非黏性土料的抗剪强度可能大幅度地降低，坝和地基均将发生很大的变形，将地震以等效静力作用得到的安全系数不能完全反映土石坝在地震中的安全或震害程度，从此促进了土石坝抗震分析方法的发展。目前在坝体和坝基地震液化机理及判别标准、地震循环剪切作用下超静孔隙水压力的产生机制、地震永久变形的计算方法等方面都取得了长足进展。

高土石坝抗震安全评价是多系统、真三维、非线性、非连续的复杂问题，由于材料模型、评价指标等方面的制约，高土石坝动力分析方法仍处于线性或等效线性范围内，各种相互作用的影响大多被简化并孤立地进行分析，使得土石坝静力响应、地震动力响应与地震永久变形分析分别采用不同的本构模型与计算方法，彼此相互脱节，这种方法只能用于非线性程度不是很高的情况下，难以对强震作用下高土石坝动力损伤演化、渐进破坏过程、耦合效应及其影响进行深入研究和科学认识，造成了土石坝的抗震安全评价目前在很大程度上仍然需要依靠工程经验与判断，不适应于当前正在进行的高土石坝建设的需要。

近年来，随着高性能计算技术和土石料本构模型研究的深入，在坝体-库水-地基动力相互作用的精细化模型、基于三维弹塑性模型的动力响应分析理论和方法以及抗震加固措施等方面取得了较大进展。用一个模型即可完成以往需要联合多个模型来进行的静力、动力反应以及地震永久变形分析，为实现高土石坝地震破坏全过程的数值模拟提供了理论基础。但目前高土石坝动力分析方法很难反映极端地震荷载下坝顶区局部破坏的发展演变过程，而且通常采用的隐式求解也难以模拟破坏过程中出现的软化现象，这对合理评价高堆石坝的极限抗震能力和优化抗震设计提出了挑战。

8.1.4　高坝抗震安全评价准则

目前的混凝土坝抗震安全评价准则主要基于 20 世纪二三十年代欧美坝工建设的经验，以单一安全系数（包括基于可靠度分析的分项系数）为主要安全评价模式。随着动力非线性分析技术的不断成熟，高坝抗震安全评价逐渐由过去单纯基于容许应力的强度准则和基于刚体极限平衡的稳定准则，向考虑坝体横缝开度、坝体损伤程度及坝-基整体变形等指标综合评价的方向发展。

刚体极限平衡法实质上是基于静力概念的，地震作用下的拱座推力和坝肩岩体地震惯性力与时间不相关，实际上这两者都是随时间变化的。如果地震作用结束后静态抗力仍大于静态滑动力，块体不再继续滑移，地震动作用过程中局部瞬时的动态失稳也不会导致整体最终失稳。因此，刚体极限平衡法无法反映地震作用下块体稳定的真实情况。美国建议根据地震动作用过程中累积的滑移变形来判断滑块的动态稳定，或是进行震后稳定核算，采用比较保守的参数，如不计黏结力、采用比较低的摩擦系数等。

由于强震下高拱坝很难满足容许应力要求，加拿大认为计算应力只是一个中间步骤，应确定坝的地震失效模式，了解开裂后坝的动力特性；瑞士则规定，MCE 作用时容许大坝开裂，要求检验被裂缝分割的坝块的动态稳定。假设强震时拱坝的结构缝、水平施工缝以及坝基接触面上裂缝均张开，要求各坝块的相对变形和转动不使坝丧失稳定，不发生坝块坠落。

目前，基于大坝的地震动非线性分析已经提出了各种抗震安全评价指标，其基本原则都是基于以下几点：①坝肩（坝基）具有足够的抗滑稳定性，不产生引起坝体破坏的变形；②横缝开度在止水结构的允许变形范围以内，不造成库水大量下泄；③坝体混凝土损伤范围有限，坝体（坝段）的挡水功能可保证，不会造成库水下泄失控。

土石坝的抗震安全评价指标确定的基本原则主要基于：①在防渗体中不发生贯穿性裂缝；②不发生库水漫顶；③坝和地基中的震害不引起坝体整体破坏等。由于土石坝破坏的形式更为多样复杂，因此抗震安全评价涉及的范围也比较广，包括坝体及坝基材料液化的危险性及液化变形的大小、坝坡稳定性、坝顶超高的安全度、抵抗内部渗流侵蚀的安全性、大坝防渗体及地基的抗裂稳定、混凝土面板坝面板的抗裂能力与面板稳定性以及伸缩缝与周边缝变形的大小等。

同混凝土坝抗震稳定面临的问题一样，对于土石坝，拟静力法同样不能很好地考虑与地震动特性密切相关的土体的内部应力-应变关系和实际工作状态，求出的安全系数只是所假定的潜在滑裂面上的所谓安全度，无法得到实际内力分布和确定土体变形，也就无法预测土体失稳的发生和发展过程，更不能考虑局部变形对坝体稳定的影响。随着有限元非线性分析技术的发展以及高土石坝工程建设的需求，土石坝及地基的抗震稳定性需要从基于拟静力的刚体极限平衡法向以地震永久变形为主，向着以稳定和变形等方面进行安全评价的趋势发展。

8.1.5　大坝抗震安全风险评估及抗震措施

高坝抗震设计与安全评价本质上是在设定功能目标的基础上，对工程的安全性与经济性进行综合优化决策的系统工程，涉及地震工程中设计地震动参数概率水平、非线性损伤破坏力学、混凝土力学、风险分析等多个学科。然而，由于地震动的强烈不确定性、结构损伤破坏过程的强非线性、混凝土材料本构特性的复杂性等诸多因素，使高拱坝的抗震设计目前仍停留在半经验半理论的水平：在设计地震等级上采用确定概率水平的地震设防；在分析方法上以线弹性力学或刚体极限平衡法为基础，以最大拉、压应力和抗滑稳定安全系数为控制指标；在安全判据上，用单一安全系数 K（或分项系数法）来确定大坝与坝肩的安全度。上述准则不考虑高坝工程抗震与使用功能和安全、经济、风险之间的联系。鉴于高坝大库一旦失效溃决对于下游的巨大危害，建立基于性能的高坝抗震安全风险分析和抗震安全评估技术，对于大坝设防标准的确定以及应急措施的制定是十分必要的。

实际上，高坝的抗震安全风险评估也是大坝抗震设防指标及抗震安全评估标准的重要依据。近年来，国际上开展了一定的大坝抗震安全风险评估研究，并制定了相关导则。加拿大、瑞士、澳大利亚等国在这一领域的研究相对比较早，如瑞士对每一座大坝的下游都做了洪水可能淹没范围的分析。加拿大大坝安全委员会 1995 年制定的《大坝安全导则》将大坝按其失事后果区分为 4 类：①非常小，无伤亡，除大坝本身外，无经济损失；②小，无预期伤亡，中等损失；③高，若干伤亡，较大损失；④很高，大量人员伤亡，震害损失很高。加拿大的 BC Hydro 公司又将上述准则进一步具体化，按极端情况下的生命损失（LOL）以及社会经济、财政和环境损失（SFE）的金额来区分失事后果的大小，即：①非常小，LOL<0.01，SFE<10 万加元；②小，0.01<LOL<1，10 万加元<SFE<1000 万加元；③高，1<LOL<100，1000 万加元<SFE<10 亿加元；④很高，100<LOL<10000，10 亿加元<SFE<1000 亿加元；⑤特高，LOL>10000，SFE>1000 亿加元。美国垦务局于 2011 年发布了支持大坝安全决策的风险框架，以评估其所管理的大坝和堤防等结构的安全；美国能源管理委员会于 2014 年开始制定风险预知的管理决策工程导则。

近些年来，随着我国高坝空间尺度的增大和抗震设防烈度的提高，混凝土坝上、下游表面配筋，拱坝横缝配筋以及面板堆石坝面板材料改性和双排加筋等抗震措施研究得到了发展，在重大工程中逐步开始应用。也开始尝试将基于性能的抗震设计思想应用于高坝抗震分析。但是这些研究及应用仍处于起步阶段，有许多关键问题亟待突破。

总结以上国内外发展现状可以看出，大坝工程安全理论研究现状呈现以下特点。

1）强震区修建特高坝的场地相关地震动，从概率方法发展到可以考虑断层破裂特性的确定性地震危险性分析方法；高坝-地基动力相互作用的波动输入机制发展的相对比较成熟。

2）考虑无限地基辐射阻尼的高坝-地基-库水的动力相互作用模型发展比较完善，混凝土材料非线性、近场地基主要地质构造特征及地震动幅差相差特性的分析技术得到了重视和发展。

3）基于刚体极限平衡的坝体和地基稳定分析方法发展比较成熟。反映大坝材料损伤变形特征，基于坝体-地基整体性能从稳定和变形两方面进行抗震安全评价方法得到了重视和发展。高坝极限抗震能力得到普遍关注。

今后，重大水利工程抗震安全的发展趋势，将在理论分析和数值模拟的基础上，与大坝场址地震监测、国内外有关地震和震害实测资料的收集、整理和反演分析、计算模型及其验证等方面的研究相结合，在深化对地震动和高坝结构地震响应的认识、改进分析研究方法、更新设计理念以及完善大坝抗震理论与安全评价方法等方面进一步发展。

实际上，高坝抗震安全评价理论和方法是伴随着工程结构抗震理论的发展而发展起来的，高坝地震响应分析技术的每一次进展，都是与结构动力学、材料力学、计算力学、岩土力学等相关学科的进步和工程建设的实际需要密切相关，所依据的理论和求解方法、试验采用的仪器设备和测试方法，都是在借鉴、吸收、消化相关领域成果的基础上进行的集成再创新。当前，高坝抗震研究在地震动输入机制、结构-地基动力相互作用、筑坝材料（混凝土和岩土类材料）动态特性等方面处于各类工程抗震研究的前沿，在性能设计、抗震安全评价标准等方面则相对薄弱，这是与水工大坝超大体积结构特点紧密相关的。

高坝抗震设计理论的发展涵盖了地震动设防标准和地震动参数确定技术的进步、大坝抗震设计理论和抗震设计技术的提高以及大坝抗震性能评价标准的精细化发展。从目前的发展状况来看，现有的理论研究成果和设计技术已经无法满足当前高坝建设的抗震安全设计的需要。

与抗震设计理论发展相适应的首先是地震动参数确定方法的发展。高坝抗震设防标准的确定与工民建、核电等相关学科领域的发展是密不可分的。国外从20世纪70年代开始采用地震动危险性分析方法确定实际大坝工程的抗震设防标准的。在我国，地震动危险性分析方法是80年代初首先在二滩水电工程中得到应用的，这一发展是基得益于当时地震动监测仪器的发展和基于反应谱法的地震响应分析理论的应用。

20世纪中国大坝的地震设防加速度多在（0.1~0.2）g的范围内，20世纪90年代建设240m高的二滩拱坝时设计地震加速度为0.2g，建设160m高的小浪底心墙堆石坝时设计地震加速度为0.15g，这基本上代表了当时我国大坝抗震设防的水准。

近20年来，我国地震区建设的拱坝高度已经从百米级提高到200m级，并达到世界顶级的300m级高度，地震设防的加速度也有很大程度的提高。进入21世纪后，重要大坝的设计地震加速度大多为 $(0.3\sim0.4)g$。有代表性的是高 292m 的小湾拱坝，设计地震加速度提高到 $0.308g$，高 278m 的溪洛渡拱坝提高到 $0.321g$，这两座拱坝的高度都超过了目前世界上已建的最高拱坝，苏联英古里拱坝的高度为 271.5m，该坝的设计地震加速度为 $0.23g$，而 210m 高的大岗山拱坝的设计地震加速度则已达到 $0.5775g$。

地震区土石坝的建设也具有类似的情况。目前在建和即将建设的高土石坝，其设计地震加速度也有较大幅度的提高，例如：糯扎渡心墙堆石坝（261.5m）为 $0.283g$；两河口心墙堆石坝（293.5m）为 $0.288g$；双江口心墙堆石坝（314m）为 $0.205g$；猴子岩面板堆石坝（219.5m）为 $0.297g$。其中双江口坝和猴子岩坝都达到了世界上同类型坝的最大高度，高 157m 的吉林台面板堆石坝的设计地震加速度则达到 $0.462g$。

在如此高烈度地震区进行世界级超高大坝的建设，高坝工程尺度和地震动设防加速度均超出国内外已有的经验，目前大坝的抗震设计方法和分析技术与 $100\sim200$m 级的情况相差不大。世界大坝抗震分析技术比较发达的国家，如美国和日本等，其混凝土坝的最大坝高也都在 200m 左右。例如，美国高度超过 200m 以上的大坝只有 3 座，最高的为 223m 的胡佛（Hoover）重力拱坝，日本没有 200m 以上高坝。在我国之前修建的世界上最高拱坝为俄罗斯的英古里拱坝，坝高 271.5m，场地地震烈度为 8 度。而新近建成的中国小湾拱坝，坝高 292m，100 年超越概率 2% 的设计地震加速度达到 $0.308g$。目前世界上经受过强地震考验的大坝包括：土石坝中的紫坪铺面板堆石坝；其坝高为 156m；混凝土坝只有百米左右高度的拱坝（沙牌拱坝和 Pacoima 拱坝）和百米左右高度的重力坝、大头坝（Koyna 坝、新丰江坝和 SeffidRud 坝）。

显然，基于已有中、小工程实践经验和较低设防地震动的传统概念和方法已难以确切反映重大高坝工程在强烈地震动作用下的薄弱部位和隐患，不能确保尚无先例的、建于强震区的 200m 及以上级高坝工程的安全，导致我国现有混凝土坝及土石坝的设计规范都不适用于 200m 以上高坝，对 200m 级以上高坝的抗震设计和抗震安全评价技术提出了挑战。

地震区大坝工程的建设提出了抗震设计和抗震安全评价的要求，工程结构在实际地震动中的震害则对已有的抗震设计理论和方法进行检验，两者共同促进了大坝地震响应分析技术的发展。

大坝的抗震设计经历了静力理论、拟静力理论、动力分析理论的发展阶段，从确定性的设计理论向概率设计理论、性能设计理论的发展过程。高坝地震响应特性分析技术从过去的无质量有限截断地基、坝体线弹性模型，发展到考虑地基辐射阻尼、坝体横缝接触非线性、材料非线性模型；坝体抗震安全性评价从过去的动力刚体极限平衡法，发展到考虑块体稳定系数时程、坝肩变形和损伤断裂。

20 世纪 60 年代以前基本上采用拟静力的设计方法，1891 年日本的浓尾地震（$M=7.4$）、1906 年美国的旧金山地震（$M=8.3$）和 1923 年日本的关东大地震（$M=7.9$）造成的巨大震害奠定了拟静力抗震设计的理论基础。1915 年佐野利器提出按水平惯性力考虑地震作用，1925 年物部长穗提出按震度法进行重力坝的抗震设计，建议的水平地震系数为 $0.1\sim0.2$，以后在各国大坝抗震设计中得到普遍应用。1933 年 Westergaard 提出了地震动水压力的计算公式，发展成为各国普遍采用的大坝地震动水压力的附加质量法。1934 年以后，震度法也推广于土石坝坝坡抗震稳定的核算。20 世纪 50 年代后期以后，各国先后制订了大坝抗震设计准则。1964 年日本新潟地震（$M=7.5$）时一些楼房发生严重倾斜，同年美国阿拉斯加地震（$M=7.9$）时发生安科雷奇市的大滑坡，部分地基没入海中，引起人们对液化问题的重视，并开展了大量研究。特别是 1971 年美国 San Fernando 地震（$M=6.5$）中 Lower Van Norman 水力冲填坝的大规模坍滑事故使人们注意到传统方法在评价土石坝抗震性能方面所出现的矛盾日益增多，难以预测土石坝可能出现的多种震害，从而引起了土石坝抗震设计方法的变革。液化评定、循环剪切作用下土料抗剪强度退化在土石坝抗震安全评价中的作用受到重视，以地震变形作为土石坝抗震安全性评价基准的方法得到发展，并被纳入到美国等国家的设计标准中。Seed 等提出的土工建筑物基于等价线性化的计算方法，并通过试验取得砂土和黏土的等效剪切模量和阻尼比随应变变化的经验关系，在工程中得到广泛应用。这些方法和评价标准的发展同时促进了筑坝材料动态力学特性的研究以及相关的试验仪器的研制和发展。

1967 年地震中印度 Koyna 重力坝的震害和 1971 年美国 San Fernando 地震中 Pacoima 拱坝的震害，促进了混凝土坝震害研究的发展。截至 20 世纪 80 年代，动力分析方法已逐渐在混凝土坝抗震分析中得到应用并推广。但是大坝的抗震安全评价仍然建立在线弹性分析的基础上，对混凝土的压应力一般采用比较高的安全系数，从而使地震拉应力成为抗震安全性的控制指标。不过，不同大坝混凝土容许抗拉强度的取值在较大范围内变化，存在着逐步提高的趋势，并在很大程度上需要依靠工程判断。大坝抗震技术的历史发展表明，总结分析大地震中大坝抗震的经验，对于大坝抗震水平的提高将具有十分重要的意义。

随着强震记录的不断积累和丰富，大坝的设计地震加速度数值也呈逐步上升趋势，而在几次大地震动中坝址实测地震加速度超过甚至远远超过抗震设计中的加速度。在汶川地震以前，我国混凝土大坝抗震安全的稳定和应力主要采取分别独立检验的方法。混凝土大坝抗震安全性的应力评价主要建立在容许应力的基础上。由于混凝土大坝在强震中的震害主要表现为受拉出现裂缝，使大坝的承载能力降低。拉应力的容许值实际上决定了大坝设计的安全度，因为它决定断面裂缝的范围以及应力重分布的结果。因此，混凝土的容许抗拉强度成为大坝抗震安全检验的十分重要的指标，与此相适应的是弹性动力分析方法的发展。汶川地震后，基于地震动超载的极限抗震能力评价逐渐得到了重视，抗震安全通过坝基失稳变形和大坝损伤变形与破坏过程相结合进行综合评价，考虑大坝混凝土材料非线性损伤破坏的分析技术得到了发展，拉应力的容许值不再成为抗震安全评价的制约因素，不同的坝体不同部位的拉应力对坝体安全的影响可以通过非线性应力分布转移过程得到体现。

但是，当前与动力非线性分析技术相适应的评价标准研究还不能满足我国高烈度地震区高坝建设的需求。美国垦务局提出的按最大可信地震（MCE）和运行基准地震（OBE），国际大坝委员会的《大坝地震参数选择导则》中提出的按最大设计地震（MDE）、运行基准地震（OBE）和水库诱发地震（RIE）进行分级抗震设防，是与工程结构抗震设计中针对不同抗震设防要求而采用分阶段抗震设防思想的发展相适应的。这个设计原则最初体现在核电厂的抗震设计中。核电厂抗震设防标准分为极限安全地震

（SSE）和运行基准地震（OBE）两种，对这两种地震分别规定了地震输入、分析方法和安全准则。我国在建筑抗震设计规范中"小震不坏、中震易修、大震不倒"的三水准抗震设防标准，是与不同水准下的结构安全评价标准相联系的。

核电厂和工民建的分级设防是分别针对完全不同的极限状态的，地震动输入参数的确定取决于抗震设防标准。对于混凝土高坝，美国垦务局的准则和国际大坝委员会的导则中，对不同的设防阶段，除了分析方法的精度不同外，并未明确针对不同的极限状态。我国在汶川地震后，在设计地震动加速度的基础上，增加了 100 年超越概率 1% 的校核地震动的分析，但是同样没有规定对应的极限状态，这是与当前高坝抗震安全分析研究的现状相适应的。

近些年，大坝极限抗震能力越来越受到工程界的关注，大坝极限抗震能力为大坝在地震作用下达到极限状态时所能承受的输入加速度的最大值。目前大坝极限抗震能力的研究主要集中于多任务工况、多角度的综合分析。但由于问题的复杂性，国内外还没有规范或导则明确规定大坝极限抗震能力的评价标准，相关研究尚处于起步阶段，还需要深入研究其评价方法和配套的指标体系。

目前我国已建大坝众多，且多位于地震强震区，在服役期间难免会遭受强震，地震灾害发生时如何快速决策，提出高效的灾害处理方案，服务震后大坝安全运行和应急抢险，越来越受到国家和社会的重视。建立大坝数字地震实验室，结合已有计算理论方法，采用大数据技术深度挖掘监测信息，实现"地震性态预测""地震远程实时监测""信息传输及数据库""快速地震破坏评估""应急管理"，是保证大坝长期安全运行和评估地震灾害风险的重要内容。

8.2 高坝抗震安全理论发展趋势研究关键科学问题

我国高坝建设时间短、规模大，面临着地震烈度高、地质条件复杂等更大技术难度挑战，尽管随着我国高坝建设发展的需求拉动，高坝工程都针对重大关键技术问题开展了专题论证，高坝抗震研究取得显著进展。但由于工程建设难度大，面对的工程技术问题复杂，在建设和运行中，一些工程仍然出现了质量缺陷或安全隐患。我国特高坝建设历史只有 20 多年，每类坝型的特高坝数量少，建设运行经验积累不足。

因此，针对今后高寒、高海拔、高烈度地震区、复杂地质地形环境下的重大水利工程建设的需要，亟须发展与之相适应的高坝抗震分析、安全评价和与风险控制技术，提出基于性能的高坝抗震设防标准，研发能够反映强震下高坝筑坝材料性能演变规律的试验设备和模型试验技术，提出反映筑坝材料动力特性的实用本构模型及非线性动力分析方法，发展坝-地基-库水非线性动力相互作用分析的精细模型，建立基于大坝地震监测反馈与模型试验相结合的高精度数值仿真技术和平台，提出综合考虑坝体-地基变形特征与破坏过程相结合的基于性能的抗震安全评价指标体系。

要实现以上目标，需要解决以下 4 个关键科学问题。

（1）反映近场大震破裂机制及大坝场址复杂地质地形条件的最大可信地震（MCE）特征及其作用机制。

随着计算机超大规模数值计算能力的提高，以及地震学中模拟和预测地震动方法的不断发展，将会促进通过确定性数值模拟进行工程场址地震动危险性分析的发展。地震危险性分析向概率方法与确定性直接分析方法并行方向发展成为可能；同时，高性能计算技术的发展，将会促进高坝坝址地震危险性分析中的一个特殊问题——水库诱发地震的研究。

随着大坝设计地震动与设计准则向性能设计的方向发展，开展大坝的抗震设防标准及抗震安全评价研究，科学地进行大坝的抗震设防，确定设防的地震动强度与频谱特性、地震动输入模式以及安全检验的内容与标准等是今后的研究重点。

近几十年来的强震记录表明，实测到的地震动加速度不少超过甚至远远超过大坝抗震设计中采用的加速度。尽管按传统地震加速度设计的大坝也表现有一定的抗震能力，有的经受了强震的考验，但也有不少工程遭受了地震灾害。印度柯依那重力坝按地震系数 0.05 进行设计，在 1967 年 12 月 11 日地震中实测坝基加速度为坝轴向 0.63g，顺河向 0.49g，竖向 0.34g，震后坝头部转折处出现了严重的水平裂缝；伊朗 SefidRud 大头坝按地震系数 0.25 进行抗震设计，在 1980 年地震中距离震中 40km 处强震仪记录到的峰值加速度为 0.56g，估计坝址处地震加速度可达 0.71g，震后坝体形成了一条几乎贯穿全坝的头部水平裂缝；美国 Pacoima 拱坝在抗震性能复核中采用的是 0.15g 的地震动加速度，但是在 1971 年 San Fernando 地震和 1994 年 Northridge 地震中，实测坝基加速度均远远超过复核采用的加速度，左坝头与重力墩之间的接缝在两次地震动中均被拉开。

这说明在地震动危险性分析与大坝抗震设防标准之间还存在着许多需要解决的问题。尤其是随着大坝场址选择面临的地震地质条件越来越复杂，高坝可能还面临着近场地震动的作用。近场强地震动的峰值加速度大、长周期脉冲能量高以及短周期谱值中竖向分量与水平分量的比值可能显著超过 2/3 等特点，对于大坝的抗震设计十分重要，近场大震的地震动分析模型和方法的研究是今后地震动危险性分析和地震动参数设定的重要趋势。

美国、欧洲及日本等国家的大坝抗震设计以及国际大坝委员会的地震动参数设计导则均采用分级设防，并提出了相应于不同设防水准下大坝的性能要求。其中，OBE 是从工程运行角度提出来的，对应于运行期工程保护期望水平的最大地震动，这时主要考虑地震引发的结构损坏、机械破损和经济损失，设防要求是震后结构易修复、设备可继续运行；MDE 或 MCE 主要是从避免引发严重次生灾害的角度提出来的，设防要求为大坝不发生灾难性破坏，如不致使库水下泄失控。当大坝失事可能导致危及人身安全的严重后果时取 MDE 为 MCE，否则 MDE 一般小于 MCE。MCE 为坝址区可能发生的最大地震，并假定发生在离坝址最近的断层点上。

国际大坝委员会地震专委会主席 Wieland 建议对震级 $M > 6.0$ 级以上中强地震区，大坝设防的最大设计地震 MCE 应大于 0.50g。这要求大坝具有抵抗超过设计水平的意外地震作用的能力。

我国的大坝采用最大设计地震 MDE 一级设防。对于有利地段，建筑物一般采用基本烈度设防（相当于 50 年基准期超越概率 10%），对于甲类设防的大坝在基本烈度基础上提高一度设防（相当于 100 年基准期超越概率 2%）。性能要求为如有局部损坏，经一般处理后仍可正常运行。100 年基准期超越概率 2% 的设防水准接近国外一些国家提出的最大可信地震（MCE）的水平，而其性能目标又与运行基本地震（OBE）的要求相近。汶川大地震后，我国修订了《水电工程水工建筑物抗震设计规范》（NB 35047—2015）。新规范在原规范对于甲类大坝在 5000 年一遇的地震作用下，允许发生可以修复的局部损坏的一级设防准则，修改为二级设防，增加了最大可信地震作用下不溃坝的抗震设防准则。

基于性能的抗震设防研究虽然目前还处于探索阶段，但这一设计思想比较科学地解决了抗震设计中的安全与经济相协调的问题。因此，开展大坝抗震设计分级设防的合理性和可行性研究，提出各级设防水准及相应的性能目标和配套的分析方法是今后一个重要的方向。

这就要求研究对应于不同性能指标的地震动设防标准和地震动参数确定方法，研究反映大坝抗震性能的指标、强震作用下大坝可能的失效模式、相应的计算模型与计算方法等，使之足以描述大坝损伤发展的状态及其功能发挥的程度。在此基础上进一步发展基于风险的抗震设防标准研究也是一个重要的方向，包括修建在抗震不利地段或城市上游附近的大坝以及 300m 级超高坝的抗震设防标准研究。

（2）反映复杂加载路径下筑坝材料的动态性能及演化规律、颗粒破碎、缩尺效应的弹塑性本构模型。

尽管目前根据已有混凝土动力特性的研究成果，对高混凝土坝抗震分析中的混凝土强度采取了新的动态提高系数，但是仍未摆脱不能真正考虑混凝土材料的应变率效应问题，对混凝土的率相关特性作了过分的简化。即不管大坝的动态特性如何、采用的材料性质如何以及可能输入的地震波特性如何，一律将混凝土大坝在地震作用下的强度与弹性模量较静力情况下提高一个相同的百分比，这是目前大坝抗震研究中的一个薄弱环节。混凝土是率敏感材料，其强度、刚度、延性等均随加载速率而变化。在地震作用下不同的混凝土大坝，其不同部位在不同瞬时的应变速率各不相同，从而其动态应力-应变关系也随之发生变化，导致坝身中的应力场和变形场的变化。

同时，在高坝的性能设计及极限抗震能力的评估中，坝体混凝土在地震动往复加载过程中呈现复杂的应变发展路径，可能出现拉伸开裂、压剪屈服以及受压破碎等，然而当前基于混凝土力学性能试验的本构模型都是基于简单加载路径下的唯像试验结果拟合得到的，对于复杂加载路径的动态力学性能及其细观机理还不清楚，无法满足高混凝土坝在强震下的损伤发展过程和破坏模型精确分析的要求，因此，混凝土材料在复杂加载路径和变加载速率下的应变率效应、动态本构模型以及相应的细观机理研究是今后的重要发展方向。

堆石料作为高土石坝的主要建筑材料，其变形性能对坝体的安全和稳定有着决定性的影响。从 Marsal 于 1967 年最早开展堆石料大型三轴试验开始，国内外学者们采用大型三轴仪对堆石料的剪胀、强度、颗粒破碎、湿化、蠕变、应力路径相关性及动力变形特性进行了大量的研究。然而由于试验仪器的限制，目前堆石料通常只能进行缩尺后的室内试验研究，现场原始级配的研究甚少。目前，国内外堆石料三轴试验的试样直径大部分都是 300mm，尺寸效应的研究大都通过直径为 300mm 的常规三轴试样向更小尺寸方向发展，测定不同最大粒径的粗粒料的力学参量与其最大粒径的关系及规律，然后外推原级配的参数，不可避免地会有较大的偏差，甚至可能会严重扭曲原型尺寸的结果。

目前土石坝动力反应分析主要采用基于室内试验得到的割线模量与阻尼比随剪应变非线性变化关系以及最大剪切模量与平均主应力的关系所建立的等效线性模型，但是这种模型只能反映中、低强度地震的加速度反应，不能满足高坝在强震时可能出现的强非线性乃至破坏过程分析要求。

弹塑性本构模型理论上相对更为合理，但是由于多数动力弹塑性本构模型参数确定复杂，在复杂应力路径下的适应性还缺乏进一步验证，因此，目前有关堆石料的动力弹塑性本构模型的研究和工程应用还较少。目前，尚未见到同时受到动三轴和动单剪试验或者真三轴结果检验的本构模型。因此，能够反映高土石坝筑坝堆石料在复杂加载路径下动态力学特性的参数简单、实用、适应性广的动力弹塑性本构模型是今后高坝堆石料研究需要重点解决的问题。

随着超大型筑坝材料试验设备的研制和试验技术的提高，复杂加载路径下筑坝材料的动态力学性能、缩尺效应、颗粒破碎、静动耦合弹塑性等力学特性以及宏观唯像描述和细观机理相结合的本构模型的研究具备了坚实的基础。

（3）反映强震下高坝-地基（峡谷）-库水耦合体系的非线性、非连续、大变形损伤演化、渐进破坏全过程的精细化建模、多尺度分析和高性能计算方法。

当前大坝抗震设计和安全校核的经验来自于现有百米级以至 200m 级坝的建设，对于 300m 级的大坝能否适用仍是一个未知数。可以认为，现有混凝土大坝抗震分析方法的发展水平与大坝抗震安全的重要性和大坝抗震安全评价的需要是不相适应的。

基于性能的抗震设计要求准确预估结构在不同危险性水平地震动作用下的抗震能力，需要对结构在地震作用下从稳定到失稳的全过程进行分析，并需要在分析过程中充分考虑地震动的随机性，更重要的是要全面、合理地考虑地震动的动力效应及结构的非线性响应特性。

目前的数值分析仍然无法验证经受过强震的混凝土坝震例，1967 年 12 月 11 日印度 Koyna 重力坝遭受到 6.5 级地震作用，导致坝体许多水平裂缝，主要集中于坡面改变处。震后检查结果表明：坝基扬压力值无大变化，在设计值内，表明帷幕未遭损害；基础廊道钻孔取芯表明坝体混凝土和基岩间黏结良好，强震后未见剪切脱开。采用传统方法验算都必然在坝踵呈现大片损伤区。沙牌拱坝距汶川地震震中约 36km。坝址的影响烈度介于Ⅷ～Ⅸ度间。地震时水库蓄满至正常水位。震后详细勘查表明，拱坝上下游坝面均未见破坏痕迹。采用传统方法验算都在坝踵与垫座交接面处呈现大片损伤区。

高坝在强震下的非线性损伤破坏模拟的精度、效率和可靠性除了与地震动参数的合理性、材料模型的准确性有关外，大坝-库水、大坝-地基的动力相互作用能够模型的合理性也是非常关键的因素。目前，大坝-地基的动力相互作用分析模型经过多年的研究和发展相对比较成熟，已经能够合理模拟地震动的幅差、相差特征，考虑无限地基的辐射阻尼效应以及近场地基岩体的非线性和断层等介质的不连续性。但是，大坝-库水的动力相互作用模型的发展相对比较缓慢，目前广泛采用的仍是基于刚性挡水结构得到的附加质量模型，这种方法忽略了坝水耦合振动的影响，且不能合理考虑河谷形状、库底与岸坡运动、竖向地震、库水可压缩性对动水压力的影响。计算坝与库水相互作用的比较合理的模型是考虑水的压缩性，同时计入库底的吸收作用。但是不考虑水压缩性影响的附加质量模型在实际中仍然得到比较广泛的应用，因为计算比较简便，更重要的是还缺乏实际观测资料的验证，特别是库底淤沙对地震动波动的吸收作用无论是理论上还是实际观测上都没有得到定量的结果。

随着监测技术及智能大坝的发展，基于现场监测反馈信息，对大坝地震响应分析参数、模型进行数值验证，包括大坝-地基的动力相互作用模型及大坝-库水的动力相互作用的实际观测资料的验证等成为可能，基于非线性的高坝风险评估及基于极限抗震能力的抗震安全评价的研究具备了基础。基于观测反馈和高性能多场耦合的高坝-无限地基-库水在强震下的性能演变规律、失效模式及极限抗震能力、多尺度-精细化-全过程非线性数值仿真分析技术和高效智能灾害预测技术是今后的发展方向。

（4）高坝动力损伤演化机制及其规律的科学认识、抗-减震措施的作用机理及基于风险的抗震安全评价指标体系。

随着理论的成熟和技术的发展，人们对于高坝抗震安全问题越来越重视，实际的震害案例也显得尤为重要，然而迄今为止，世界上高坝遭遇强震的案例很少。已有震害案例表明，地震时坝址的实际烈度可能会远远超过设计烈度，例如我国沙牌拱坝、紫坪铺面板堆石坝在汶川地震时都经受了超过其设计烈度的地震作用。

汶川地震以后，我国《水电工程防震抗震研究设计及专题报告编制暂行规定》指出，对特别重要的挡水建筑物，除满足设计及校核地震工况下大坝抗震安全性要求外，还应研究极限抗震能力。但无论是校核地震动下的评价标准还是极限抗震能力的评价方法都没有统一的认识。因此，对于高坝的抗震安全评价，不仅仅要对设防地震动的抗震安全性进行校核，还需要从性能的角度，对高坝的抗震安全评价进行基于地震动全概率的风险评估，提出基于地震动不同危险性分析和大坝不同性能的评价标准。

实际上，目前给出的强度及稳定指标是基于经验的确定性安全评价，没有考虑不同工程本身的功能特征、上下游流域的社会经济发展规律以及其地震次生灾害后果的严重性的差异。由于地震动的强烈不确定性和结构抗力在全寿命周期内演变规律的随机性，有必要从概率意义上考虑社会经济影响以及高坝枢纽工程的使用功能，分析其全寿命周期内的抗震安全度和风险。

但是，目前结构抗震的动力可靠度分析和风险评估，从基本原则到具体方法的研究在国内外都不成熟，高坝基于性能的抗震设计方面研究更少。关键问题不仅仅是地震作用和材料动态抗力的概率模型参数的确定，更重要的是大坝枢纽工程的功能指标和失效风险的确定，这是建立在广泛的资料收集和试验研究的基础上的。因此，基于大坝性能进行抗震设防和抗震安全评价，研究大坝结构在规定年限内和预期条件下满足一定性能要求的抗震设防标准及抗震评价指标是今后需要解决的关键问题。

随着现代科学技术的发展，人们对自然现象的认识越来越深入，研究手段也越来越丰富，学科之间的渗透与综合已不断扩展和深化，一些过去常用的近似简化或假定，如物质的连续、均匀、各向同性与材料本构方程的线弹性假设现在已发展为非连续、非均匀、各向异性介质的非线性假设；由宏观强度指标发展为建立微细观破损机理与宏观指标关系的研究；由确定性分析发展为随机的、统计学上的模糊分析方法；单一介质模型发展为多场、多相介质耦合模型；由研究传统小变形响应发展为大变形破坏模型。由此建立了一批新概念、新理论，从而使得相关学科的知识体系发生了很大的变化，涌现出了一系列新兴学科。这些进展同时促进了高坝抗震安全评价的理论和方法的发展。尤其随着工程场址地质条件及运行环境条件的更加复杂、筑坝材料和筑坝技术的不断创新以及高性能计算技术的不断发展，高坝的抗震安全评价研究所面临的难点和关键科学问题也具备了研究和解决的条件和基础。

8.3　高坝抗震安全理论发展趋势研究重点研究方向

8.3.1　地震动特征及其作用机制

发展概率分析和确定性分析相结合的反映震源机制和传播规律的分析模型，提出反映近场大震作用特征的坝址强震作用模型。

（1）反映近场大震特征的最大可信地震动及其作用机制。

大坝抗震性能评价的一个重要内容就是极限抗震能力，与此对应的地震动是概率极小的罕遇事件，当前无论是将地震动参数超越概率曲线外推至很小概率的近场大震，还是将发生在场址附近的小震记录作为经验的格林函数推求大震地震动，都不能反映近场大震特征的发震机制。同时，近场大震的时频非平稳特性以及传播路径影响，对极限抗震能力的强非线性地震响应分析有显著影响。

采用地质、地震和地球物理等多种方法，研究坝址区发震构造的识别及震源参数确定方法；加强高坝坝址区的强震观测并借助波场模拟理论，构建能够反映近断裂大震特点的地震动数值模拟模型，开展超大规模地震波强地面运动的数值模拟研究；发震过程中断层的破裂模式、时序、震源深度及其与场址空间相对位置导致的上盘效应和破裂的方向性效应等近断裂大震的特征及其作用机制是亟须解决的问题。

（2）复杂地质地形条件下的地震动特征及其作用机制。

随着重大工程向西部进一步推进，今后的高坝工程建设重心将在怒江以及雅鲁藏布江流域，地形和地质条件极其复杂，尤其是覆盖层深厚，亟须研究复杂地形地质条件下深厚覆盖层坝址的地震动输入机制、地基辐射阻尼边界及地震动幅差相差的影响问题。

（3）高坝水库诱发地震形成机制及判别标准。

300m 级高坝水库是否诱发水库地震是国家行政主管部门、业主和公众十分关注的问题。开展水库诱发地震的研究，使水库诱发地震的研究由定性的经验性判断，向初步的定量化指标体系研究深化，澄清政府部门及公众对重大水利工程的疑虑。

利用库区地震波监测数据，研究实际水库诱发地震的波谱特性，结合地震发生区段的地质构造条件、应力条件、水文地质条件、岩性空间分布特征、地形等特征，归纳总结水库诱发地震的判别标准。分析水库蓄水初期库水影响范围内的地震特性，分析水库诱发地震的地震序列规律，预测水库诱发地震发展规律。

8.3.2　筑坝材料动力特性及基于应变率的静动态统一本构模型

研发能够反映强震下高坝筑坝材料性能及演变规律的试验设备。提出既能反映筑坝材料复杂加载路径下动力特性、参数易于取得、物理意义明确，又便于程序实现、计算稳定、实用可靠的弹塑性动力本构模型。

（1）全寿命周期内筑坝材料动态性能演化规律、细观机理和反映应变率及缩尺效应的静动态统一非线性本构模型。

高坝在全寿命运行周期内经历各种复杂环境作用，抗震性能在全寿命周期内随着大坝材料性能的演变而发生变化。

研发全级配混凝土材料在全寿命周期内物理、化学、力学等多因素耦合作用后的非线性动态性能以及土石坝材料在库水泄放、地震作用下的非线性动力力学性能的试验仪器及试验技术。开展微观-宏观尺度混凝土材料力学性能应变率效应试验，建立混凝土材料力学性能应变率效应及堆石料缩尺效应的多尺度计算方法，研究混凝土材料力学性能应变率的物理机制、不同尺度条件下混凝土材料力学性能应变率效应的细观机理及关键影响因素，研究物理意义明确、便于工程实际运用的通用非线性动态本构模型是解决全寿命周期高坝抗震性能的重要问题。

（2）坝基岩土材料的动态力学性能及反映应变率影响的静动态本构模型。

传统拱坝坝基岩体稳定性分析以刚体极限平衡法为主，在坝基动力分析中则以拟静力法为主，不考虑岩体的动力特性。随着今后高坝抗震安全评价将坝基与坝体作为统一的连续与非连续介质耦合系统来进行综合评判，包含结构面的坝肩岩体动力强度特性及本构关系亟待研究。目前这一领域仍是空白，这一领域的任何进展都将受到瞩目。

（3）筑坝堆石料的静动态力学特性的缩尺效应及其静动态统一本构模型。

堆石料作为高土石坝的主要建筑材料，其变形性能对坝体的安全和稳定有着决定性的影响。由于试验仪器的限制，目前堆石料通常只能进行缩尺后的室内试验研究，现场原始级配的研究甚少，特别是尚未见有关超大型三轴复杂应力路径和动力循环加载的试验成果。因此，结合重大水利水电工程，采用超大型三轴仪，全面阐明堆石料静力和动力（循环）变形与强度特性（包括颗粒破碎、剪胀特性、应力路径相关性等影响）与颗粒尺寸的变化规律，揭示堆石料的尺寸效应影响机理，构建考虑颗粒尺寸效应的筑坝堆石料静、动力实用弹塑性本构模型。突破定性认识，实现定量评价堆石料缩尺效应对大坝填筑、运行和地震作用下坝体变形和防渗体安全的影响对于强震区高坝建设具有重大的作用。

8.3.3　强震下高坝非线性地震响应分析技术与方法

建立基于大坝现场监测反馈与模型试验相结合的高精度数值仿真技术和平台，发展坝-地基-库水非线性动力相互作用分析的多尺度精细模型、高性能非线性动力分析技术以及相应的软件系统。

（1）高坝地震动精细化、多尺度损伤破坏全过程的高性能计算技术。

高坝的抗震性能评估指标的确定与动力相互作用及高拱坝横缝几何非线性、材料非线性之间的强耦合非线性密切相关，当前不同的分析模型得到的结果差别还比较大，亟待进一步发展能够考虑各种动力相互作用、非线性强耦合以及坝体西部构造、岩体地形和各类地质构造条件、潜在滑动岩体运动的高效、高精度的分析模型以及基于精细化模型和云计算的高拱坝超大规模高性能计算软件。对当前不同模型的分析精度与可靠性进行综合的评定。

（2）基于监测信息和振动台模型试验的高精度数值仿真分析技术。

高坝抗震设计及数值分析技术的验证手段是原型监测和振动台模型试验，监测到原型地震响应特征具有一定的偶然性，振动台模型试验成为验证高坝抗震能力的主要手段。高坝在强烈地震下的非线性特征导致小比例缩尺模型难以模拟结构真实的非线性特性，传统的实验技术可能无法真实准确地反映大型结构在强震下的动力非线性灾变过程。高效、大规模、精细数值模拟与物理试验的结合不但可以减少工程分析的局部不确定性，还将提供对物理规律的新认识，并将最终提高数值模拟的可信度。基于当前大坝监测信息的地震动反演分析技术、基于检测监测信息的结构多尺度损伤识别与模型修正、动力模型实验仿真验证的实时抗震安全分析技术以及数值模拟与物理模拟相结合的新的理论框架与方法是亟须解决的问题。

（3）基于多学科交叉的地震灾变破坏智能反馈评估技术和应急管理平台研发。

高坝抗震的理论和方法只有植入程序中才能被推广应用工程实际，才能发挥其应用价值。集成大坝-河谷/地基-库水体系非线性动力耦合分析方法、考虑尺寸效应的堆石料静动力弹塑性本构模型、混凝土防渗体塑性损伤和开裂分析方法，采用先进的软件开发技术，对动力非线性显式和隐式计算进行优化，研发大规模、高性能、非线性有限元分析软件系统，才能实现强震作用下特高土石坝损伤演化、渐进破坏全过程模拟。在此基础上，建立试验室和现场监测信息的实时共享数据库，采用大数据技术深度挖掘监测信息，实现"地震性态预测""地震远程实时监测""信息传输及数据库""快速地震破坏评估""应急管理"，并最终构建大坝数字地震试验室和应急管理平台，为大坝地震灾害风险评估、安全运行管理及灾后抢修提供决策依据。

8.3.4　高坝基于性能的抗震设防和评价标准及抗震工程措施

发展综合考虑坝体-地基应力、变形特征与破坏过程相结合的基于性能和风险的抗震设防标准和评价标准。

（1）强震下高坝损伤演化与动力灾变机制及基于风险的抗震安全评价体系与应急对策研究。

由于高坝设计、施工、运行环境以及地形地质条件的各种因素的影响，基于数值模拟和模型试验的坝体、地基和库水体系在强震作用下具有破坏失效模式的多样性、灾变的突发性和不确定性，是一个从量变到质变的多尺度过程。大坝不同的失效模式对结构性能有不同的影响，要在地震分级设防、结构性能指标的选取、性能指标与大坝功能失效间的联系以及风险评估等方面进行深入研究。亟须解决高坝损伤演化与动力灾变机制、基于性能的安全评价标准、全寿命周期最大可信地震及防止重大地震灾变定量安全评价准则等关键问题。

（2）大坝抗减震措施及其效果的研究。

随着坝体高度的不断增加，超高坝的抗震安全裕度也在不断降低，提高超高坝的抗震安全和抗震性能，除了结构创新，最可行的技术手段就是采取各种抗震措施。基于高坝整体和局部抗震性能提升的不同目的，结合当前的新技术、新材料，提出技术经济相适应的创新性抗震措施，解决抗震措施效果的数值分析技术和提升特高坝极限抗震能力的工程措施效果的振动台模型试验验证技术。

8.4 小结

随着我国高烈度地震区复杂地质条件下高坝工程建设实践，我国在高坝设计和施工建设中已取得了长足进展，目前对于抗震设计烈度低于Ⅷ度、高度小于200m的高坝抗震技术已经比较成熟，我国大坝抗震设计及其研究水平已经处于国际先进水平。但抗震安全问题仍面临着诸多技术挑战。200m级以上高坝设计的理念和方法没有实质性的突破，已难适应发展迅速的高坝建设实践（至今尚无200m以上高坝设计规范），在抗震安全方面更显突出。

特别是目前300m级特高大坝的抗震科研成果较少且未经受强震的考验，工程经验缺乏，因此目前实施的水工建筑物抗震设计规范仅适用于200m级的大坝。相比200m级大坝，300m级特高坝承受更为巨大的静水压力，抗震设计又无规范可循，许多300m级的高坝建设理论和依据都是依赖以往200m级以下大坝工程的经验和技术，加上坝址所处高烈度区，抗震安全问题更为严峻，因此300m级特高坝抗震安全评价与控制关键技术亟待深入展开研究工作。

学科交叉及高新技术的迅速进展为高坝抗震安全关键问题的深化研究提供了条件。从地震动输入机制、筑坝材料动力特性及其本构模型、地震动力响应分析理论到抗震安全评价方法都具备了深入研究的基础。面对我国300m级高坝建设和安全运行的要求，亟须结合我国高坝建设的经验和最新科研发展趋势，在高坝抗震理论、技术、规范方面大胆突破，站在国际高坝抗震理论研究和工程实践的前沿，制定以我国为主导的高坝抗震设计新规则，引领国际高坝抗震发展趋势。

参考文献

[1] 林皋. 混凝土大坝抗震技术的发展现状与展望（Ⅰ）[J]. 水科学与工程技术，2004 (6)：1-3.

[2] 张楚汉. 高拱坝抗震研究中若干关键问题 [J]. 西北水电，1992 (2)：58-63.

[3] 孔宪京，邹德高，刘京茂. 高土石坝抗震安全评价与抗震措施研究进展 [J]. 水力发电学报，2016，35 (7)：1-14.

[4] 张楚汉，金峰，王进廷，等. 高混凝土坝抗震安全评价的关键问题与研究进展 [J]. 水利学报，2016，47 (3)：253-264.

[5] 周建平，陈观福，党林才. 我国高坝抗震安全评价的现状与挑战 [J]. 水利学报，2007，38 (增刊1)：54-59.

[6] 李德玉，王海波，涂劲，等. 拱坝坝体-地基动力相互作用的振动台动力模型试验研究 [J]. 水利学报，2003 (7)：30-35.

[7] 林皋，陈健云. 混凝土大坝的抗震安全评价 [J]. 水利学报，2001，1 (2)：8-15.

［8］　陈厚群，徐泽平，李敏．汶川大地震和大坝抗震安全［J］.水利学报，2008，39
　　　（10）：1158-1167.

［9］　陈在铁，任青文．当前混凝土高拱坝抗震研究中的几个问题［J］.水利水电科技进展，2005，25
　　　（6）：98-101.

［10］　陈厚群．坝址地震动输入机制探讨［J］.水利学报，2006，37（12）：1417-1423.

［11］　林皋．混凝土大坝抗震安全评价的发展趋向［J］.防灾减灾工程学报，2006，26（1）：1-12.

［12］　沈珠江，徐刚．堆石料的动力变形特性［J］.水利水运科学研究，1996（2）：143-150.

［13］　孔宪京，娄树莲，邹德高，等．筑坝堆石料的等效动剪切模量与等效阻尼比［J］.水利学报，
　　　2001（8）：20-25.

［14］　邹德高，孟凡伟，孔宪京，等．堆石料残余变形特性研究［J］.岩土工程学报，2008，30（6）：
　　　807-812.

［15］　朱晟，周建波．粗粒筑坝材料的动力变形特性［J］.岩土力学，2010，31（5）：1375-1380.

［16］　孔宪京，刘京茂，邹德高．堆石料尺寸效应研究面临的问题及多尺度三轴试验平台［J］.岩土工
　　　程学报，2016，38（11）：1941-1947.

［17］　邹德高，徐斌，孔宪京，等．基于广义塑性模型的高面板堆石坝静、动力分析［J］.水力发电学
　　　报，2011，30（6）：109-116.

［18］　孔宪京，邹德高，徐斌，等．紫坪铺面板堆石坝三维有限元弹塑性分析［J］.水力发电学报，
　　　2013，32（2）：213-222.

［19］　Kong X，Liu J，Zou D. Numerical simulation of the separation between concrete face slabs and
　　　cushion layer of Zipingpu dam during the Wenchuan earthquake［J］. Science China Technological
　　　Sciences，2016，59（4）：531-539.

［20］　林皋．混凝土高坝抗震分析的新技术［C］//第167场中国工程科技论坛暨2013水安全与水利
　　　水电可持续发展高层论坛.2013.

［21］　林皋．汶川大地震中大坝震害与大坝抗震安全性分析［J］.大连理工大学学报，2009，49（5）：
　　　657-666.

［22］　林皋．大坝抗震分析与安全评价［J］.水电与抽水蓄能，2017，3（2）：14-27.

［23］　王进廷，潘坚文，张楚汉．地基辐射阻尼对高拱坝非线性地震反应的影响［J］.水利学报，
　　　2009，40（4）：413-420.

［24］　田景元，刘汉龙，伍小玉．高土石坝极限抗震能力的评判角度及标准述评［J］.防灾减灾工程学
　　　报，2013，33（增刊1）：128-131.

［25］　陈生水，李国英，傅中志．高土石坝地震安全控制标准与极限抗震能力研究［J］.岩土工程学
　　　报，2013，35（1）：59-65.

［26］　王海波，李德玉，陈厚群．高拱坝极限抗震能力研究之挑战［J］.水力发电学报，2014，33
　　　（6）：168-173.

［27］　张伯艳，李德玉．高坝极限抗震能力研究方法综述［J］.水电能源科学，2014（1）：63-65.

［28］　赵剑明，刘小生，陈宁，等．高心墙堆石坝的极限抗震能力研究［J］.水力发电学报，2009，28
　　　（5）：97-102.

［29］　赵剑明，刘小生，杨玉生，等．高面板堆石坝抗震安全评价标准与极限抗震能力研究［J］.岩土
　　　工程学报，2015，37（12）：2254-2261.

［30］　李国英，沈婷，赵魁芝．高心墙堆石坝地震动力特性及抗震极限分析［J］.水利水运工程学报，
　　　2010（1）：1-8.

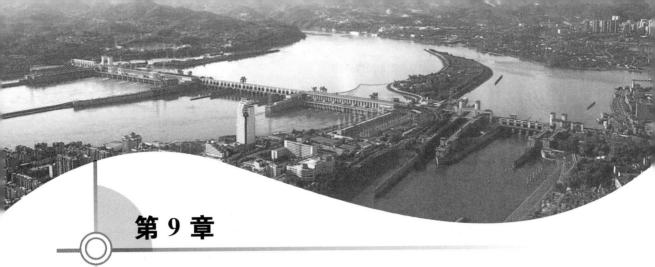

第9章

跨流域调水及地下工程安全理论发展趋势研究

9.1 跨流域调水及地下工程安全理论发展趋势研究进展

跨流域调水工程是实现国家水资源优化配置的重大战略举措。国内外已建的调水工程主要以明渠方式输水，局部辅以隧洞，而以深埋长隧洞为主要载体的调水工程较少。据不完全统计，目前已建的世界上最长的输水隧洞是芬兰的 Päiänne 隧洞，单洞长120km，最大埋深为 130m；国外埋深最大的是非洲 Lesotho 隧洞，单洞长 45km，最大埋深为 1200m。我国在大型调水工程输水隧洞建设方面已取得了举世瞩目的成就，相继建成了引滦入津、引大入秦、引碧入连、引黄入晋、引洮供水等跨流域调水工程，未来10 年将是我国长距离调水工程输水隧洞建设的高峰期。目前在建和拟建的长距离输水隧洞大多要穿越西部地质构造背景复杂的山岭地区，不仅面临自然环境恶劣、地震烈度高、地形地质条件复杂等不利因素，且输水隧洞单洞长、埋深大，在建工程最长单洞已达 283km，最大埋深 2268m，无论是工程建设难度还是隧洞运营风险都将大大增加，我国将面临更为复杂的科学技术难题。

本节针对与跨流域调水地下工程安全的有关问题，从以下几方面叙述其研究现状和发展趋势。

9.1.1 深埋隧洞工程的勘探、试验及测试技术

（1）深埋隧洞异常地质体的地球物理探测识别技术。

地球物理探测方法主要分为地震波法类（如隧道地震勘测法和地震波三维成像技术方法）、电磁类（音频大地电磁法、瞬变电磁法、地质雷达法）、直流电法类（激发极化法、高密度电法）和其他类（钻孔声波、钻孔电视、红外探水法）等。

在隧洞前期勘探期间，采用高密度电法、浅层地震等地面地球物理探测方法，可宏观上对隧洞沿线深部不良地质体进行有效探测，对沿隧洞走向主要的、具有一定规模的

异常地质体进行大体较粗略的探测和识别。相比传统地面地球物理探测方法，近年来推广的航空瞬变电磁法和地空瞬变电磁法具有探查范围广、探测效率高及工作方式灵活多变等特点，可有效实现复杂地表条件下的地质勘察工作。此外，地表跨孔电阻率 CT、跨孔声波 CT、跨孔地质雷达等技术，可实现钻孔周围地质信息的精细化探查，但勘探成本较高。

调水工程隧洞通常需穿越崇山峻岭，隧洞埋深大、洞线长，加之地表勘察技术水平有限，在地勘阶段难以全部查明隧洞沿线不良地质情况，因此，可在隧洞开挖施工期间采用隧洞超前地质预报技术并结合地质分析等综合手段，对隧洞开挖面前方一定范围内不良地质体的位置和规模进行探测与识别。隧洞施工开挖方法可分为钻爆法施工与隧洞掘进机 TBM 施工两类，由于这两类方法的施工环境不同，它们所采用的超前地质预报技术也有所不同。经过 40 余年的发展，钻爆法施工超前地质预报物探技术已经较为成熟，地震波法、激发极化法、电阻率法、瞬变电磁法、地质雷达法等方法在钻爆法隧道超前探测中都得到了成功应用，并针对各种方法的特点形成了长短距离结合综合超前预报体系：TST、TRT 等地震波法类超前预报技术主要用于探测较大的断层、溶蚀带等异常地质体，可实现对隧洞前方 100m 左右范围的地质构造进行探测；瞬变电磁法等电磁类超前预报技术可实现对隧洞前方 50～80m 范围低阻异常体的较准确定位并识别其是否含水；直流电法、激发激化法等直流电法类超前预报技术可实现对隧洞前方 30m 左右范围内的低阻异常体空间位置、形态及充水性进行识别，利用激发激化衰减时差对水量的敏感性，可以估算含水体的填充水量。相比之下，TBM 施工超前地质预报技术尚处于起步阶段，国内外的研究较少且并不成熟，相对于钻爆法施工隧洞，TBM 施工隧洞环境复杂，由于庞大机械装置几乎占据掌子面后方几十米内的全部空间，且金属机械结构对电磁波场干扰很大，导致一些在钻爆法施工隧洞中可用有效的超前地质预报技术无法照搬到 TBM 施工隧洞环境，目前 TBM 隧洞的专用超前探测技术仅有少数几种，如德国 GFZ 研发的 ISIS 主动源地震超前探测技术，德国 GD 公司研发的 BEAM 交流激发极化法，以及以 TBM 掘进破岩震动作为震源的 TSWD 技术被认为是适应 TBM 施工自动探测的较好思路，但总的来说，目前还没有十分可靠有效的 TBM 施工隧道专用的超前探测技术与设备，还需要开展进一步的研究完善。

另外，不同超前预报方法对不同类型的不良地质预报效果也不尽相同，还没有哪种预报方法能对各种地质异常体都做出准确预报，因此，采用单一地球物理方法进行隧洞超前地质预报的准确度并不十分可靠。同时，地球物理探测方法的前提是地下结构有某种物理性质上的差异，是一种间接探测方法，物探设备并不直接反映地下结构构造和性质，而是利用他们的物性差异进行确定推测，因此，物探结果往往具有多解性。针对上述问题，提出了综合超前地质预报技术和多元超前预报信息约束联合反演方法，通过多种超前预报技术相互结合、相互验证、相互补充、相互约束，可起到降低多解性、提高探测可靠性的作用。

目前国内深埋隧洞工程建设越来越多，正在进行大规模的调水工程、水电工程、铁路和公路工程建设，需要修建大量的隧洞和洞室，而采用合理的地球物理探测技术将在防灾减灾方面发挥巨大作用。随着技术的进步，地球物理探测方法技术也在不断发展，未来深埋隧洞探测技术发展趋势主要有以下几点。

1）方法上向三维发展，以获得不良地质的三维空间形态。电磁类可实现大地电磁法三维勘探，电法类发展了三维高密度电法勘探，地震勘探已经拥有了浅层三维地震勘探技术，地震反射波法可实现三维隧洞超前探测等。

2）技术上向"多参数"发展，即集地质、测量、物探、钻探、施工多种信息于一体。发展隧洞综合超前预报技术，通过结合不同地质信息获取手段以及多元地球物理探测技术，综合分析解译，实现高精度探测。如对地质异常体的精确探测和描述，不但要用到电阻率、磁化率、激化率、密度、纵波速度、横波速度等多元地球物理参数，还需要充分利用地质、钻探信息，只有这样才能进行较全面描述和分析，综合超前地质预报技术将是今后探测技术发展的方向之一。

3）仪器设备上向"三高"发展，即高灵敏度、高分辨率、高精度。同时，针对TBM隧洞掘进机安全高效快速掘进的施工要求，实现TBM一体化搭载和自动化探测也是今后发展的方向。

4）成果上多学科融合、实现资源共享，借助大数据和云计算技术，建立一个集通用性、专业性、开放性及安全性、决策性为一体的综合性信息化管理系统，在实现超前探测结果快速解译和三维可视化展示的同时，建立融合多元信息的专家决策系统，为施工决策提供可行建议，有效保障隧洞工程的安全高效建设。

（2）深埋隧洞围岩工程特性的测试技术。

目前，在岩石力学室内试验技术发展上，主要体现在大批国外先进的室内岩石试验设备引进、消化、再创新，进一步提升了对岩石力学特性的研究技术与手段，为复杂条件下岩石力学特性研究提供了良好的试验研究平台。另外，研制出了大吨位、高围压微机控制电液伺服岩石三轴流变试验机，仪器的轴压和围压加载系统均采用闭环伺服液压加载方式控制。利用该设备可以开展长时的复杂路径下岩石三轴蠕变试验研究，模拟研究地下工程围岩在加载和卸荷等应力路径下的长期流变变形特征。对于TBM施工的深埋长隧洞而言，如何快速获取前方围岩特性参数的测试技术与评价方法是未来的发展方向之一。

近年来，高清钻孔电视已发展成为钻孔精细岩体结构探测的有效手段。利用声波的传播和吸收上的变化，可综合反映岩体结构的破碎程度和胶结状态。再结合岩体质量分级及集成岩体钻孔渗透特性测试等技术，有望在基于钻孔测试的岩体质量评价和参数取值方面形成新的岩体特性研究方法。

（3）深部岩体地应力测试方法。

深部地应力场测定（包括地应力量值与方向、不同范围的地应力分布等）的主要手段有：地震震源机制解、地质观测资料（断层擦痕、微构造取向、火山链排列等）、深钻孔孔壁崩落方向与钻孔岩心记忆法、深钻孔地应力实测信息（主要是钻孔水压致裂法、钻孔应力解除法）。

地应力测量研究已从自20世纪40年代的表面应力测量（美国胡佛大坝）发展到浅钻孔应力测量与深钻孔应力测量（国际岩石力学学会，2003）。目前，深孔地应力测量的主要方法是水压致裂法，水利水电工程领域的测试深度一般在1000m之内，作为特例的雅砻江锦屏二级水电站引水隧洞超过 2000m，因地应力特别高，即使在隧洞围岩浅钻孔中也基本没有实现成功测试。矿山工程中水压致裂法测量深度可达 1500m（若地应力量值为中高水平）。石油钻孔都带金属导管，深度可达 5000m，利用水压致裂法只能获得地应力的某些分量值，且不能直接确定应力方位。国内外水压致裂法基本上处在同一水平。

钻孔应力解除法测试深度一般为 100m 之内，适合在水利水电工程的勘探平洞或深部矿山工程的开采巷道内应用。国内钻孔应力解除法的最大测试深度为 360m，由长江科学院在惠州抽水蓄能电站完成，国外最大测试深度达到 500m（瑞典）。

20 世纪 80 年代以来，随着钻孔物探测井技术的迅速发展，将油田深钻孔的孔壁崩落方向（即孔壁集中应力产生破坏的方向）作为深部应力方位，为深部应力场提供了大量信息。基于深孔定向岩芯应力记忆效应（凯塞效应）的“古地应力”研究方法，也是 90 年代国内外石油等领域大量应用的地应力估测方法，深度超过 2000m，但测量结果难于等同于现今地应力，适用于地质构造稳定区域。

概括而言，地应力直接测量的深度还比较有限，一般不超过 1500m。利用深钻孔孔壁崩落或定向岩心也可粗略估计深部构造应力场的部分信息。深孔地应力测试的数量有限，加之地应力实测方法的深度限制，基于震源机制解、地质观测资料与实测地应力信息融合的深埋隧洞围岩应力场或区域构造应力场模拟与反演研究显得尤为重要。

（4）深埋隧洞岩体水文地质结构及相关渗透参数测试技术。

水文地质结构系指不同等级、不同形态、不同成因（建造）、经受不同构造作用，具有不同结构和水力学性质的水文地质综合体的空间组合，它构成了地下水的赋存空间，控制着地下水的储存和运移。

在岩体渗透参数测试方面，目前较多采用的有抽水试验、压水试验（常规压水试验、高压压水试验、交叉孔压水试验、三段压水试验等）、振荡试验等。对于深埋隧洞岩体，为了获得岩体渗透性，通常采用压水试验的方法，孔深 500m 级的压水试验已见报道，且已超出水利水电相关规范的范围，千米级深孔中压水试验尚未见报道。此外，由于压水试验不能直接获得岩体的渗透系数，因此近年来振荡试验在岩体渗透参数测试方面得到了推广应用。振荡试验最初应用于松散孔隙介质的渗透参数测试，目前已在尝试用于岩体钻孔中测试获取岩体渗透系数，但千米级深孔仍面临诸多难题需要解决。

深埋隧洞由于岩体自重以及地应力的存在，岩体水文地质结构（导水结构和阻水结构）已不能按照岩性、构造等来进行区分，必须考虑岩体渗透性随埋深的变化情况。因此，对于深埋隧洞岩体水文地质结构，必须重新提出分类标准。

在深埋隧洞岩体渗透参数测试技术方面，无论是压水试验还是振荡试验，都需要解决深孔试段止水的难题。振荡试验用于测试岩体渗透系数张量最关键是要解决试段内结构面的发育情况，即相应的产状、开度等几何参数，也是未来要解决的问题。

（5）深埋隧洞围岩工程特性评价方法。

深埋隧洞围岩工程特性评价主要应考虑高地应力与高外水压条件，目前国内外还没有公认统一的方法与标准。

国内外地下洞室围岩工程地质分类方法多达数十种，有定性、也有定性与半定量、以及定量分级评价，评价依据为影响围岩工程特性的主要因素，如岩石坚硬程度、岩体完整程度、结构面状态与主要结构面产状、地下水和初始地应力状态等，一般是多因素组合法，也有个别单一因素法。应用比较普遍的主要是 Q 系统、RMR 分类、工程岩体分级标准 BQ 法、水利水电围岩工程地质分类 HC 法等，国内公路行业基本采用 BQ 法，铁路行业围岩分级以岩石坚硬程度和岩体完整程度定性划分和定量指标综合确定，考虑地下水和初始地应力状态等因素进行修正。前述围岩分类方法仅部分考虑了高地应力影响，采用折减系数法或部分围岩类别降级处理，而对高外水压力（≥1MPa）条件未作细分考虑，主要是从隧洞渗涌水量方面进行减分或降级处理。

近些年来，国内部分勘察设计单位和科研院校就深埋隧洞围岩分类方法进行了研究，提出了一些代表性成果，最具代表的是根据锦屏二级水电站深埋长隧洞研究提出的考虑高地应力、高外水压力条件下的 JPF 分类法，该分类以 HC 法为基础，引入地应力折减系数 K（对应 I～IV 级轻微至极强岩爆），对 1～10MPa 高外水压力条件下的地下水修正系数进行了修正，弥补了常用分类系统对高地应力区及高外水压力区考虑不足和采用单一指标判断岩爆烈度等级不准确的缺陷。

对隧洞特别是深埋隧洞 TBM 施工围岩分类，国内部分勘察设计单位和科研院校也进行了探索性研究，目前最具代表性的是从 TBM 施工适宜性方面的分级评价，即极坚硬完整或性状差的围岩 TBM 施工适宜性差或不适宜，如《引调水线路工程地质勘察规范》（SL 629—2014）、《铁路隧洞全断面岩石掘进机法技术指南》[铁建设（2007）106号]。前者根据岩石强度、岩体完整性、围岩强度应力比、围岩类别等指标将隧洞 TBM 施工适宜性分为适宜（A）、基本适宜（B）、适宜性差（C），并明确指出以 V 类围岩为主的隧洞及地应力高、岩爆强烈或塑性变形大的围岩不适宜采用 TBM 施工；后者根据岩石强度、岩体完整程度、岩石的耐磨性和岩石凿碎比功等指标，将隧洞掘进机工作条件分成 A（工作条件好）、B（工作条件一般）、C（工作条件差）三级。两者分级指标略有差别，但应用评价等级基本相同。

现有比较成熟的隧洞围岩分类方法基本未考虑深埋隧洞高外水压力对围岩类别的影响，对高地应力的影响也是部分考虑，主要根据岩石强度应力比值按相应标准对 II～IV 类围岩进行降半级或一级处理，更未考虑高地应力条件下硬岩岩爆烈度等级及轻微至极严重等级软岩大变形与围岩类别的对应性评判。JPF 法虽考虑了对 I～IV 级轻微至极强岩爆地应力折减系数和 1～10MPa 高外水压力条件下的地下水修正系数，但仍存在待改进之处：一方面，上述方法未考虑岩爆可能性综合评价因素，相关理论研究和工程实例归纳总结表明，对易产生岩爆洞段的综合判别是岩体同时具备高地应力、岩质硬脆、完整性好至较好、无地下水等条件（即常规围岩分类的 I、II 围岩洞段），因此对所有围岩均按强度应力比进行折降处理并不合理；另一方面，该方法对高应力条件下不同程度软岩大变形因素未作考虑，同时地应力与高外水压力折减修正系数的合理与可靠性尚需进一步工程检验与深化研究。此外，相同围岩条件在不同埋深状态下的稳定与变形特征存在明显差别，因此，对于深埋隧洞围岩分级还需进一步细化，各类围岩的划分应能体现主要工程地质问题类别和相应配套力学参数，以供设计针对性工程应对措施。

目前 TBM 施工围岩工程地质分类还是以适宜性评价为主，如何与深埋隧洞围岩分类体系结合还需深入研究，如：高地应力区是否就不适宜 TBM 施工、施工适宜程度与 TBM 选型及工程应对措施方面。此处，还应在上述研究基础上提出深埋隧洞 TBM 施工围岩分级评价体系。

9.1.2 深埋隧洞围岩开挖卸荷响应规律与动态调控机制

跨流域调水工程通常要穿越多个复杂地质单元，深埋隧洞由于高地应力、高外水压力等赋存环境，施工过程中可能遭遇围岩大变形、岩爆、高压突涌水等重大工程灾害，对围岩卸荷响应机制、灾变规律及防控措施的研究一直是深部岩体力学的重要研究内容。

（1）围岩大变形。

围岩大变形一般发生在软岩、断层破碎带等软弱围岩中，以脆性破坏为主的中硬岩在深埋、高地应力条件下也可能出现显著的时效变形及延性破坏特征，即所谓的高应力软岩问题。围岩大变形对深埋隧洞围岩的施工安全将造成严重威胁，带来围岩变形侵限、支护结构破坏、TBM 卡机等问题，导致工程严重受阻。围绕深部地下工程围岩大变形问题，近年来在大变形特征和发生机制、大变形分析预测方法、大变形控制技术等方面取得进展。就围岩大变形特征和发生机制而言，何满潮院士针对深部岩体工程，主要研究围岩的时效变形特征、灾变特点，并探讨了其内在机制，建立了高应力软岩的概念，提出了软岩工程分类，对大变形岩体的赋存环境、工程响应和变形破坏特征进行了归纳和总结。根据发生机制，可将围岩大变形划分为膨胀型、挤压型和松散型。其中膨胀型大变形是围岩中膨胀型亲水矿物遇水反应引起的体积膨胀变形；挤压型大变形为开挖引起的二次应力接近或超过了岩体强度而使围岩产生的显著塑性变形；松散型大变形为完整性较差、结构面发育的岩体在洞室开挖后产生的显著变形。针对挤压型大变形，常采用围岩的强度应力比作为指标，来判断岩体的挤压程度。就围岩大变形分析和预测方法而言，主要提出了临界深度法、弹塑性解析法和强度应力比法等思路，用以判断是否发生大变形，以及 Hoek 公式法和数值分析法等思路，用于预测大变形的具体量值。其中，基于数值分析法的围岩大变形预测研究取得显著进展，发展了基于拖带坐标系、随材料与网格变形不断更新坐标的大变形数值分析技术，以及适用于描述围岩时效变形的黏弹塑性模型，研究了基于拉格朗日差分法和动态松弛法为显著特征的 FLAC 方法，显示了该方法在求解岩土工程大变形问题方面所具有的明显优势。就大变形控制技术和支护方法而言，既发展了注重原则表述的定性支护理念，在已被广泛应用的新奥法支护理论基础上，建立了着重于超前支护和围岩变形控制理念的新意法；也研究了基于定量力学模型、且能够考虑围岩–支护相互作用的隧洞支护理论及其数值模拟方法，如应变控制理论、能量支护理论、松动圈软岩锚喷支护理论，使支护设计理念日益丰富，形成了如刚柔相济式、可缩式、边支边让式、增阻式等支护策略，可作为实际工程中常规锚喷支护的必要补充和适应围岩大变形的应对措施。进一步地，还提出了基于这些新支护设计理念的新型支护结构，如恒阻大变形锚索（杆）、让压锚杆及拉压耦合大变形锚杆等，并已有在隧洞工程围岩大变形防治实践中的应用实例。

（2）岩爆。

岩爆是高应力条件下岩体地下工程开挖过程中，因开挖卸荷引起围岩内应力场重分布，导致储存于硬脆性围岩中的弹性应变能突然释放，产生爆裂、松动、剥离、弹射甚至抛掷等现象的一种动力失稳的地质灾害，岩爆具有突发性，对施工人员和施工设备的威胁最为严重，易造成重大安全事故。根据大量的工程实践，岩爆可分为三种类型：应变型岩爆、岩柱型岩爆和断裂型岩爆。为解释岩爆的发生机理和合理预测岩爆，在大量的工程实践和室内试验研究基础上，提出并发展了强度理论、刚度理论、能量理论等。其中，采用洞室最大切向应力和岩石径向点荷载强度之比、岩石单轴抗压强度和围岩的最大主应力之比、洞室切向应力和轴向应力的和与单轴抗压强度之比来进行岩爆倾向性评价，是岩爆强度和刚度理论的代表。围绕岩爆机制与控制问题，近年来主要在岩爆过程的试验技术和物理模拟、岩爆发生机制及预测判据、岩爆防治理论和技术等方面取得研究进展。就岩爆过程的试验技术和物理模拟而言，研发了冲击岩爆试验系统，研制了气液复合型岩爆模拟加载器，开展了岩爆相似材料的研究，对低频周期扰动荷载与静载联合作用下的岩爆过程、锦屏大理岩的岩爆渐进破坏特征开展了真三轴试验，采用室内模拟试验途径对岩爆过程红外辐射时空演化特征进行了分析，对比评价了不同加卸载速率下的岩爆破坏特征和碎块耗能特征，并基于激光共聚焦扫描显微镜等技术对岩爆试验碎片和碎屑的表面分形特征进行了分析，研究了岩爆过程的声音信号特征，以及瞬时应变型岩爆的花岗岩主频特征演化规律。就岩爆发生机制而言，研究了深埋隧洞围岩的板裂化机制以及正交各向异性板裂屈曲岩爆机制、褶皱构造体中的深埋隧洞岩爆机制，以及岩爆过程中的结构面剪切破坏特征和作用机制，研究了深埋隧洞微震活动性与岩爆的相关性，并结合国家重点建设工程的施工实践，总结了岩爆特征及微震监测规律，开展了深埋隧洞即时型岩爆和时滞型岩爆的孕育规律和机制研究。就岩爆预测判据而言，在传统的应力型、能量型、临界深度、特殊地质现象等既有岩爆判据基础上，进一步根据工程实践和理论推导，研究并提出了多种新岩爆判据和预测模型。这些新判据和模型一般依据两种思路提出，第一种是基于试验测试数据提出，包括基于地应力现场实测和开采扰动积聚理论的岩爆预测模型、基于声发射试验的线弹性能判据、弹性应变能岩爆倾向性判据、RVI 指标模型、基于 II 型全过程曲线的岩爆倾向性预测方法、基于 GIS 的岩爆倾向性预测方法；第二种是基于多种数学理论和优化方法而提出，包括约简概念格粗糙集方法、权重反分析和标准化模糊综合评价预测模型、AHP - TOPSIS 评价模型、改进灰评估模型等。就岩爆防治理论和技术而言，提出了基于动静组合支护、快速应力释放、超剪应力控制、爆破卸压，以及瞬态卸荷动力效应控制等原理和技术的岩爆灾变防治方法，开展了弱能量爆破技术在岩爆治理中的应用试验，研究了时滞型岩爆的切缝防治方法，这些技术和方法已在锦屏二级水电站深埋隧洞、天生桥引水隧洞和秦岭隧洞等工程的岩爆防治中得到应用。

（3）高压突涌水。

高压突涌水是深埋长隧洞施工过程中时常遇到的施工地质灾害，具有突发性、破坏性等特点，因其较难准确预测，对施工人员和机械设备安全构成重大威胁。发生突涌水将使围岩软化、强度降低，弱化隧洞支护措施的加固效果，降低掌子面的稳定性，增加垮塌风险。泥水混合型的突涌水又称地下泥石流，往往混有沙、砾石、岩屑，在水压力作用下，沿着渗透管道排泄或喷射，来势猛烈，具有极大的危害性，是突涌水研究和防治的重点。围绕突涌水的研究，近年来主要在突涌水的试验模拟技术、突涌水形成机制及演化特征、突涌水监测预警及风险评估方法，以及突涌水防治技术等方面取得了研究进展。就突涌水的试验模拟技术而言，研发了多元信息监测系统、应力-渗流耦合三轴渗透试验系统、隧道突水突泥流固耦合模型试验系统等试验配套技术，研制了满足固流耦合特性的相似材料，实现了承压突水过程以及涌水溃沙灾害的物理过程的动态模拟，针对断层破碎带突水突泥、深部隐伏构造扩展活化突水和充填型岩溶管道渗透失稳突水等典型工况开展系统的试验研究，通过对试验过程进行全程监控和多元信息实时监测，揭示了突水涌泥过程多元信息特征。就突涌水的形成机制及演化特征而言，基于研发的试验系统和多元信息监测技术，通过开展赋存环境下充填介质渗透特性试验、施工扰动条件下充填型岩溶管道渗透突水前兆模型试验等室内模型试验以及工程现场监测验证，深入系统地研究了深埋隧洞不同类型地质条件的突水突泥形成机制，揭示其前兆信息的变化特征，基于岩体结构损伤特征及应力-渗流-损伤耦合效应，研究阐明了断层活化突水机制、断层产状对突水的影响机制，揭示了高风险岩溶隧道掌子面突水机制等不同孕灾模式下的突涌水灾害演化机理，从而建立了深埋隧洞突水突泥前兆多元信息获取和识别方法。就突涌水的监测预警及风险评估方法而言，提出了隧道突水突泥危险性分级体系，建立了隧道岩溶涌水专家评判系统、岩溶突涌水地质灾害系统，综合应用模糊综合评价法、层次分析法、多组逐步 Bayes 判别法、属性数学法等理论与方法对岩溶隧道的突水涌泥灾害风险进行了评价，建立了突水风险评价方法和灾害四色预警机制，提出了突涌水实时监控模式与前兆多元信息综合判别准则，研发了适用于复杂环境下多源异构信息精确获取、稳定传输与智能融合的自动化监测预警系统；形成了基于多变量信息综合识别的风险评估及预警方法，建立并形成了基于岩溶突涌水风险评价的隧道施工许可机制。就突涌水防治技术而言，随着隧道突水突泥防治原则由"以排为主"向"以堵为主，堵排结合，综合治理，保护环境"的转变，逐渐形成了以注浆为主要手段，配合其他辅助措施进行隧道突水突泥的处置方法，研发了新型注浆材料，能够实现流量较大的管道涌水的快速封堵，另外，将物探钻探等手段用于指导并评估治理效果，形成了兼顾隧洞建设期和运营期的全生命周期突涌水灾害治理技术体系。

9.1.3　穿越活动断层的衬砌结构形式选择与抗断措施

长大隧洞是跨流域调水工程的关键性组成部分，是国家战略和生命线工程的重要基础设施。对隧洞在运行期内遭遇的各种地质灾害展开防御，以往的研究重点多集中于隧洞衬砌结构的抗震性能，但近年来几次震级较大地震的震后实地震害调查表明，隧洞震害多发生在围岩质量差的断层破碎带洞段，隧洞衬砌结构的抗震性能也与围岩的地震动响应特征密切相关。同时，隧洞穿越活动断层不仅会遭遇地震动作用导致的断层黏滑问题，也将面临在无震条件下断层上下盘岩体的长时间持续性位错导致的断层蠕滑问题。穿越活动断层的衬砌结构形式选择与抗断措施研究是一个涉及多个学科门类交叉的综合性课题。近几十年，国内外学者围绕相关问题开展了大量的研究工作，积累了丰富的研究成果。根据学科门类和研究内容不同，则可以分为以下四个主要方向：断层错动量取值方法、断层错动机制的力学模型及其分析方法、断层错动条件下隧洞的破坏机制与演化规律、隧洞抗错断工程措施及其机理。

（1）断层错动量取值方法。

历次地震事件中，断层错动均使得上下岩盘破裂并产生永久变形，从而对跨断层的隧洞产生破坏。为了估算这一错动变形量，国内外专家学者开展了大量工作，提出了一系列的方法。

1）统计分析：根据地震震害资料，采用统计回归的方法，建立了震级与地表破裂长度、地表位错等的关系。Toeher（1958）较早根据地震资料，提出了基于最小二乘法的震级-断层破裂统计关系式；Wells 等（1994）基于世界范围内的历史纪录进行统计分析，建立了不同震级下断层错动时地表-地下位错量的关系；我国学者则根据观测资料，建立了东亚和青藏高原板块的不同断层类型的震级-断层位错关系式，以及可较好适用于华北地区以走滑断层为主的震级-破裂面积经验关系式。

2）试验方法：建立试验模型，进行试验研究，与实际观测数据进行对比分析，进而总结出一些有实用价值的规律。国外学者在试验方面的研究起步很早。Cole 等早在1984 年即开展了沙箱试验，总结了岩层厚度、断层倾角等因素对破裂错动的影响；在国内，研究人员通过模型试验和数值模拟等方法，开展诸如正断层和走滑断层错动下的上覆土层响应规律、基岩断裂错动引发上覆土层破坏及地表变化、场地土在逆断层和走滑断层错动作用下的破裂发展过程的研究工作。

3）数值模拟：建立数值分析模型，对各种工况进行计算分析，并得出一些量化的结论。例如，Scott（1974）研究了基岩垂直位错下的反应特性；郭恩栋等（2002）得出了不同断层类型的危害由轻到重分别为：走滑断层、正断层、逆断层。李小军等（2009）采用二维平面应变有限元方法对正、逆断层错动引发断裂反应进行了研究。

试验方法、数值模拟虽可以更多地对特定错动机制下的断层错动演化进行较为深入的分析，但是从对于断层可能出现的位错量进行初步估算的角度，统计分析方法更为有效。但不同的断层性状使产生的位错具有不同的特点，导致运动机制和位错参数所遵循的规律存在着差异，目前的研究均没有明确表述断层的分类，使得现有的统计分析方法无法明确表述断层类别对相应关系式产生的影响及其影响机制。

（2）断层错动机制的力学模型及其分析方法。

断层的类型可以按照其运动方式分为走滑断层和倾滑型断层。走滑断层的等震线通常对称分布于发震断层的两侧。其发震时破坏规模大，长度通常为数十千米甚至数百千米，宽度以数十米常见，整体来看呈狭长形状。倾滑型断层包括正断层和逆断层，两者产生的震害在类型、力学性质及分布位置上基本相似。所产生的地面灾害一般情况下均为面状，主要表现为大面积山体滑坡、地面沉陷、砂土液化及松散堆积物上散步的张性、张扭性裂缝。其除此之外，发震断层还有可能兼具走滑型断层和倾滑型断层的性质，能量部分来自于重力势能的释放，可称之为走倾兼备型。

因此，在考虑断层错动理论模型时，应该根据不同的错动机制分别考虑。1958 年Steketee 最早将位错理论引入地震形变场研究；而日本学者 Okada 总结提出了点源及有限矩形面元的位错、应变和倾斜通用解析表达式，提出的位错引起的内部形变的公式得到了广泛的应用。在分析方法上，则主要以模型试验、数值模拟和统计归纳为主。刘学增等采用试验研究，针对正断层、逆断层讨论了不同错动机制下隧道的损伤情况；赵颖

（2014）采用数值模拟，研究了逆断层、正断层和走滑断层三种工况下地铁隧道围岩损伤情况，认为当位错量相同时，随着基岩上覆土层厚度的增加，隧道结构的破损程度有所减轻。孙风伯等（2015）则对隧道破坏现象与断裂距离的相关性进行了归纳总结，得出对应具有不同活动断裂机理的地震震级-断层破裂参数的回归关系式。

综合国内外研究成果，研究成果多集中在断层错动时作为地震动发震源的表现，而对错动中断层自身变形的力学机制模型建立研究成果不多，使得在对断层错动问题进行分析时，难以区分不同地质成因、不同错动机制的断层，制约了隧洞抗错断分析结果的可信度。

（3）断层错动条件下隧洞的破坏机制与演化规律。

在断层错动条件下隧洞的破坏机制研究中，目前多采用试验、数值模型或两者相结合的方式开展研究。熊炜等（2010）针对断层错动量、断层倾角、隧洞埋深以及隧洞与断层的交角4个主要因素分别进行组合计算，并由此归纳出衬砌的破坏模式。刘学增等（2011）通过实验手段，认为在逆断层作用下，隧道衬砌结构的破坏形式是弯曲张拉和直接剪切组合破坏；何川等（2014）结合模型试验与数值模型，分析了隧洞穿越断层破碎带破坏机理，认为地震过程中断层带段隧洞结构对地层具有明显的追随性和依赖性；断层带隧洞错动破坏主要由断层带隧洞围岩与较好段围岩位移不同步而造成的位移差值引起，且位移差值与断层带和隧洞较好围岩类型有关。

综合前人已有成果，可以看到针对各种断层错动机制分别开展了较多的研究，但是，分析方法上仍然以连续方法为主，不能在分析中反映断层错动中出现的大变形及局部破裂现象，且缺少各类错动机制下隧洞错断破坏的统一认识，隧洞在不同机理的断层错断作用条件下破坏模式的具体标准有待建立。

（4）隧洞抗错断工程措施及其机理。

根据不同的抗错断机理，隧道工程抗断措施设计可以归纳为超挖设计、铰接设计及隔离耗能设计三大类。超挖设计即根据活动断层可能的错动量，扩大隧洞断面尺寸［图9.1（a）］。在断层错动时，扩大的隧道断面尺寸可以保证隧道断面的净空面积，尽可能减小错动导致的隧道结构破坏。超挖量主要依据活动断层的错动方式及错动量确定。铰接设计即尽量减小隧洞节段长度，使断层带及其两侧一定范围内的节段保持相对独立，各刚性隧洞节段间采用刚度相对较小的柔性连接［图9.1（b）］。在断层错动时，破坏集中在连接部位或结构的局部，而不会导致结构整体性破坏。隔离消能设计即采用钢筋混凝土复合衬砌，由初期支护、二次衬砌和中间回填柔性材料组成［图9.1（c）］。其设计思路是外柔内刚，尽可能将地层蠕变和地震引起突变的位移吸收消化在初期支护和中间的缓冲层上，从而不影响二次衬砌正常的使用功能。

由于日本地震多发、地质构造运动强烈的历史原因，日本学者最早针对隧洞提出了铰接的抗错段措施（1995），而伊朗Koohrang-Ⅲ隧道在穿过活断层Zarab时，同样对衬砌进行了铰接处理（2005），同样采用铰接抗断设计的还有希腊的Rion-Antirron隧洞（2008），而美国旧金山湾区快速运输系统的伯克利希尔斯隧道和我国乌鞘岭隧道在断层段采用了超挖方案。早期的抗错断措施设计基本以经验为主，而采用数值和试验的方法对抗断措施进行验证的研究在近几年有所开展，如Ming-Lang Lin等（2007）采

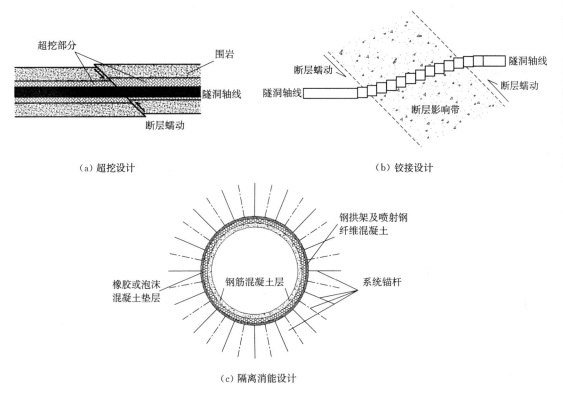

（a）超挖设计　　　　　　　　　　　（b）铰接设计

（c）隔离消能设计

图 9.1　不同的隧洞抗错段工程措施

用缩尺模型试验，验证了在逆冲断层错动条件下抗断缝作用；崔光耀（2015）、Majid Kiani（2016）采用数值与模型试验相结合的方式，论证了隧道衬砌变形缝在错断中作用。

但总体而言，虽然国内外对于在特定工程案例下隧道抗错断措施的效果研究较多，但缺少针对各种断层机理下抗错断措施的适用性进行针对性分析。同时，近年来国外隧洞的抗错断措施研究更出现了多种抗错断设计理念相结合使用的发展趋势，亟待开展更多研究工作。

9.1.4　隧洞围岩-衬砌结构联合承载机理与设计理论

自新奥法成为地下工程设计施工的指导思想以来，隧洞衬砌结构的设计均遵循充分发挥围岩的自承载能力、围岩和衬砌结构共同分担外荷载的设计理念。隧洞开挖后会在围岩内部一定范围的松动圈，高地应力条件下围岩强烈的卸荷作用必然引起损伤区岩体渗透特性和力学性能的显著变化；另外，在地下水位较高的情况下，外水压力成为深埋输水隧洞衬砌结构的控制性荷载。在高外水压力和围岩损伤劣化的耦合作用下，处于复杂地质和运行环境下的衬砌结构可能发生开裂破坏，进而引起围岩-衬砌联合受力结构的渗流特性和力学特性发生变化，从而影响隧洞的正常运营及长期安全。

在隧洞围岩-衬砌结构联合承载机理与性状演化方面，涉及隧洞围岩的时效变形行为、衬砌结构性状演化规律、安全评价理论与方法等。隧洞施工期应从围岩变形发展规律来优化围岩支护时机，运行期则从围岩流变力学特性出发预测衬砌及围岩的长期稳定性，所以围岩时效变形与长期稳定性研究成为热点。也有学者从混凝土长期蠕变、材料损伤及地下环境因素等角度研究了隧洞支护结构的时效变形特性，提出了预测圆形隧洞时效变形的黏弹性模型，给出了控制隧洞变形演化的特征变量。在多场耦合作用下围岩衬砌结构性状演化方面，分析了地下水等因素对隧洞裂隙区域的长期稳定性影响。

　　针对水工隧洞岩体渗流-应力耦合机理及其对岩体稳定性影响的研究工作，至今已经历几十年的发展过程。针对围绕隧洞围岩-衬砌结构在复杂地质与水-力耦合条件下的承载机制与稳定问题，国内外学者做了大量的研究工作。在水工隧洞渗流分析方法与控制技术方面，防渗排水系统的数值模拟技术日趋完善，岩体渗流分析理论、渗流场的反馈分析方法以及防渗排水的优化设计方法也得到了长足的发展。早期的研究方法主要为等效连续介质模型，其基础是岩体渗透系数等效方法，后期发展的另一种研究手段是断裂力学模型，而近年来岩体损伤力学的发展，为研究岩石等材料的破裂问题提供了一条崭新的思路。该方法把节理裂隙岩体视为连续介质，认为节理裂隙是存在于岩体介质中的一种初始损伤，通过几何或能量方法引入损伤变量，并用试验或分析方法，在热力学理论框架下建立起损伤演化方程，并作为劣化因子综合到描述岩体介质力学行为的本构关系中。如：利用 Kachanov 损伤模型研究了水力压裂下岩石的损伤开裂过程；基于 Biot 孔隙弹性模型和唯像流变损伤模型研究了岩石裂隙扩展与渗流之间的耦合行为；考虑渗流条件下的静水及动水压力双重作用，将水流流动拖拽力视为结构面的剪切力考虑，耦合分析了裂隙应力、水流作用下渗透系数的变化；发展了基于微裂纹演化的岩石各向异性损伤模型，并通过细观力学分析建立了岩石细观微裂纹损伤与宏观弹性刚度及渗透张量之间的联系；通过试验研究了岩石的损伤变量和相关参数，并结合裂隙几何张量分析了岩石渗透率的变化规律。在裂隙网络渗流分析模型中，基于三维块体切割分析实现了复杂裂隙网络中的渗流通道识别，通过直接识别复杂裂隙网络的相交关系获得渗流通道，发展了基于三维块体切割的裂隙岩体渗流的非连续分析模型；在双重介质渗流分析中，采用独立覆盖流形法，克服了复杂三维块体难以实现有限元等常规计算网格划分的困难，实现了考虑复杂裂隙网络的裂隙-孔隙渗流分析，并在裂隙岩体有关应力应变等计算分析中具有重要借鉴意义。研究成果为大型水工隧洞设计阶段的渗控系统布局与优化、施工及初期蓄水阶段的渗流异常反馈与治理以及长期运行阶段的渗流安全评价与调控提供了理论和技术支撑。

　　深埋隧洞富水环境下衬砌将承受较高外水压力的作用，高外水压力不仅对隧洞输水系统的长期运行安全构成威胁，而且给衬砌结构设计带来了突出难题。故深埋隧洞的渗控设计以及衬砌外水压力的合理取值，是影响工程长期运行安全以及工程投资的重要因素。关于外水压力的取值问题，目前国外主要有以下三种情况：①折减系数法，取值在 0.15～0.9；②全水头法；③可能最大水头值，这种方法在美国、加拿大及巴西等国常用。关于外水压力的确定，最可靠的方法为现场测定，国内在万家寨引黄工程、锦屏二级水电站、南水北调引水工程的深埋隧洞中都做过相应测试，但基本上是在隧洞洞段某点上进行最大水压测试，缺乏系统和规律性研究，也没有与区域内的岩体条件及构造带建立联系。因此，将现场测试与上述岩体渗流分析理论相结合，分析岩体结构面分布特征对于岩体渗透系数的影响规律，开展工程现场地下水头测定技术攻关，同时结合工程地质与水文地质条件，是确定输水隧洞外水压力的必然途径，由此可形成深埋隧洞初始地下水压力确定理论与技术。另外，地下工程外水压力处理措施，由最初的完全排放或完全封堵过渡到限排和封堵相结合的综合处理，固结灌浆是实现这一处理的主要手段，但规范中仅针对灌浆设计提出一定要求，并无减压效果量化的评价方法。对于排水减压措施，则为根据排水效果和设施可靠性，对外水压力荷载做适当折减，在设计上需要排水孔布置满足多大外水荷载上限值，同样缺乏量化评价方法。

水工隧洞的结构是围岩及其加固措施构成的统一体，设计时应充分考虑围岩的承载力。隧洞设计由原来的致力于混凝土、钢筋混凝土衬砌的研究和设计，转移到对围岩的稳定性进行评价方面。对衬砌的设计理念相继经历了初期的抗裂设计到目前的依据抗渗要求可进行抗裂、限裂和不限裂设计的结构设计原则。在隧洞围岩-衬砌结构分析中，非线性有限元方法的应用极大地提高了隧洞设计与分析能力。分布式钢筋模型、裂缝模型及薄层单元的应用，可以从连续等效介质力学方面初步实现对隧洞围岩-衬砌结构在不同工况条件下的衬砌开裂及与围岩脱开等几何非线性变形的分析。在水工隧洞的设计准则方面，基于广州抽水蓄能及天荒坪等工程有压管道混凝土衬砌建设实践，在最小覆盖厚度准则、水力劈裂准则及最小主应力准则的应用方面有进一步的认识。基于数值模拟获得的破坏内水压力与围岩综合抗渗指标间的关系，胡云进等还研究了以综合透水率作为衬砌结构形式选择准则的可行性。在全寿命设计理论方面，目前国外学者针对建筑和桥梁结构的全寿命设计研究成果比较多，如有学者对建筑物结构全寿命的综合设计进行了系统的研究；另外，也有些专家针对桥梁退化结构的生命周期成本分析、养护管理及其优化的全寿命理论进行了系统研究。

大量研究表明，水工隧洞围岩-衬砌结构将面临复杂地质条件（断层破碎带、软岩等）、高地应力、温度（T）-渗流（H）-应力（M）的多场耦合作用等各种不利因素的影响，在围岩不均匀或过大变形、内外水压力等作用下衬砌结构的开裂、裂缝扩展以及衬砌开裂后渗流场环境的变化等，使得围岩-衬砌结构的协同承载机理极为复杂；另外，在隧洞长期运行过程中，围岩-衬砌结构的性状演化主要受控于围岩物理力学特性时效演化及衬砌结构自身性状劣化双重影响。在复杂地质环境下，隧洞开挖卸荷导致岩体结构演化及力学性能劣化，可能引起围岩产生持续变形；而衬砌结构在围岩应力场、渗流场以及地热温度场等复杂环境因子的耦合作用下或者地震动荷载作用下亦或者上述环境因子和地震动荷载叠加作用下易出现开裂，从细观裂纹尺度开始，再经受长期内外水压动态变化、挟沙水流冲刷，以及高地温下衬砌结构内外侧温差的作用，其损伤不断累积，逐步过渡到宏观裂缝和裂隙结构尺度，损伤劣化经由材料层面逐渐向结构层面发展，呈现出渐进破坏特征，造成其服役性能的不断降低，最后导致衬砌结构功能失效，而衬砌结构开裂后内外水作用将进一步加剧围岩的损伤累积和时效变形。这一过程将导致围岩-衬砌结构共同承载的性状不断劣化甚至产生隧洞灾变，同时围岩-衬砌性状演化也将经历晶体尺度-细观裂纹尺度-宏观裂缝和裂隙结构尺度-材料尺度-衬砌结构尺度-工程尺度等多尺度变形破坏演变过程。因此，围岩-衬砌结构性状演化是一个跨尺度嵌套的多场共存且相互作用过程。而上述研究工作虽然取得了一些成果，但未涉及隧洞围岩的时效变形对衬砌结构受力状态及长期性状劣化的影响，难以全面反映在高外水压、围岩时效变形压力等多因素协同作用下围岩-衬砌结构复杂的工作机制，无法真实地反映围岩和衬砌结构开裂后力学性状的演化特征。此外，对于水工隧洞围岩-衬砌结构的安全控制标准以及长期稳定评价模型方面的研究目前还鲜有涉及。

由此可见，深埋隧洞富水环境下围岩-支护体系联合承载系统将承受较高外水压力和高地应力的长期双重作用，高外水压力的确定及围岩稳定的长期安全控制成为深埋水工隧洞设计的难点，基于隧洞围岩-支护结构体系协同承载机制的深埋水工隧洞的设计理论十分匮乏。目前的研究主要集中在裂隙岩体的渗流损伤耦合作用机理、隧洞外水压力折减系数的修正以及隧道结构的可靠性设计等方面，对深埋输水隧洞围岩渗控设计与高外水压力确定方法、围岩-支护结构体系的协同承载机制及全寿命设计理论等研究是未来发展趋势，但国内外还鲜见于报道，亟须开展研究。

9.2 跨流域调水及地下工程安全理论发展趋势研究关键科学技术问题

9.2.1 深埋隧洞超前地质预报

由于物探方法多解性和地质复杂性，往往导致超前地质预报的准确性低、可靠性差、多解性强，需要进一步提高仪器测量精度和超前预报方法的探测精度，研究并建立实用有效的多元预报信息联合反演理论与综合超前预报方法，提高探测效果；针对含水体的三维定位及水量估算难题已经开展了部分研究工作，但水量的定量预报仍是一项世界性难题；适用于TBM复杂环境的超前探测技术仍处于初步阶段，研发相应仪器设备的和探测软件、实现与TBM一体化搭载和自动化探测，是TBM隧道超前预报面临的挑战；另外，超前探测结果的解释过于依赖探测人员的经验，部分结论可信度存疑，目前尚缺少切实可行的物探数据自动化、智能化专家判识系统。

9.2.2 突水突泥灾害预测预警及防治

对于突水突泥灾害的致灾机理和前兆特征的研究还不够完善，缺少一套广泛认同且方便适用的地质灾害预警系统模型，缺少实用的突发灾害实时化、自动化、全面化、多元化监测技术与装备，难以真正做到动态化、自动化、网络化、智能化监测；深埋隧道高压动水封堵难题尚未解决、岩体富水软弱破碎的加固技术还不够完善，针对TBM施工隧道突发灾害的防治技术尚不成熟，另外，当前隧洞突水突泥灾害治理与控制技术水平参差不齐、缺乏相应的规范标准，不利于保障隧道施工期和运营期的长期安全，如何构建兼顾隧洞建设期和运营期的全生命周期突涌水灾害治理技术体系是需要解决的问题。

9.2.3 深埋隧洞开挖围岩响应模式与灾变机制

深部岩体工程由于复杂的赋存环境会产生比浅部岩体更为强烈的开挖卸荷响应。当隧洞穿越软岩、断层破碎带等不良地质体时，围岩大变形及失稳垮塌是其突出的表现形式；对于深埋、高地应力条件下的坚硬脆性岩体，则可能产生岩爆；强富水地层如岩溶、断层带、裂隙密集带等，则隧洞高压突涌水的风险陡然增大。深部地下工程由于前期勘探测试手段的局限性，对围岩地质条件、力学特性、地应力水平、赋水状况等资料的掌握十分有限，围岩的卸荷响应模式复杂，其灾变行为既有静力变形破坏特征，又有动力失稳现象。故高地应力、强富水条件下隧洞开挖围岩响应模式与灾变机制是深埋隧洞工程建设需解决的关键科学问题之一。

9.2.4 深埋隧洞围岩-支护体系协同承载机理、灾害防控理论与技术

在深部地下工程实践中，洞室围岩大变形、岩爆、富水构造突涌水的防控始终是一个世界性的难题，目前针对围岩大变形、岩爆的控制技术主要包括喷射混凝土、吸能或抗爆锚杆、钢拱架或可伸缩钢架、衬砌结构等，各种柔性、刚性支护与围岩的协同承载机理与控制效应是深埋隧洞设计需解决的关键科学问题。富水地层的突涌水问题通常需采取超前预注浆加以防治，围岩经喷锚支护和高压固结灌浆等措施加固后，形成统一的加固承载圈，共同承担应力释放荷载及外水压力，围岩与各种工程措施的相互作用机理、灾害预测预报及防控理论与技术是深埋地下工程需解决的关键科学技术问题。

9.2.5 深埋隧洞的长期运行安全与全寿命设计理论

深埋环境下的输水隧洞建设不仅面临着施工期围岩灾变失稳、支护结构破坏及处治费用高等挑战，运行期隧洞还将面临地下水引起的高外水压力风险。隧洞开挖后围岩在一定深度内形成卸荷损伤区，在高地应力下围岩强烈的卸荷作用必然引起损伤区岩体渗透特性和力学性能的显著变化，在高渗压和围岩损伤劣化的耦合作用下衬砌结构可能发生开裂破坏，从而影响隧洞的正常运营及长期安全。相对于公路、铁路等隧道，输水隧洞在运营过程中的维修难度大、成本高，对围岩-衬砌结构的变形控制及长期安全运行具有更高的要求。目前，国内外关于深埋水工隧洞设计的理论体系尚未建立，隧洞的长期安全评价方法和全寿命设计理论也是隧洞设计中需解决的关键科学问题。

9.3 跨流域调水及地下工程安全理论发展趋势研究重点研究方向

9.3.1 深埋隧洞工程勘探、测试技术与围岩分类方法

（1）深埋隧洞工程的地球物理探测技术、深埋隧洞围岩特性的试验技术与围岩分类。

研究基于地表和隧洞掌子面的各种探测方法和仪器设备对不同地质体的响应程度及其精度，提出地质体的地球物理探测方法和仪器设备及其最佳组合；研究地质体的典型地球物理特性，建立不同地质体地球物理信息特征库及典型岩性、断层、褶皱构造、岩溶、含水体等地质条件的精细解译方法标准和专家系统；建立深埋复杂地质条件隧洞地球物理特性模型，研究建立三维地球物理信息模型的方法；研究基于深钻孔的岩体力学特性、水力特性测试技术及物探技术，提出深埋隧洞围岩力学特性的综合测试技术与评价方法；通过研究 TBM 施工掘进过程中的相关信息采集技术，建立地质参数与 TBM 掘进参数间的数学关系模型，提出 TBM 围岩等级划分的综合地质判据及标准，建立 TBM

掘进过程中围岩质量实时评价方法；基于钻孔资料及室内和现场岩体力学试验、岩体波速测试成果，并结合围岩变形观测资料反演岩体力学参数，研究高地应力复杂地质条件下多信息集成的围岩质量分级与参数综合取值。

（2）复杂地层深孔地应力测试技术与地应力场反演方法。

针对长距离深埋隧洞工程常见的软岩或软硬相间地层，研究并开发适用于深埋欠稳定钻孔的地应力测试方法；研究复杂环境下岩芯地应力记忆效应形成机理、特征规律及测量精度控制关键技术，研究岩体开挖扰动后重分布应力与初始应力测量值的区分识别理论与方法；建立深埋隧洞工程的复杂地层及构造环境大范围三维地应力场反演方法。

（3）深埋隧洞岩体水文地质结构及相关测试技术。

综合分析已建的深埋隧洞水文地质勘察成果，通过必要的现场测试与试验，研究深埋隧洞岩体水文地质结构的特点，提出分类标准；研究深埋隧洞深孔水文地质测试技术，开发适用于深埋隧洞深孔岩体渗透特性的测试技术与设备。

9.3.2　深埋隧洞围岩大变形及岩爆预测与防控技术

（1）深埋隧洞高应力软岩大变形发生机制与预测方法。

研究高地应力条件下隧洞围岩挤压大变形的孕灾过程，揭示高应力软岩大变形渐进破坏特征与演化规律；建立大变形软岩细观结构的演化特征与宏观参量的关联关系，揭示高应力软岩大变形从孕育到形成的宏细观机制；建立考虑卸荷过程的损伤动态演化方程，以及反映软岩宏细观演化机制的力学模型，提出基于现场综合测试和宏细观数值模拟的高应力软岩大变形预测方法。

（2）富水地层极软岩变形失稳行为的预测与防控。

研究水岩作用影响下深埋软岩隧洞围岩变形、衬砌支护压力等随时间、进尺的时空演化规律，揭示水岩作用条件下深埋隧洞软岩变形失稳的宏观力学机制；通过室内试验和基于现场监测数据的位移反分析方法，构建反映软岩遇水软化效应的本构模型；研究高应力及不同含水率条件下软岩细观结构损伤破裂特征，揭示深埋隧洞软岩的水岩作用细观机理；建立考虑水岩作用效应的深埋隧洞软岩变形失稳分析方法、软岩强度的测试分析方法以及反映深埋隧洞软岩卸荷后瞬态与长期力学行为的数值分析方法。

（3）深埋隧洞软岩大变形控制技术与评价方法。

研究基于不同诱因驱动的围岩大变形特征并提出变形控制策略；开展适应于围岩大变形的新型锚喷支护措施及其与围岩的相互作用机理研究，提出软岩大变形控制的新型锚喷体系和成套技术；研究不同锚固支护类型对围岩大变形的控制效应，建立围岩大变形控制成套技术应用效果的量化评价方法。

（4）高地应力下硬岩岩爆的预测预报及防治技术。

基于理论分析和岩爆的现场模拟试验，研究岩爆孕育过程中微裂纹扩展、局部应变能释放诱发微震信号的能量及频率特性，研究岩爆孕育及发生过程中岩体应变能动态释放特征，建立围岩应变能调整速率及岩爆的应变能密度判据，提出岩爆综合预测方法；研究岩爆主动防治方法，提出岩爆防治与控制技术。

9.3.3　隧洞穿越活断层围岩-衬砌灾变机制与抗断技术

（1）活动断裂工程活动性分带及其活动模式。

基于断层带内构造岩分带特征、断层滑动面特征，研究最新滑动面的可能位置和变形带范围确定方法；基于构造岩及围岩地球化学成分、矿物学研究，从地球化学角度研究最新滑动面位置和变形带宽度确定方法；基于活动断层工程活动性分带的力学性质和力学参数，研究最新活动软弱带（即最新变形带位置）的确定方法；研究基于监测资料的工程活动性分带应变速率确定方法，为既定工程年限内滑动量的计算提供应变速率约束。

（2）不同断层活动模式下隧洞围岩-衬砌结构响应特征及分析方法。

针对不同断层机制确定断层的错动条件，建立断层位错或滑动理论模型；研究不同错断条件下隧洞结构破坏的变形机制、响应特征、破坏演化规律；研究隧洞错断破坏的稳定性评判标准及服役状态评价方法；考虑不同的破坏模式及最不利条件，针对现有抗错断设计概念，讨论在不同断层模式、地质条件下的抗错断性能，并提出针对不同断层错断条件下结构抗断措施的优化方法。

（3）隧洞穿越活断层围岩-衬砌灾变机制与抗断技术研究。

研究活断层的错动与变位模式，构建活断层影响下的隧洞围岩-衬砌数值分析模型；分析断层错动条件下隧洞围岩与衬砌结构的变形与破坏规律，研究围岩-衬砌间的变形协调性和破坏机制；研究隧洞衬砌外围隔离消能回填材料的地震波吸收机理；对比分析隧洞穿越活断层的不同形式（带波纹管钢管、洞内明管穿越与复合衬砌等），研究既定工程使用年限范围内不同累积位移量级与地震设防烈度条件下各种穿越形式的适应性；构建隧洞结构不同穿越形式的数值分析模型，研究隧洞设定工程周期内的衬砌累积变形特征与增长规律；研究隧洞穿越活断层的破坏风险，基于隧洞衬砌结构的典型破坏特征，研究隧洞衬砌结构穿越活断层的工程应对措施。

9.3.4 深埋隧洞围岩-支护体系协同承载机理与全寿命设计理论及方法

（1）深埋输水隧洞渗控设计与高外水压力确定方法。

研究高地下水位、深埋隧洞的施工、运行期渗流状态，确定隧洞衬砌外水压力；研究灌浆体渗透系数及厚度、排水孔孔径及布置等对衬砌外水压力的影响，揭示衬砌外水压力减压机理，提出深埋输水隧洞高外水压力作用下衬砌减压措施及技术。

（2）高外水压力作用下隧洞围岩-支护体系协同承载机制和分析方法。

开展隧洞围岩和支护结构材料的性状演化试验研究，结合现场长期监测和测试结果，分析复杂地质环境和荷载作用下隧洞围岩-支护体系受力的性状演化规律，揭示隧洞围岩-支护体系协同承载性状演化的宏细观力学机理；在此基础上，通过建立隧洞围岩-支护体系性状演化的力学模型及其数值模拟技术，提出围岩-支护体系协同承载性状演化的时效力学分析方法。

（3）深埋输水隧洞围岩-支护体系长期安全控制的全寿命设计理论。

研究复杂地质环境和荷载作用下隧洞围岩和支护体系受力的各自承载比例，揭示隧洞围岩和支护体系承载比例的相互转换规律和时效演化特征，建立复杂地层条件下隧洞围岩-支护体系协同承载的安全控制指标及控制标准；研究隧洞围岩-支护体系协同承载性状演化的时变可靠度设计方法，提出与之相适应的隧洞全寿命周期设计准则，构建深埋输水隧洞围岩-支护体系长期安全控制的全寿命设计理论。

9.3.5 高压水害等不良地质条件下深埋长隧洞施工灾害处治技术

（1）深埋隧洞施工过程灾害水源等不良地质超前定量探测及预报。

针对复杂不良地质条件，研究用于构造探测和岩体质量评价的三维地震超前预报技术、用于灾害水源三维成像和水量估算的前向激发极化和阵列雷达技术、用于岩体结构精细识别的随钻探测技术；研发基于云计算和大数据的多元预报信息的联合反演、实时解译和虚拟现实平台，实现不良地质的快速识别、三维成像及岩体力学信息的准确评价；研究四维广域实时感知监测理论和技术（全波形微震、电阻率成像和分布式光纤等），突破突涌水灾害的多源异构数据挖掘、前兆预测和临灾预警等难题；针对 TBM 环境超前地质预报的世界性难题，研究震电联合实时超前预报技术和装备。

（2）深埋隧洞强富水地层超高压预注浆和高压突/涌水快速处理技术。

研究自然条件下隧洞地下水分布与运动变化规律，研究适合长输（引）水隧洞涌水量和地下水响应规律的预测方法；对不同浆液特性开展系统研究，提出不同地层结构灌浆堵漏加固机理；研发超高压灌浆设备，研究灌浆施工工艺，形成超高压预注浆成套技术；研发快速封堵材料及隧洞施工涌突水灌浆封堵计算模型，依据工程地质条件形成灌浆快速封堵设计方法；研究不同材料浆液可控性灌浆工艺，超高压灌浆孔口封闭技术和模袋封闭技术，形成涌突水快速灌浆处理技术。

（3）不良地质条件造成 TBM 卡机脱困的高效处理技术。

研究不同地质条件下不同类型 TBM 卡机机理，研究融合围岩变形实时监测、超前预报、TBM 掘进参数调整的卡机预测方法及卡机预防决策方案，提出基于超前加固和 TBM 操控的卡机防控关键技术。研究 TBM 卡机后脱困方案、措施，支护和快速注浆施工工艺和方法，提出不同地质条件不同 TBM 卡机脱困针对性预案，形成富水、软岩和破碎带等地层条件下 TBM 停机、卡机脱困成套处理技术。研究 TBM 掘进主要技术参数与支护方案优化决策方法，建立 TBM 掘进姿态纠偏和智能控制关键技术，研究 TBM 高效安全掘进技术，实现 TBM 长距离安全高效掘进。

参考文献

［1］ 王光谦. 世界调水工程［M］. 北京：科学出版社，2009.

［2］ 宋岳，贾国臣，边建峰. 水利水电深埋长隧洞工程地质条件复杂性分级与分类［J］. 水利水电工程设计，2008，27（4）：30-34.

［3］ 中华人民共和国住房和城乡建设部，中华人民共和国国家质量监督检验检疫总局. 工程岩体分级标准：GB/T 50218—2014［S］. 北京：中国计划出版社，2015.

［4］ 魏文博. 我国大地电磁测深新进展及瞻望［J］. 地球物理学进展，2002，17（2）：245-254.

［5］ 周志芳，王仲夏，曾新翔，等. 岩土体渗透性参数现场快速测试系统开发［J］. 岩石力学与工程学报，2008，27（6）：1292-1296.

［6］ 黄润秋，王贤能. 深埋隧道工程主要灾害地质问题分析［J］. 水文地质工程地质，1998（4）：21-24.

［7］ 徐则民，黄润秋. 深埋特长隧道及其施工地质灾害［M］. 成都：西南交通大学出版社，2000.

［8］ 孙峰，冯夏庭，张传庆，等. 基于能量增减法的深埋绿片岩隧洞稳定性评价方法［J］. 岩土力

学，2012，33（2）：467－475.

［9］ 付敬，董志宏，丁秀丽，等．高地应力下深埋隧洞软岩段围岩时效特征研究［J］．岩土力学，
2011，32（2）：444－448.

［10］ 吴世勇，任旭华，陈祥荣，等．锦屏二级水电站引水隧洞围岩稳定分及支护设计［J］．岩石力
学与工程学报，2005，24（20）：3777－3782.

［11］ 何满潮，谢和平，彭苏萍，等．深部开采岩体力学研究［J］．岩石力学与工程学报，2005，24
（16）：2803－2813.

［12］ 冯夏庭．岩爆孕育过程的机制、预警与动态调控［M］．北京：科学出版社，2013.

［13］ 胡元芳，刘志强，王建宇．高地应力软岩条件下挤压变形预测及应用［J］．现代隧道技术，
2011，48（3）：28－34.

［14］ Barla G. Squeezing rocks in tunnels［J］. ISRM News Journal，1995，3（4）：44－49.

［15］ Jethwa J L，Singh B. Estimation of ultimate rock pressure for tunnel linings under squeezing rock
conditions：a new approach［C］//Design and performance of underground excavations，ISRM
symposium，Cambridge. 1984：231－238.

［16］ Hoek E，Marinos P. Predicting tunnel squeezing problems in weak heterogeneous rock masses
［J］. Tunnels and tunnelling international，2000，32（11）：45－51.

［17］ 冯夏庭，陈炳瑞，明华军，等．深埋隧洞岩爆孕育规律与机制：即时型岩爆［J］．岩石力学与
工程学报，2012，31（3）：433－444.

［18］ 王兰生，李天斌，李永林，等．二郎山隧道高地应力与围岩稳定问题［M］．北京：地质出版
社，2006.

［19］ Wells D L，Coppersmith K J. New empirical relationships among magnitude，rupture length，rup-
ture width，rupture area，and urface displacement［J］. Bulletin of the Seismological Society of A-
merica，1994，84（4）：974－1002.

［20］ 刘学增，林亮伦，王煦霖，等．柔性连接隧道在正断层黏滑错动下的变形特征［J］．岩石力学与
工程学报，2013，32（增刊2）：3545－52.

［21］ Xuezeng Liu，Xuefeng Li，Yunlong Sang. Experimental study on normal fault rupture propagation
in loose strata and its impact on mountain tunnels［J］. Tunnelling and Underground Space Tech-
nology，2015，49（1）：417－25.

［22］ 孙风伯，赵伯明，许丁予，等．活动断裂工程危害、破裂参数评价与工程应用［J］．土木工程学
报，2015，48（增刊1）：137－42.

［23］ Ioannis Anastasopoulos，Nikos Gerolymos，Vasileios Drosos. Behaviour of deep immersed tunnel
under combined normal fault rupture deformation and subsequent seismic shaking［J］. Bulletin of
Earthquake Engineering，2008，6（2）：213－39.

［24］ Sarah Holtz Wilson，David F. Tsztoo，Carl R. Handford. Excavation and support of a water tun-
nel through the hayward fault zone［C］//RETC. 2007.

［25］ 李术才，刘斌，孙怀凤，等．隧道施工超前地质预报研究现状及发展趋势［J］．岩石力学与工程
学报，2014，33（6）：1090－1113.

［26］ 李术才，薛翊国，张庆松，等．高风险岩溶地区隧道施工地质灾害综合预报预警关键技术研究
［J］．岩石力学与工程学报，2008，27（7）：1297－1307.

［27］ Tzavaras J，Buske S，Gro B K，et al. Three－dimensional seismic imaging of tunnels［J］. Interna-
tional Journal of Rock Mechanics and Mining Sciences，2012（49）：12－20.

［28］ 刘仲秋，章青．考虑渗流-应力耦合效应的深埋引水隧洞衬砌损伤演化分析［J］．岩石力学与工

程学报，2012，31（10）：2147 - 2153.

[29] 任旭华，李同春，陈祥荣. 锦屏二级水电站深埋引水隧洞衬砌及围岩结构分析 [J]. 岩石力学与工程学报，2001，20（1）：16 - 19.

[30] 谢兴华，盛金昌，速宝玉，等. 隧道外水压力确定的渗流分析方法及排水方案比较 [J]. 岩石力学与工程学报，2002，21（增刊 2）：2375 - 2378.

第 10 章

梯级水库群调度运行安全理论
发展趋势研究

10.1　梯级水库群调度运行安全理论发展趋势研究进展

　　水是生命之源，是维持人类生活、社会生产和生态环境的基础。我国是世界上水能资源最为丰富的国家，水资源蕴藏总量居世界第一。我国水资源具有时空分布不均、富集程度较高等特征，西部地区大约占据了全国81％的水能资源，尤其是西藏、云南、四川等省份水量充沛、地势落差大，分别占据全国技术可开发量的22％、20％和19％，而经济发达的中东部地区水能资源相对匮乏；流域水资源集中度高，排名前三的长江流域（25627.3 万 kW）、雅鲁藏布江流域（6785 万 kW）、黄河流域（3734.3 万 kW）的水量分别占全国技术可开发量的47％、13％和7％。

　　随着社会经济发展，环境问题日益突出，大力发展清洁可再生能源，转型和优化能源结构，降低化石能源比重，是我国能源发展的必然方向。水电作为我国最大规模的清洁能源，具有技术高、运营成本低等优势，是实现能源结构转型的重要着力点。国家西部大开发、南水北调、西电东送等战略政策的实施，促使西南水电基地开发持续推进，各流域均在干流梯级规划/建成控制性水库，如金沙江流域的乌东德、白鹤滩、溪洛渡和向家坝，雅砻江流域的锦屏一级、二滩，乌江流域的洪家渡、构皮滩，长江上游的三峡、葛洲坝，澜沧江流域的小湾、糯扎渡等，流域大规模水库群联合调度的格局已逐步形成。

　　不同于单一水库或小型流域梯级，特大流域梯级具有更好的调节性能，也需要承担更复杂、多变的调度需求。新形势下，我国电力供给盈余，水电资源的利用逐渐由单一发电转为多元化需求利用，尤其是西南各流域大规模梯级水库群建成后，不仅要满足用户负荷需求，还要保证关联河网、电网的安全稳定运行，为社会经济、生态环境、人类生活提供保障。特大流域梯级水库群的建立，使库群、河网和电网间的结合更加紧密，突出表现为下游防洪安全、流域供水安全、河网生态安全、河道通航安全、电网供电安全和电站运行安全等问题，尤其在大规模风电、光伏电等间歇性能源并网后，梯级控制性水库作为连接纽带，在供电安全性和可靠性方面具有重要作用。因此，流域大规模水库群的合理调度关系到社会、经济以及生态环境可持续发展等诸多方面，已经成为影响国家水资源和能源安全、制约国家国民经济发展和科技竞争力的重大问题。

目前，梯级水库群调度运行已经形成了完整的理论方法体系，但这些理论和方法主要建立在中小规模梯级水库群调度基础之上，没有将库群与河网、电网紧密结合起来进行研究，不足以支撑我国长江流域、西南地区超大规模梯级水库调度运行安全。特别是在水资源短缺和环境恶化的今天，径流的量（供水）-能（发电）-质（环境）相互影响，互为关联，在气候变化和强人类活动下，量能互馈关系是一个动态演进过程，与河道内、流域内外、左右岸、区域内外的不同利益主体密切相关，需要从全局和系统多时空尺度研究梯级水库群调度问题。

10.1.1　梯级水库群优化调度运行发展过程

自 1910 年云南省内的石龙坝水电站开工建设以来，中国水电发展已经走过了百年沧桑历程。中华人民共和国成立后，首先成功建设了新安江、三门峡和刘家峡等水电站，为后续发展奠定了基础；改革开放后，我国相继动工建设了三峡、二滩、小浪底、天生桥等一批大型水电站，促使水电技术加速赶超世界先进水平；进入 21 世纪，水电建设迎来了黄金发展期，龙滩、小湾、溪洛渡、向家坝等巨型水电站相继投产发电，初步规划建设了乌江、澜沧江、红水河等 13 大水电基地，形成了包含规划运行、设计施工、维护管理等在内的水电全链条生产体系。

经过这些年特别是近十几年的水电开发建设，我国水电事业实现了突飞猛进的发展，形成了由巨型梯级水电站群组成的大规模省级电网甚至区域电网水电系统。目前，中国已经成为世界水电行业的创新中心，开始作为行业领导者不断改写水电发展历史。

然而，尽管中国水电事业发展成绩喜人，目前装机容量与发电量均位居世界首位，但中国水电总体开发程度并不高。例如，年发电量仅占技术可开发年电量的 47.1%，相比于法国的 94.5%、意大利的 96%、美国的 82% 和日本的 70.3%，仍存在明显的差距；若按照库容调节系数（由国家水库蓄水能力与河流径流量之比计算得到）来算，中国尚不足 0.3，远低于欧洲国家的 0.9 和美国的 0.66，这也与中国高速发展的国民经济不相适应。为此，中国主要从以下两大方面进一步为水电发展提供有利条件：①为提高全国范围内的能源优化配置效率，破解水能资源与负荷中心呈逆向分布难题，中国已初步建成溪洛渡—浙西、锦屏—苏南、向家坝—上海等数十条特高压直流联络线，并规划在未来继续推动全国互联的特高压网络建设工作，力争在广域范围内实现跨流域、跨省区的水电消纳与调峰运行；②为充分发挥水电巨大的发展空间，中国规划按照三步走战略推进生态友好型水电开发工作，其中西南地区将是未来大坝建设的主战场：2020 年之前重点开发雅砻江、大渡河等流域，力争常规水电装机容量在 2020 年达到 3.5 亿 kW；之后将转战怒江与雅鲁藏布江，预计 2030 年全国水电装机容量达到 4.5 亿 kW，发电量约 1.45 万亿 kW·h，其中，西南河源区水电基地基本建成，各河流龙头水库全部投产运行，水能资源开发程度达到 60%；预计 2050 年水电装机容量达到 5.1 亿 kW，全国各大河流基本开发完毕，届时将开发完成 74% 左右的水能资源，全面建成大渡河、澜沧江、怒江等数个千万千瓦级大型水电基地，基本形成全国互通、西电东送、多源联调的水电新格局。

（1）中国水电系统及其调度特征变化。

伴随中国水电事业的迅猛发展，其系统特征发生了巨大变化，具体表现在以下几个方面。

调度要求日渐提升。随着水资源的逐步开发利用，提高流域防洪减灾能力、遏制水资源及水生态环境恶化趋势，实现库群、流域、河网的综合管理已成为当前水库调度的重要需求。此外，随着电网负荷峰谷差的日趋增大，电网对水电站的发电调峰的要求也更加突出。因此，当前水电调度需满足防洪、兴利（包括供水等）、发电、航运、生态等多个复杂需求，调度难度激增。

单站规模不断扩大：机组容量由以前的不足 30 万 kW 增大至现在的 70 万 kW 及以上，电站装机容量由原有的数十万千瓦转变至超千万千瓦、库容由原来的数百万立方米跃升至数百亿立方米、发电水头也由原来的 10 多 m 增加至现在的超百米，如溪洛渡装机接近 1500 万 kW、三峡电站库容超过 390 亿 m³、小湾电站水头接近 250m。

电站数目多、调度规模庞大。目前大型流域水电系统的电站数目普遍超过 10 座，如澜沧江、金沙江、雅砻江分别规划在 2020 年左右建成 15 级、12 级和 21 级水电站，远超以往的中小规模水电系统（电站一般少于 10 座）；此外，当前我国西南地区富水电电网中还有着规模庞大的小水电站，虽然小水电温室气体排放量几乎为零，是节能发电调度中优先调度的清洁可再生能源；但小水电点多面广，并网结构十分复杂，其大规模并网后给电网安全稳定运行造成了极大威胁，并且现阶段我国小水电调度运行方式粗放，基本处于无序管理状态，弃水、窝电现象严重，水资源浪费问题十分突出。

时空耦合联系复杂。一方面，由于上下游电站之间通常存在极为密切的流量、水头等水力关系，使得梯级水电系统紧密耦合，连为一体；另一方面，水电站所处地区大多经济相对落后，难以完全就地消纳水电，需要通过特高压网络将多余水能输送至数千公里外的经济发达地区，导致机组、电站异构并网问题凸出，同时由于电站装机规模巨大，梯级上下游电站和单一电站不同机组可能需要向不同区域送电，梯级、跨流域水电站之间存在着时间上复杂的水力联系耦合和空间上复杂的电力联系。

协调管理日趋复杂。不同于以往仅由单一部门管理，水电系统现在大都需要统筹考虑国家/区域/省级/地级/流域/电站等多层级管理关系，并有机协调发电、防洪、生态、航运等多个调度相关部门的利益诉求；此外，由于特大流域水电系统肩负着同时向多个电网送电的任务，需要同时响应多个区域的负荷变化，给水电系统协调管理工作带来了极大影响。

（2）水电优化调度运行理论发展过程。

水电系统优化调度具有大规模、高维数、不连续、非线性、有延时的特点，是水资源系统领域公认的极富挑战的理论与实践问题。随着中国水电系统的迅速发展，水电调度理论也相应发生了巨大变化：调度目标由单目标到多目标，由水库发电、防洪等简单目标到流域梯级发电效益最大，再到考虑生态、供水、通航、电力系统节能经济运行等复杂需求的多目标；调度规模由初期的单库优化调度到流域梯级电站优化运行，再到跨流域、跨省、跨区域的库群、河网水电站群联合优化调度，水电调度理论也经历了数学模型从简单到复杂、从确定性调度到不确定性调度的发展。

1）水电站优化调度研究综述。20 世纪 40 年代开始，国外学者将优化的思想引入到水库调度中，开始针对单一水库的优化调度问题进行研究。1946 年，Masse 和 Little 最早提出了水库优化调度思想，建立了水电系统离散随机动态规划调度模型，提出了水库调度的优化方法。国内单水库优化调度的研究则开始于 20 世纪 60 年代，1963 年谭维炎、黄守信等利用运筹学最优化理论，使用动态规划法对单一水库长期调度过程进行研究。1980 年，张勇传以柘溪水电站为研究背景，建立了水电站水库优化调度有时段径流预报的无折扣模型，讨论了优化理论在水库优化调度中的应用；1982 年，施熙灿提出无水文预报条件下用惩罚因子法求解调度图的可靠性模型，并将考虑保证率约束的马氏决策规划应用到水电站水库优化调度中。这些模型和方法基于实际生产调度过程，具有实用化、应用性强等特点。

20 世纪 80 年代初，国内开始多库优化调度问题的研究。1981 年，张勇传以水电站群多年运行总效益期望值最大为目标，研究了两并联水库的联合优化调度问题。1982 年，谭维炎、黄守信等将马尔柯夫理论引入到水库优化调度中，应用随机动态规划对一个具有长期调节水库的水电站和若干个径流式水电站的联合最优调度图进行计算。1985 年，张勇传等在水库优化调度问题中引入了模糊等价聚类、模糊映射和模糊决策等理论。随后多目标多层次优化法、多维随机动态规划模型、基于动态大系统多目标递阶分析理论的分解-聚合方法、人工智能算法等多种模型和优化计算方法均被用于流域梯级水库优化计调度过程中，这些方法的研究和应用极大提高了我国的水电系统调度水平，为后来大规模水电站群的调度运行打下了良好的基础。

20 世纪 90 年代，随着中国电力系统的发展和水电系统规模的迅速扩大，跨流域、跨省、跨区域的水电站群优化调度研究开始出现。1989 年，董子敖等针对串、并联水库的优化调度与补偿调节综合了多种优化理论，建立了相应的多目标多层次优化模型；1990 年，方淑秀、黄守信等针对跨流域引水工程多水库联合供水的优化调度问题进行研究，分别建立了统一管理调度和分级管理调度两种模型；1991 年，为克服大规模水电站水库群补偿调节调度所遇到的困难，董子敖等引入了大系统优化递阶理论，将多目标多层次优化模型进一步扩展为分级多层次优化模型，并通过华中地区、华南、华东、西南和西北等大区间联网的水电站群优化补偿调节调度问题验证了模型的有效性。

近年来，水电优化调度的规模进一步扩大，出现了许多新的调度模型。2009 年，吴宏宇等采用混合整数规划方法，对水火电系统联合短期调度方法进行研究。2011 年，武新宇等提出长期可吸纳电量最大模型，考虑了省级电网内部对水电的吸纳能力和受端电网对外送电量的吸纳能力；赵洁等提出了核电机组参与电网调峰及与抽水蓄能电站联合运行方法。2013 年，欧阳硕等均衡考虑水库群大坝安全及上下游不同防护区防洪要求等多个目标，建立了梯级水库群多目标防洪优化调度模型，为金沙江下游梯级及三峡梯级水库群联合防洪调度提供决策支持。2016 年，李星锐、周建中等对金沙江—雅砻江梯级多业主水电站群联合调度补偿效益进行研究；吕巍等对贵州境内的乌江梯级水电站联合生态调度进行研究，分析计算了乌江主要生态控制断面洪家渡、乌江渡和思林的最小、适宜及理想生态流量过程，构建了乌江干流梯级水电站多目标联合优化调度模型。

2）常用水电调度模型。按调度需求的不同，常用水电调度模型可以分为 5 类：提高水电系统发电量或水能利用率的调度模型，水电防洪调度模型，考虑节能、电站发电、生态、通航及供水等水库综合利用需求的调度模型，调节电网负荷过程的水电调度模型以及考虑电价因素的水电调度模型。

a. 提高水电系统发电量或水能利用率的调度模型。该类模型从水电发电的角度对其出力过程进行优化，主要用于电网供小于需、水电装机比重较少、需要尽可能多发电或提高发电效率的情况。其主要包括水电站（群）发电量最大、水电站耗水量最小、水电系统蓄能最大等模型。

水电站或水电系统发电量最大模型。该模型旨在充分利用水能，尽可能地提高水能利用率与电站发电效率，使水电站（水电系统）发电量达到最大，在早期优化调度研究中最为常见。在水电站长期优化调度中，采用该模型可促使电站实现汛前腾库容、汛期拉水、汛末蓄水的过程，从而确定水库丰枯季节不同的库水位和调节流量。在水电站短期优化调度中，这种模型的优化对象是水轮机组，即实现厂内经济运行，通常其日内可用水量是确定的，电站需要在相应引用流量和库水位的基础上尽量抬高水头，保证机组效率，实现发电量最大。

此外，由于根据该模型对水电进行调度时并未考虑电网的安全及调峰需求，很可能出现水电出力反调峰的情况，故该模型适用于系统电力需求较大，或水电装机容量占全网总装机比重较小、需充分利用水能的情况。

水电优化调度理论初期以此类目标开展研究的学者较多，但随着水电装机规模的扩大与电网供需关系的转变，近年来多将此模型与其他模型（如节能、生态等）相结合，进行多目标联合优化调度。同时，随着我国无调节性能或调节性能较差的小水电大规模投产，也有研究以大规模小水电群发电量最大为目标，对小水电群优化调度方法开展研究。

水电站耗水量最小模型。水电站具有调节能力，可以根据库容和来水重新分配引用流量和发电能力，因此，根据水电站调节水库的库容和水位、调节特性、水电站的设备容量以及系统中其他电站的情况，合理确定水电站的工作位置，就可以抬高水头，提高水电站保证工作容量的数值发电效率，发挥它们的最大效用。因此，在满足电站运行安全和电力系统要求的前提下，如何确定调度期内（一般为一日）水电站的出力负荷曲线，使电站在最小耗水下运行，即为该模型的优化目的。鉴于水电站耗水最小目标既满足了电力系统经济运行的要求，又节约了水资源，可以提高水电站的经济效益，该模型是国内外研究中广泛采用的优化目标之一。

水电系统蓄能最大模型。使用该模型进行调度时，一般需给定水电系统各个时段的负荷曲线，及调度期内各水电站的入库流量过程和初始水位，将系统负荷在各电站间进行合理分配，尽量减少发电用水，抬高发电水头，最终达到增加系统蓄能的目的，为后期水电系统安全、稳定、经济运行创造条件。

b. 水电防洪调度模型。洪水是由暴雨、风暴潮、泥石流、海啸等因素引起的水量大幅增加或水位迅猛上涨的极端自然现象。当洪水超过江河湖海的容纳能力时，若不能有效进行疏导或控制，就会淹没堤岸甚至漫堤泛滥成灾，威胁人类生命财产安全，造成巨大的社会经济损失。水库防洪调度是在确保枢纽自身防洪安全的前提下，充分利用水库防洪库容拦蓄洪水，合理控制水库下泄流量进行削峰、错峰，有效疏导、分流和拦蓄特大洪水，确保下游地区的人身财产安全，降低因洪水造成的财产损失。

水电站（群）防洪调度模型。该类模型的主要目的就是充分利用水库的防洪库容，合理控制水库下泄流量进行削峰、错峰，采用经济效益最大、下游削峰最大、水库最大下泄流量最小等目标，对河道洪水演进过程的预测和分析，对单一、梯级、河网、跨流域的水库及水电站群进行联合调度，对洪水进行有效疏导、分流和拦蓄，降低流域地区及水库下游地区的分洪量和经济损失。

考虑航运、发电等多种需求的梯级水库汛期综合调度模型。大型水电站作为河道、流域的控制性工程，其任务包括保障流域的防洪安全，兼顾发电、航运、生态、供水等综合效益等。因此，如何在汛期确保防洪和航运安全，合理利用洪水资源增加水库发电效益，处理好防洪、航运、发电等各调度目标之间的复杂关系，是水库防洪调度面临的问题之一。该模型为多目标优化调度模型，其目标函数应纳入梯级水库上下游防洪、航运及发电调度等多目标综合需求，并根据各目标之间的相互关联与制约关系，体现水库汛期调度的综合需求，在保证水库与下游安全等基础需求的同时，合理考虑梯级水电站群的综合利用需求，满足其发电调峰要求，并提高其综合经济效益。

c. 考虑节能、电站发电、生态、通航及供水等水库综合利用需求的调度模型。随着水电站规模的不断增大和水电调度理论的发展，单一的发电、防洪优化调度模型已无法满足水电调度需求。因此，根据各流域梯级实际需求，将生态、通航、供水等需求与传统调度目标相结合，对水电站进行优化调度，是当前水电站优化调度理论的重要研究内容之一。此外，随着电网规模的逐渐扩大，水电与其他类型电源的关系也日趋复杂，仅考虑水电运行需求进行调度已不能满足拥有风电、光伏、生物质能等多种新型电源的电网需求，也不符合系统节能要求。因此，将水电与其他多种电源相结合进行联合调度，充分发挥水电的调节能力，保证系统的安全平稳运行，也是当前水电调度研究的重要课题之一。

水电站群生态-发电多目标优化调度模型。在开展梯级水电站生态发电多目标发电优化调度研究时，首先需要根据需求明确模型目标函数：鉴于梯级总发电量是水利枢纽联合运行经济效益的直接体现，是发电企业最关注的方面，故在该模型中通常以其作为主要调度目标；其次，开展水库群生态调度需考虑河道的生态需水流量、水库的水位变幅、出库流量对水质和水温的影响等因素，故通常以水库下游河道生态溢水缺水量、水库出库水温等作为衡量梯级枢纽生态效益的另一调度目标，以此来反映梯级电站生产运行对下游河道生态环境的影响程度。

水电站群生态-供水-发电多目标优化调度模型。随着经济的发展和河道、城市的进一步开发，水库上下游人类活动的需水量也在持续增长，因此，在水资源分布不均，农业灌溉、工业生产和人民生活需水量大幅增加的流域，迫切需要进行同时考虑上下游供水、生态、发电需求的水电多目标联合调度。考虑生态、供水、发电的多目标发电优化调度模型多以梯级发电量最大、上游供水效益最大、下游河道生态溢水缺水量最小为目标，采用不同的多目标耦合方法确定模型最终的目标函数，以确保模型的计算结果可以满足实际调度需求。

耦合航运、防洪等各类需求的水电站群联合调度模型。航运是大规模水电建设工程的主要效益之一，其通过库区蓄水和枯水期加大下泄，显著抬高了河道水位，改善了河道的整体航运条件。因此，开展以航运、生态和发电效益，或考虑航运、上游防洪和下游防洪效益的梯级多目标优化模型研究尤为重要。此外，由于航运需要抬高河道水位，与上下游防洪目标间的对立非常显著，故如何有效平衡多目标函数之间的对立关系，保证所建模型的真实性与实用性，是建模与研究过程的重点。

d. 调节电网负荷过程的水电调度模型。该类模型从电网调峰的角度出发，以缓解电网调峰压力为目的对电站出力过程进行优化，主要用于电网供大于需、调峰压力较大、需要水电承担调峰任务的情况。其主要包括水电站调峰电量最大、电网余荷均方差最小、电网剩余最大负荷最小等模型。

水电站调峰电量最大模型。为避免电力系统中火电机组的频繁启停，给火电厂锅炉、管道、汽轮机、发电机带来过大的运行压力，保证其安全可靠运行并延长其使用寿命，同时避免由于机组频繁启停带来的热力损失和启停费用，电力系统经济运行中一般都分配水电厂在不弃水和安全运行的前提下承担调峰和调频。当水电站在电力系统的峰荷或腰荷工作、参与电力系统的负荷备用平衡、主要承担调峰任务时，其优化目标就变成了调峰电量最大，这种模型在实际运行中应用较多。

电网剩余负荷均方差最小或剩余最大负荷最小模型。水电作为启停迅速、无污染、调峰发电成本低的优质调峰电源，在当前电网负荷峰谷差不断扩大、火电机组大量调停的情况下，必须承担调峰任务，以免火电机组调停并保证系统电力电量平衡。而电力系统中通常使用负荷均方差来描述其调峰压力水平，故以余荷均方差最小为目标对水电进行调度，可最大程度减缓电网调峰压力。类似的，以电网剩余最大负荷最小为目标，同样可以起到调节峰值时段负荷、减小余荷峰谷差的效果。此外，随着输电网络的不断发展，梯级上下游电站和单一电站不同机组可能需要向不同区域送电，响应多个地区的负荷需求。因此如何有效利用电站之间的水文互补特性、电网之间的负荷互补特性，根据各电网受电比例，有效、公平的缓解各受端电网调峰压力，已成为当前西电东送、大规模跨区域送电背景下的重要问题。

e. 考虑电价因素的水电调度模型。随着电力系统的迅速发展与各类大型电站的相继投产，我国部分地区的电力供需形势发生了彻底的变化：西南富水电地区的电力矛盾已由供应不足转变为供大于需，出现了大量弃水弃电的现象；同时，随着电价改革的深化与电力市场的发展，许多地区开始实行分时电价与两部制电机等多种电价制度，仅考虑电站发电或电网调峰的优化调度目标很难满足水电企业效益最大的需求。此外，对于电网而言，通过合理的优化配置方法，在充分利用水能的同时，减少其总体购电费用，也是当前电力市场改革下的重要需求。因此，考虑电价因素的水电调度模型可分为两类，分别从电站和电网的角度出发，在保证系统安全和避免弃水的前提下，尽可能地增加收益或减少支出。

水电站发电收益最大模型。该模型主要用于给定电价机制的流域梯级或跨流域梯级水电站群优化调度中，针对不同的电价制度，根据当前市场条件下水电站效益的特性，在满足电站自身运行负荷变化的需求的前提下，充分利用梯级水电站调节性能，对流域梯级水电站开展优化调度，提高水电站总体的发电收益。该模型已经成为水电站运行调度的一个重要研究方向，此类模型多以水电站群短期优化调度为主，对水电站群日内出力过程进行研究。

此外，由于部分发电集团兼有水电、火电、风电、光伏等不同类型电站，故可采用发电企业发电收益最大模型，利用电源互补特性，对不同电源之间的负荷过程进行合理分配，通过减小运行成本高的电站出力、使用调峰成本低的机组调峰等方法，达到减小系统发电成本、增加企业发电总收益的目的。

系统经济效益最大或系统购电费最小模型。系统经济效益最大模型在理论上比较全面，但在实际应用中具有一定困难。鉴于系统经济效益除了电站发电效益，还包括防洪、生态、农业灌溉、河流航运、渔业养殖、工业及生活供水等，并且需要从电站运行效益中扣除维持电站运行所需要的支出，如检修费、折旧费及其他电站运行费用，与电站正常运行状态被破坏所带来的损失等费用。由于上述费用大多存在不确定性和模糊性，难以进行量化，因此系统经济效益最大模型在实际应用中比较少见，在实际研究中通常采用系统购电费用最小模型，该模型旨在利用电网对各电站不同的购电价格差异，减小电网的购电花费。

综上所述，当前常见的水电调度模型分别从提高水能利用率、保证防洪安全、满足水库供水和生态需求、调节电网负荷过程、提高水电经济效益的角度，对水电调度方法展开研究，保证了模型的可靠性及实用性，满足了水电站和水电系统的实际调度需求。

10.1.2　梯级水库群优化调度求解方法研究进展

20 世纪 60 年代，水库群优化调度理论和方法逐渐兴起，主要针对的是单个水库或是单个目标。但进入 21 世纪以来，随着中国能源战略的实施，十三大水电基地的规划开发，尤其是西南水电基地开发的持续推进，长江上游干支流已建成锦屏以及溪洛渡、向家坝等一大批控制性水库，未来乌东德和白鹤滩水库也将于 2020 年前后建成投运，流域大规模水库群联合调度的格局逐步形成，单一水库或单一目标的求解方法已不再适用。从梯级水库调度控制约束来看，梯级水库受到防洪安全、供水安全、生态等安全控制约束，这些约束交织在一起相互制约、相互影响，从本质上来说是一个多属性、多层次、多阶段、不确定的多目标优化决策问题，呈现出明显的半结构化或非结构化特点；从梯级水库调度面临的复杂度来看，梯级水库优化调度作为一个具有复杂约束条件的非线性规划问题，随着流域水库数量的增多，流域上下游水库间水力、电力联系进一步增强，优化问题的高维度、非线性、强耦合、不确定等特征越加突出，约束条件更加难以处理，问题复杂度呈指数型增长，"维数灾"问题益发突出。除此之外，新能源大规模并网、跨区直流混联电网水电大规模馈入消纳和外送导致水库运行、控制和管理更加复杂。梯级水库调度运行面临着前所未有的挑战，对优化算法求解性能提出更高的要求。

经过多年的发展，水库优化调度的研究成果已非常丰富，各种优化调度模型和求解算法层出不穷。根据梯级水库调度考虑的目标多少，水库优化调度求解算法分为单目标优化调度算法和多目标优化调度算法。相比之下，单目标优化调度算法较多目标优化调度算法简单，相关研究也更为深入，下面分别阐述之。

（1）单目标优化调度算法。

目前对于梯级水库单目标优化调度的研究主要有确定性和随机性两种方法。确定性方法将入库径流作为已知，随机性方法将入库径流作为随机变量或随机序列过程考虑。本节主要从确定性模型、随机性模型两大求解方法进行阐述。

1）确定性模型算法。由于梯级水电站联合调度模型的复杂性，从理论上找到全局最优解存在困难，对算法提出很高的要求，如何设计快速有效的求解算法也一直是专家学者不断开展研究的热点和难点。纵观算法研究历程，可将其分为经典算法、现代智能优化算法和混合算法三类。

a. 经典算法。梯级水电站优化调度是一个复杂的非线性问题，对该问题求解的经典算法包括线性规划、非线性规划、动态规划、整数规划、混合整数规划等。

（a）线性规划。线性规划（Linear Programming，LP）是一种最简单、应用最广泛的计算方法，由于其不需要初始决策就可以得到全局最优解，并且算法和程序成熟、通用，更重要的是其具有解决大规划问题的能力，因此在水电系统发电调度中得到广泛应用。水库调度是典型的非线性、离散和非凸规划问题，求解比较复杂，尤其对于梯级水库优化调度这样一个多时段、多变量和多约束的大规模问题，求解过程将非常复杂。线性规划在应用中主要存在如下问题：①采用分段线性化处理可减小偏差，但增加了新的变量和约束，问题规模变大，增加了求解的难度；②线性规划法建立的线性规划数学模型不能反映出复杂系统的非线性因素，优化结果与实际运行情况偏差相对较大。水库群调度中，由于防洪目标模型多以线性形式表达，所以线性规划方法以处理水库群防洪问题居多。当应用到发电调度模型时，就需要对具有非线性特征的目标函数和约束条件进行线性化或分段线性化的近似处理。如水电厂的耗量特性、水位与库容关系和流量与下游水位特性常采用分段线性逼近来线性化；对目标函数采用分段线性逼近或取泰勒展开式的线性项来近似线性化处理存在较大的误差，但其计算简单、无维数灾问题等优良特性依然具有很强的吸引力。将线性规划与其他优化方法的嵌套融合，仍然是求解大规模梯级水库群优化调度的有效途径之一。

（b）非线性规划。非线性规划（NLP）比线性规划更能反映水库优化调度的实况，非线性规划无需简化水库调度目标函数和约束条件，提高了求解精度。并且非线性规划有很强的鲁棒性，主要方法有连续线性规划（SLP）、序列二次规划（SQP）、广拉格朗日法（MOM）、广义既约梯度法（GRG）等。Hiew 在 1987 年通过对 7 个水电站水库的优化调度，综合评价了 SLP、GRG 和 SQP 方法，指出 SLP 方式是各种非线性规划算法中计算速度快和最有效的。SLP 就是将非线性规划问题转化成线性规划问题，然后求解，可以逐步逼近原问题的最优解，但却不能保证收敛到最优解，与 LP 方法相比求解精度能够得到改善；SQP 目标函数要求为二次函数，部分非线性约束需要线性化处理，但能保证收敛到最优解；由于非线性到线性的近似化处理过程仍存在，即同样会遇到与 LP 的相同问题；MOM 利用惩罚函数将具有复杂约束的优化调度问题转化为无约束优化问题；GRG 利用惩罚函数构造出一个改进的可行搜索方向来逼近最优解，求解效率相对提高但求解精度问题依然存在。一般来说，非线性规划求解困难，虽然有上述一些方法，但是各个方法有自己特定的适用范围，没有像单纯形法这样的通用算法。在求解水电站调度问题时，计算量相对较大，解算大规模问题时存在着收敛性不稳定的缺点，对于一般的非线性规划问题，局部解不一定是整体解，只有是凸规划问题的局部解才是全局最优解。

（c）混合整数规划。混合整数规划（MIP）主要求解含有离散变量的优化问题，应用在短期水电系统中更符合实际情况，但是应用困难，主要是求解问题规模大时不容易求解，并且需要忽略水头变化。因此求解 MIP 问题需配合使用离散变量的枚举策略和连续变量的优化算法。随着数学规划软件的发展、求解能力的大为提升，混合整数线性规划（MILP）与混合整数非线性规划（MINP）在梯级水电站优化求解中应用逐渐增多，主要应用在中长期、短期水火电的优化调度，其中混合整数线性规划应用最多，但需建立线性规划模型，存在和 LP 相同的问题。

（d）网络流法。网络流（Network Flow Optimization）是图论中的一种理论方法，是研究网络上的一类最优化问题。针对水库群优化调度具有目标函数为非线性、约束条件一般为线性集合的特点，若把整个库群的时空关系展开为一张网络图，就成了库群调度的非线性网络模型，可由线性网络技术及图论知识进行求解。网络上的流就是由起点流向终点的可行流，它是定义在网络上的非负函数，一方面受到容量的限制，另一方面除去起点和终点以外，在所有中途点要求保持流入量和流出量是平衡的。水库群优化调度的特殊结构使得此类问题也可用网络流模型来表示，该方法具有存储量小、计算速度快、对初始值要求不高的特点，但在某些情况下，其应用也受到一定的限制。如在给定梯级系统负荷条件下，当调度期末库容可变化时，网络模型表示困难。

（e）动态规划。动态规划是一种多阶段决策的方法，具有全局寻优的特点，而且不受目标函数和约束条件的线性、凸性或连续性的要求。动态规划可将一个多变量复杂的高维问题进行分级处理，化为求解多个单变量的问题或较简单的低维问题。但它要求目标函数和约束条件必须阶段可分，对于梯级等大规模水电系统存在严重的"维数灾"问题，求解困难。动态规划在应用中必须满足无后效性这一特点，但是短期水电系统上下游水库间的水流滞时问题不能忽略，因而 DP 在短期水电调度中应用其实并不多，如果要用在短期发电优化调度问题中就需忽略或辅助其他分解技术以消除水库间水流滞时的影响，表达为 DP 能求解的递推结构。随着求解规模的扩大，动态规划不可避免地出现"维数灾"问题，主要的思想就是降维，常用的降维方法有离散微分动态规划（DDDP）、逐次渐进动态规划（DPSA）和逐次优化方法（POA）。

DDDP 的基本寻优原理是：在初始状态序列（一般为库水位序列）的上下各变动一个小范围（增量），形成廊道，在廊道内利用常规动态规划进行寻优，反复迭代直至收敛。在迭代过程中，增量可由大变小，在各个阶段和上下两侧的增量个数可以不同。该方法能够明显减少状态变量的离散数目，大大减少存储量和计算时间。但由于受初始轨迹的影响，有时可能难以得到全局最优解，因此，一般应通过设置多种初始试验轨迹，重复上述计算步骤求得与其相应的最优解。

DPSA 法的基本思想是把包含若干决策变量的问题，变为仅仅包含一个决策变量的若干子问题，每个子问题的状态变量比原问题的状态变量少，因而可大大降低问题的维数，也可减少所需的存储空间。当状态变量数等于决策变量数时，每个子问题只有一个状态变量，对于决策向量维数不等于状态向量维数的问题，同样可以通过 DPSA 方法进行寻优：一般按照决策向量维数将问题划分为若干子问题（个数等于决策向量维数），对每个子问题采用动态规划方法求解。该方法可大大节省计算机存储量和计算时间，但也不能确保收敛到全局最优解。为了提高算法寻求全局最优解的可能性，可从不同初始轨迹开始寻优，选取最好的作为最终计算结果。

POA 法的基本思想：将一个多阶段优化问题转化成一系列二阶段优化问题，而最优策略的每两个阶段的决策相对于其始端和终端决策都是最优的。POA 法在一定程度上减小了动态规划法的"维数灾"，POA 法的优势在于能减少所需的存储空间和加快计算速度，但不能保证一定收敛到全局最优解。在求解存在"弱连接"的水电系统优化调度问题时，会陷入局部极值区，为此需要对 POA 法作相应的改进，使之能克服局部收敛问题。

（f）大系统分解协调法。大系统分解协调法是将复杂系统分解成若干相对独立的子系统，以达到降低问题求解复杂度的目的。系统中各子系统相对独立优化，并通过设置的上层协调器进行协调，以实现系统的全局优化。由于各子系统问题的变量及约束条件相对较少，求解较为容易，从而使得问题求解所需内存和计算耗时大大缩短，可有效避免"维数灾"问题。黄志中等以大系统分解-协调理论为基础，研究了串联和并联水库群实时防洪调度的分解-协调模型，并将其推广到混联水库群的实时调度，克服了动态规划面临的"维数灾"障碍，具有结构灵活、计算速度快的特点；高仕春等运用大系统分解协调方法研究了三峡梯级和清江梯级的联合优化调度，研究结果表明，两梯级补偿调节效益巨大。大系统分解协调算法可有效克服求解大规模水库群联合调度问题时的维数灾问题，但其收敛性受选取的协调变量影响较大，在一定程度上限制了其工程应用。

b. 现代智能优化算法。随着现代计算机技术的进步，一类基于生物学、物理学和人工智能的具有全局优化性能、稳健性强、通用性强且适于并行处理的现代启发式算法得到了发展。它比较接近于人类的思维方式，易于理解。用这类算法求解组合优化问题，在得到最优解的同时也可以得到一些次优解，便于规划人员研究比较。在水库优化调度领域，近年来关于启发式算法的研究主要包括遗传算法（GA）、蚁群算法（ACA）、模拟退火算法（SA）、人工神经网络（ANN）、粒子群（PSO）等。

（a）遗传算法。遗传算法最早是由 Holland 提出的，是一种基于模拟自然基因和自然选择机制的寻优方法，该方法按照"择优汰劣"的法则，将适者生存与自然界基因变异、繁衍等规律相结合，采用随机搜索，以种群为单位，根据个体的适应度进行选择、交叉及变异等操作，最终可收敛于全局最优解。遗传算法具有简单通用性、自适应性、强鲁棒性、全局寻优等特点，可以求解水电调度这一复杂非线性问题。但进化算法缺乏较好的局部搜索能力，存在着计算量大、所需时间长的缺点，由于其随机性的特点，也不能保证每次都能得到全局最优解。另外，遗传算法在大规模调度应用中存在局部最优、早熟现象等，它常和其他最优解搜索方法结合使用，减小陷于局部最优的可能性，在水火电力系统短期调度领域，是一种较新且非常有前途的算法。目前主要研究改进遗传算法，个体的编码对遗传算法性能有直接影响，人们通过设计个体编码来提高遗传算法解决问题的能力，有人就提出了双链态编码的遗传算法以及起始权值的编码方法，同时改进遗传算子，用以对水火电力系统短期发电计划优化问题进行研究，并取得了较好的结果。

（b）模拟退火算法。模拟退火算法（SA）是近年来迅速发展的一种解大规模优化问题的通用算法。该法是一种模仿金属物理退火过程的特殊局部搜索算法，其主要特征在于以概率形式接受领域中的较差解，能增强跳出局部最优能力，主要优点有描述简单灵活、应用广泛、运行效率高等。目前该法在各领域都有一定的应用，我国水电系统对其的探讨研究尚处于上升趋势，且一般将模拟退火算法与其他智能算法进行联合研究。例如将模拟退火算法和遗传算法相结合提出并行组合模拟退火算法，将该算法应用于水电站优化调度实例中，提高了计算效率及应用能力。

（c）人工神经网络。人工神经网络（ANN）是一种模仿和延伸人类功能的新型信息处理系统，是由大量的简单处理单元连接而成的自适应非线性动力学系统。人工神经网络中常用于解决优化问题的两种重要模型是 BP 网络和 Hopfield 网络模型。采用神经网络模型制订水火电力系统短期发电计划的优点在于其在线计算能力强，非常适合应用于实时发电控制中。但相应地也存在着学习训练速度慢、易陷入局部极值点等缺点，同时网络合适的隐含层数目和节点数目确定较困难。

应用 BP 网络模型制订电力系统中水电系统的日发电计划时，可根据实际情况，将工作日分为四类来进行样本点的提取，即：大入流量工作日；正常入流量工作日；大入流量节假日；正常入流量节假日。在用 Hopfield 网络模型求解约束优化问题时并不能保证所得到的解一定收敛于全局最优解，需构造稳定性好的能量函数，并求使其能量衰减到最小的动力系统方程。

（d）其他智能优化算法。蚁群算法（ACS）是一种用来在图中寻找优化路径的概率型算法，该方法来源于蚂蚁在寻找食物过程中发现路径的行为。该算法具有正反馈、分布式计算和富于建设性的贪婪启发式搜索的特点，可求解组合最优化问题，初步的研究已经表明该算法具有较强的鲁棒性和适宜并行分布计算等优点，为求解复杂的组合优化问题提供了一种新思路。ACS 在仅涉及离散变量的组合优化问题中应用较多，在短期水电系统发电调度中应用研究较少。

粒子群算法（PSO）采用"群体"和"进化"的概念，模拟鸟群飞行觅食的行为，通过个体之间的集体协作和竞争来实现全局搜索。PSO 算法是通过粒子记忆，追随当前最优粒子，并不断更新自己的位置和速度来寻找问题的最优解，具有调整参数少、收敛速度快等特点，但也存在早熟收敛、难以处理问题约束条件，易陷入局部最优解等问题。近年来一些改进的 PSO 算法能以较快的速度收敛到全局最优解，适合求解水电调度这一类复杂的优化问题，PSO 算法也逐渐成为热门研究算法。

c. 混合算法。传统方法通用性强，无需利用问题特殊信息，但会造成对已有问题信息的浪费而导致结果精度偏低；启发式算法对问题的依赖性很强，但对特殊问题却能够利用问题的信息较快地构造解，求解效率较理想。因此兼顾求解实时性和优化性的混合算法在实际应用中复杂的实际问题中处于重要位置，成为许多学者的热门研究方向。李安强、王丽萍等为克服 PSO 算法在求解梯级大规模水库群的调度问题中存在的"早熟"现象，引进了生物免疫机制等新思想来改善 PSO 算法的求解效率，并在实例应用中取得了明显效果；Mantawy 等充分利用 GA、TS 和 SA 的优点，在 GA 求解过程中用 TS 在邻域内获得部分解加入当前解群中，以缓解 GA 收敛"早熟"问题，并加入 SA 检验是否接受所获得的子代解，以提高收敛到全局最优解的能力。

2）不确定性模型求解算法。不确定性模型考虑到天然径流不能准确预知，将其作为一个随机变量或随机序列过程来考虑，更接近中长期优化调度实际。但目前多数研究集中在梯级水电站确定型优化调度或单库随机优化调度方面，关于梯级水电站群随机优化调度方面的研究尚且不多，已有的研究多采用随机动态规划（SDP）。SDP 方法求解梯级水电站群长期发电优化调度问题获得的最终成果是各时段各蓄水状态组合下的最优决策出力组合，由于考虑了入库径流的随机性，需对电站蓄水状态、入库径流以及决策出力进行离散，计算各组合状态下的梯级水电站群期望发电量，并逐时段递推寻优，直至相邻调度周期、同时段、同蓄水状态组合下的最优决策出力组合均相同。

随着计算电站数目的增加，动态规划不可避免地出现"维数灾"问题。对于随机模型，由于考虑了径流的不确定性，"维数灾"问题更加显著，导致计算耗时急剧增加，求解效率降低，甚至无法求解。针对以上问题，较为主流的方法是结合能够提高算法计算性能的技术，如并行计算与云计算。随机动态规划具有很好的并行性，在多核环境下与并行技术相结合，在保证计算结果与串行方法完全相同的前提下，有效减少计算耗时，提高求解效率；由于云计算集群、分布式计算模型与框架的发展，云计算应用在随机动态规划求解中比多核并行随机动态规划求解效率更高。

（2）多目标优化调度算法。

近年来，针对水库多目标优化调度问题，学者们建立了一些优化模型并研究了其求解算法。水库多目标优化调度模型的求解一般有两种方式：一种是通过约束法、权重法、隶属度函数法等方法将多目标问题转化为单目标问题进行求解；另一种是运用多目标进化算法进行求解。

1）转换为单目标求解方法。黄志中等提出以水库大坝安全、堤防安全、水库防洪保护区淹没损失最小为目标的水库防洪系统多目标调度决策模型，采用权重系数将多个目标集成为单目标问题进行求解，并通过调整权重多次求解得到一组可行方案集，进而运用模糊优化方法给出最佳协调解。陈洋波等以发电量和保证出力为目标函数建立了水库群多目标联合优化调度数学模型，并提出了求解多目标优化模型最优解的交互式决策偏好系数法。该方法应用约束法将多目标优化模型转换成多个单目标优化模型，进而进行求解，得到模型的一组非劣解集，并以决策偏好系数为依据，从中选择多目标优化模型的最优解。Nagesh Kumar 等建立了以防洪风险最小、灌溉缺水量最小和发电量最大为目标的水库多目标优化调度模型，并采用约束法将多目标模型转化为单目标模型，进而运用蚁群算法进行求解。杨芳丽等以水库发电、防洪与生态调度为目标建立了水库多目标优化调度模型，然后通过约束法将其转化为单目标优化问题进行求解。将多目标问题转化为单目标问题进行求解的好处在于其计算简单，且已有大量单目标优化方法可供选择，但这种方式的不足之处在于其一次计算只能得到一个调度方案，要得到一组调度方案集需进行多次计算，计算效率较低，且当非劣前沿非凸时，多次计算得到的非劣解集不能很好地反映非劣前沿特性。

2）多目标进化算法。随着智能优化理论的发展，多目标进化算法以其求解多目标优化问题的独特优势得到极大发展。多目标进化算法基于群体演化的群集优化算法，其内在的并行性使其可同时处理多个优化目标，一次计算即可得到一组非劣调度方案集，计算效率较高，且对于非劣前沿不规则的优化问题，亦能获得一组能反映非劣前沿特性的非劣方案集。游进军等提出一种基于排序矩阵评价个体适应度的多目标遗传算法，一次交互既可求得一组非劣解集，算法成功应用于供水和发电综合利用水库的多目标调度，验证了其可行性。刘攀等以动用防洪库容最小、防洪风险率最小、发电效益最大、航运效益最大为目标，建立了三峡水库汛限水位优化模型，并提出一种改进多目标遗传算法对模型进行求解，通过宜昌站历史实测流量资料的模拟优化，得出了三峡较优的分期汛限水位方案。Chen 等提出一种改进多目标遗传算法，从供水和发电两方面对水库调度图进行优化。多目标进化算法的研究为梯级水库群多目标优化调度模型的求解提供了新的有效途径，是水库群优化调度的发展趋势之一。但是，由于水库群调度问题规模庞大，呈现高度非线性且含有多重约束条件，将多目标进化算法应用于此类问题时仍面临很多困难，如陷于局部非劣前沿、收敛速度慢、难以处理复杂约束等问题，尚需进一步深入研究。

综上所述，梯级水电站优化调度优化经过多年的研究，已经产生了许多好的优化方法，但每一个优化方法都有其优缺点，尤其是梯级水库不仅在自身运行条件下面临着大量耦合约束条件以及受到多个安全因素的控制约束，而且在我国新能源大量馈入梯级水库与新能源开展多能互补、西电东送梯级水库响应多个调度层级的需求下，单一的求解方法已难以应用，多个方法的有效结合是必需的。另外在梯级水库调度要求日益精细化的今天，如何提高求解方法的实用性，优化得到的结果可以更好地指导实际生产运行，也是将来解决梯级水库调度必须解决的问题。

10.2　梯级水库群调度运行安全理论发展趋势研究关键科学问题

10.2.1　从全局和系统多时空尺度研究水库群调度

库群通过河网和电网互联，使得距离遥远的水库形成了一个相互影响的整体，通过水这个关键介质和纽带，流域内外，上下游，左右岸，从个人到社会，从流域到区域、国家、国际构成了错综复杂的相互关联网络，围绕不同的用水需求和目标，需要全面平衡他们之间复杂的关系，保持社会可持续健康发展。水资源短缺、不同领域的用水相互竞争使得水资源分配变得异常困难，并直接制约和影响可持续发展的其他领域，特别是粮食和能源生产领域。这种用水的竞争性需求、"水的使用"和"用水者"之间的竞争，使得径流利用不再是简单的、传统局部水资源分配问题，而是时空尺度更大、全局的水-能-粮食耦合问题，因此需要从全局和系统多时空尺度研究水库群调度。

10.2.2　超大规模梯级水库群调度系统的"维数灾"问题

伴随梯级水电基地的陆续竣工投产，数目众多的巨型水电站正紧密互联，共同构成了异常复杂的水电系统。我国西南地区乌江、澜沧江等特大流域梯级水电系统，以及由此构成的更大规模的跨流域水电系统、省级电网与区域电网互联水电系统，所需优化的水电站数目动辄十余座，甚至数十上百座，导致水电系统的整体规模持续攀升，加剧了水电优化调度的建模与计算难度。但受制于"维数灾"问题，传统方法的适应能力受到极大限制，很难满足大规模水电调度工程实际需求。在这样的情况下，如何破解维数灾问题、实现水电系统的可计算建模就成为水电调度人员所面临的重大挑战。

10.2.3 耦合复杂社会-经济因素的梯级水库群体调度运行优化

梯级水库群体调度运行已经不是单一目标问题，一般涉及供水、发电、防洪、航运、生态环境、社会、经济等复杂因素，需要在不同时空尺度平衡不同利益部门间的复杂关系，是一类决策变量多、维数高、不确定性和社会性强的大规模非线性决策问题，一直是国内外研究的难点和热点问题。其调度管理经历了从单库到流域，从流域到区域，从区域到全社会；从流域有限的单目标到多目标；从自然到经济再到全社会交互影响；从单一的水资源系统到粮食、能源系统全要素过程耦合等过程。如何在梯级水库群体调度运行优化中耦合复杂社会-经济因素是难点所在。

10.3 梯级水库群调度运行安全理论发展趋势研究优先发展方向

10.3.1 库群和电网耦合调度理论

我国水电经过 20 多年特别是近 10 年的高速发展，已经取得了很多里程碑式成绩，水电开发规模世界第一、单站装机规模世界第一、单机容量世界最大等，建设了多个世界级的大型水电站，且主要集中在西南地区和长江流域。基于我国资源分布特点，以及水电建设技术水平的不断提高，我国水电发展呈现以下特性。

水利水电工程朝大电站、大机组和高坝大库方向发展。我国西南地区大江大河众多，多数河流上游为山区，山势雄伟，河道险峻，人口稀少，电站建设的淹没损失小，具有修筑高坝大库、大容量机组的有利条件；较大的装机容量以及较高的发电水头可增加电站发电效益，同时对下游电站提供补偿调节效益，提高电站调峰调频能力，驱动高坝大库、大容量电站的建设。截至 2012 年年底，我国已经投运或正在安装的单机容量为 70 万 kW 及以上的机组有 79 台，包括三峡水电站的 32 台 70 万 kW 机组，溪洛渡水电站的 18 台 77 万 kW 机组，向家坝水电站的 8 台 80 万 kW 机组，其单机容量位居世界第一。未来大型水电机组单机容量将从目前的 70 万 kW、80 万 kW 向着超大容量 100 万 kW 发展。

水电开发集中度高，形成特大流域梯级水库群。我国水电资源主要集中在大江大河，近年来金沙江、澜沧江、怒江、雅砻江、大渡河、乌江、长江中上游、南盘江红水河、黄河干流等河段在建和已建水电站总装机容量约占全国水电总装机的 50%。根据《水电发展"十三五"规划》，金沙江和雅鲁藏布江水电基地规划总装机规模巨大，分别为 8315 万 kW 和 8000 万 kW，两者之和相当于 7 座三峡水电站装机，长江上游、澜沧江、怒江水电基地规划总装机也均超过 3000 万 kW，单一梯级的装机容量已可与水电装机世界排名第八的挪威媲美。

集中调度规模与电站数目迅速增加。单一区域电网——中国南方电网水电系统 2016 年底水电总装机容量为 1.13 亿 kW，占全网总装机的 38.4%，是世界最大规模的区域水电系统。单一省级电网——云南电网水电统调电站数从 2004 年 17 座、2008 年 61 座增长到了 2016 年 120 座，未来将超过 200 座，十几年的时间里增加了 7 倍；水电装机容量从 2003 年的 433.5 万 kW，发展到 2016 年的 6096 万 kW，增长了 14 倍。四川电网水电系统规模发展速度更快，2003 年其水电装机容量为 1200 万 kW，至 2016 年年底已突破 7000 万 kW。

水电输送距离和输送规模增长迅速。不同于中小流域梯级，大规模流域梯级水库群具有更大的发电能力，但单一电网消纳能力有限，水电资源需要跨省跨区送出。伴随溪洛渡、向家坝、糯扎渡、锦屏巨型水电站（群）陆续竣工集中投产，以及南方电网 ±500kV 和 ±800kV"两渡直流"、国家电网 ±800kV"复奉直流"等特高压骨干输电工程投入运行，截至 2015 年年底，我国"西电东送"南信道和中信道的最大输送电力已超过 6500 万 kW。

我国水电进入了大电站、大机组、高坝大库、高电压远距离输电、自动化和信息化时代。大规模水电集中投产，水电调度面临新的突出问题：由简单系统逐渐发展为复杂甚至巨型系统，由单一调度目标发展为多目标综合调度需求，由单站调度发展为梯级、跨流域、跨省、跨区域水电调度，水资源利用已从局部问题扩展为更大范围内的多利益主体交互博弈问题。在大规模水电系统中，巨型水电站通常有着突出的重要地位，是联系区域电网、省级电网、流域集控中心等各级发电单位的重要纽带。如何有效利用水电资源，形成满足社会、经济等多重需求的水电调度方案，是流域集控、省级电网、区域电网等各层调度机构亟待解决的问题，也是库群和电网耦合调度理论的核心。

（1）流域集控中心面临的水电调度新问题。

随着梯级水电系统规模的增长，梯级各电站间水力、电力联系更加紧密，梯级调度精细化水平要求不断提高，梯级调度呈现了新的特点和需求，增加了流域集控中心工作难度。

耦合复杂水流滞时的水电调度问题。水流滞时是衡量梯级上下游水力联系密切程度的指标，传统调度中把水流滞时假设为单一已知常数，未考虑水流滞时的动态变化，不能满足调度的精细化要求。考虑水流滞时的动态变化，即不同流量级别对应不同滞时大小，增加了上下游水力联系的复杂度，使梯级耦合程度更高。另外，将水流滞时作为优化变量处理，增加了模型的复杂性和计算的复杂度，加剧了短期优化调度建模和求解难度。为有效描述梯级上下游水力联系，细化水流滞时对调度运行影响，迫切需要在短期优化调度中纳入水流滞时的动态时变特性。

高水头巨型机组不规则限制区回避问题。机组长期处于限制区内运行会造成水轮机震动破坏，需要避开以保证运行安全。限制区问题在各种规模的水电机组中普遍存在，中低水头、小容量机组的送电范围小，很容易回避。而对于大容量机组，水头高、电站规模大、送电范围广、发电水头波动大，极易频繁跨越多个机组不规则限制区，很难凭人工经验避开，易引发事故。其难点在于发电水头、出力、流量等因素在相邻时段间的关联关系，上下游梯级水电站间的水力、电力联系，形成了时空高度耦合不连续组合优化问题。因此，需要探求回避机组限制区的高效方法，以快速响应多电网负荷需求，为保证大规模干流梯级水电站群运行安全提供理论和技术支撑。

梯级水电站群蓄能精细化控制问题。传统梯级水电站群长期优化调度方法通常以期末水位、保证出力、总发电量或梯级总出力为主要控制指标，以发电量最大模型、保证出力最大模型和期末蓄能最大模型为代表。这些模型往往只追求单一目标最优，忽视调度过程中不同时间节点系统的蓄能情况，导致梯级在应对发电和蓄能协调分配关系时已显现短绌，需要研究能够体现梯级整体控制作用的切实有效的精细化控制模型。

梯级水电站群多目标综合利用。伴随我国特大流域巨型水电站的相继投产，以及全国互联智能电网的有序建设，特大流域梯级水库群已逐步成为承载多重利益主体诉求的运行单元，其运行管理需综合考虑和合理协调发电、防洪、供水、生态等调度目标。然而，特大流域梯级水库群的调度本身就是高维、非线性问题，装机容量、电站数目、发电水头、离散水位等的增多使梯级调度面临巨大的计算障碍和效率限制，在考虑多重调度需求后更是形成典型的多目标复杂决策问题，建模求解十分困难。因此，如何克服多重复杂时空关联约束，构建差异化调度目标模型，降低问题求解难度，实现特大流域梯级水电站群多目标联合优化调度问题的高效求解，是流域集控中心的迫切需求。

（2）省级电网面临的水电调度新问题。

伴随巨型梯级水电站群的逐步建成和投产，电网运行管理面临新的问题：电站数量多，流域特性差异大，不同电站采用不同的并网方式，使得梯级水电站群的并网结构十分复杂，调度运行困难；电力需求急剧增长，电网负荷峰谷差不断加大，水电作为优质的调峰电源，其调度运行必须考虑电网负荷峰谷特性；水电富集地区的小水电资源也快速发展，大、小水电逐级并网结构复杂，汛期相互挤占输送通道引发了严重的地区弃水、弃电问题，增加了电网运行管理困难。

考虑多级复杂网架传输约束的水电调度问题。对于水电比重较大的省级电网而言，其包含的水电站群一般进行分区域或分级管理。对于某一水电区域或某一级别调度单位（地调、县调等）统调的水电站大多通过同一条输电线路送电至省网主网架，这些输电线路往往存在不同的安稳运行极限要求，实际调度中常据此对水电站进行虚拟分区。由于电压等级、输电极限等的不同，使得分区结构比较复杂，每个一级分区中包含了多个二级子分区和电站，以此类推，构成了多级分区并网结构。如何在梯级水库群调度过程中考虑多级复杂网架传输约束，保证电网安全稳定运行，是水电富集电网在调度运行管理中亟须解决的问题。

省级水电系统调峰问题。伴随电力负荷需求的急剧增长，电网峰谷差不断加大，调峰供需矛盾日益突出。在煤电机组调峰能力不足的情况下，水电机组以启停迅速、运转灵活、爬坡能力强等优点而成为优质的调峰电源，在电网中特别是水电比重较大的电网中能够发挥重要的调峰作用。目前，全国已形成了多个大规模的省级电网水电系统，如四川电网、云南电网、广西电网、贵州电网等，这些省级电网的电源结构主要由水电与煤电构成，其他能源所占比重甚少，此种情况下，深入研究如何充分发挥水电的调峰作用，对于电网的安稳与经济运行具有极其重要的意义。

地区大、小水电协调调度问题。作为清洁发展机制（Clean Development Mechanisms，CDM）公认的可再生能源，小水电以其投资少、建设周期短、推动地方经济建设等优点获得了飞速的发展。截至 2012 年年底，全国已建成小水电站超过 5 万座，装机容量已达到 6212 万 kW，约占全国水电的 30%，成为我国电力工业的重要组成部分。然而，大多数小水电站缺乏调节能力，汛期加大出力甚至满发，无法就地消纳，需要寻求外送，与大水电相互挤占输送通道，且小水电多为远距离长链状并网，小干扰稳定突出。如何实现大、小水电的协调优化，提高水电可吸纳电量，减少地区弃水窝电现象，同时发挥水电调节作用，降低电网负荷峰谷差，已成为水电富集电网调度必然要求和难点问题。

（3）区域电网面临的水电调度新问题。

特大流域梯级水库群的建成大大提高了西南各省级电网的发电能力，但也带来了突出的消纳问题。区域电网内各省级电网资源分布不均，如何充分利用现有输送信道，在区域电网范围内合理优化资源配置，提高供电质量，是区域电网必须要解决的问题。

大规模水电系统跨省消纳问题。西南地区流域梯级水电站群与多个受端电网水电站群互联，构成了规模庞大、运行条件极其复杂的跨流域跨省水电站群系统。这些水电站群跨越多个省份，在水文、气象、地理条件等方面存在巨大差异，突出表现为集中来水时段的偏差，且水库调节性能多样，涵盖多年调节、年调节、季调节、周调节和日调节等各类水库，加上梯级上下游复杂的水力联系和各电站的控制需求，如何协调各流域梯级发电特性，增加水电总吸纳电量，是区域电网在资源合理优化配置过程面临的难点问题；另外，由于西南地区水电跨省送电量大，各受端省级电网间不同的电量分配方式会对其电力平衡造成影响，如何在跨流域梯级水电站群优化调度的同时，兼顾各受端电网电力平衡需求，也是亟待解决的问题之一。

大规模水电系统跨省调峰问题。西南地区调节性能好的水电站较少，汛期季调节以下水电站群接近满发，导致送端电网通过多条特高压/超高压支流线路打包外送的水电极易出现"直线"或者"反调峰"输送计划，加重了受端电网的调峰压力。如何在区域大电网平台下，利用所管辖省级电网的负荷差异特性，充分发挥特高压直流水电和直调不同类型电源的运行特点，利用优质电源平衡和转移相关电力电量，实现多个电网间电力资源的优化配置以削减各电网峰谷差，对于促进西南特高压直流水电消纳和缓解受端各电网的调峰压力具有重要意义。目前，国内外学者对于电网调峰问题进行建模求解，多集中于单一省级电网调峰，主要面向省级电网应用，与我国当前区域电网调度的实际情况不相适应，远不能满足大规模水电输送和网省两级调度运行需求，亟须切实可行的建模与求解方法。

（4）全国范围内跨区域水电调度新问题。

我国资源分布呈现明显的不均衡特性，南方水多，北方水少，且发电资源主要集中在西部，呈现西南水电为主、西北火电为主的分布特性。近年来，随着社会经济的快速发展，化石能源逐步枯竭，环境问题日益成为全球关注焦点，能源结构转型是我国能源发展的必然选择。为实现全国范围内的资源合理优化配置，我国先后提出了西电东送、南水北调、节能减排等战略性工程。水电作为我国规模最大的清洁能源，是我国能源结构转型的重要着力点，如何充分利用水电资源，实现全国范围内的资源优化配置，是我国面临的水电调度新问题。

西电东送水电调度问题。四川电网和云南电网作为我国"西电东送"中线和南线通道的主要送端电网，其辖区内的金沙江、澜沧江、雅砻江、长江中下游、大渡河、红水河等大型流域以及嘉陵江、岷江等中小流域呈现全流域开发局面，水电规模急剧增长，装机容量远超其省内用电需求。但由于外送通道建设与输电能力严重滞后于水电站投产和规模，通道输电能力不能满足送电需求，加之送端电网与受端电网间的利益博弈，导致西南弃水问题频发，大规模水电如何消纳已经成为四川、云南乃至全国关注的焦点问题。同时，伴随西南水电基地大规模集中投产以及"西电东送"网架规模不断扩大，跨区跨省特高压直流水电将会大规模馈入华东、广东等负荷中心。然而现行的直流水电跨区跨省输送方式大多按照电站自身的运行要求或者送端电网的电力盈余情况安排输送计划，很少顾及受端电网的用电需求，经常会出现"直线"或者"反调峰"水电输送计划。这使得受端电网对外来水电的吸纳不仅没有减缓其调峰压力，反而导致受端电网不得不被动消纳大量低谷电力，加剧了受端电网的低谷调峰矛盾，没有充分发挥优质水电的调峰作用，不利于受端电网安全、经济、高效运行，严重制约我国西南优质水电在全国范围内的优化配置。

南水北调水资源调度问题。长距离跨流域调水是解决局部缺水问题的重要战略措施和工程措施，其运行管理往往是一个比较复杂的系统工程，涉及约束众多。随着我国南水北调东线、中线工程的全部建成，长距离大规模水量调度问题复杂性也逐日凸显。首先，跨流域调水工程的目的是为沿岸地区、省份提供生活和工业用水，但由于不同受水区战略位置、市场融资能力、市场发育程度等的差异，使得水资源的工程优化配置与行政、经济配置存在差异，调度需求复杂化；其次，长距离调水横跨不同气候区，水源区降雨分布不均，来水不确定性问题突出，严重影响受水区的水资源调度；同时，受水区年度需水预测存在不确定性、水源区和受水区具有不同的丰枯交替周期，使得长距离跨流域调水运行调度问题更为复杂。大规模流域梯级控制性水库可为保证调水工程稳定性提供支撑，有效规避多重不确定性风险，为长距离水资源调配提供保障。调节水库的作用是储存雨季多余的水量，合理控制河水的下泄流量，保证水源区与受水区地表水与地下水的平衡，防止枯水季节和枯水年地下水的过分开采，达到了以丰补欠的效果。耦合水库的发电、防洪需求，使流域大规模水库群尤其是控制性水库的调度问题更加复杂，如何合理安排梯级调度计划，满足供水、发电和防洪等综合利用需求，保障社会环境、经济环境、人类生活等的安全稳定，是实现全国范围内资源合理优化配置需要解决的重点问题。

梯级水库群与其他间歇性电源互补协调调度问题。近年来，煤炭等化石能源的快速消耗和资源的逐步枯竭、严重的环境污染问题和持续的雾霾天气为我们敲响了警钟，迫使我国必须进行能源结构转型。风电和光伏电作为当前比较成熟且经济效益较高的可再生能源，是世界各国新能源发展的重点。受政策和经济导向作用，我国风电和光伏电得到了大力发展，但由于其出力间歇性问题，使其不能大规模并网，限制了其发展规模。如何利用水电良好的调节性能，通过风、光、水打捆外送，平抑风电、光伏电出力波动性，实现多能源间的有效互补利用，提高电网对风电、光伏电等间歇性电源的吸纳能力，同时保证电网安全稳定运行，是我国能源结构转型必须要解决的问题，这也是破解当前间歇性可再生能源发展瓶颈的有效技术途径。

大规模水电输送的价格机制建立。大规模水电输送不仅是技术问题，更多地涉及管理和经济利益问题。一方面，汛期区外水电大规模消纳势必会加重受端电网火电的深度调峰压力，减少了火电的发电利用小时数，损害了火电厂的利益；另一方面，水电站由于调节性能不同，在电网中承担的辅助服务也不同，调节性能好的电站要承担调峰、调频任务，而调节性能差的电站只承担基荷任务，在特高压互联系统平台下，改变直流电力输送方式，使其更多地发挥调峰作用，需要动用更多调节性能好的优质调峰电源，必然带来送端和受端，以及多个受端电网间的矛盾，加剧这些电网高峰时段的调峰压力，大规模水电跨区跨省输送不能只按电量计价，应按质论价。因此，随着电力市场化改革的不断推进，建立合理的西电东送价格机制，利用价格杠杆提升水电消纳规模，实现汛期送端电网水电对受端电网火电的合理补偿以及对调峰调频电站的价格补偿，是我国大规模西电东送工程继续开展面临的关键问题。

10.3.2　库群–河网–电网复杂系统的量能质耦合理论

水是可持续发展的核心，与粮食、能源并列人类三大安全问题。水又直接关系到粮食安全、能源安全，与人类和环境健康密切相关。不同领域的用水相互竞争使得水资源分配变得异常困难，并直接制约和影响了可持续发展的其他领域。这种用水的竞争性需求，"水的使用"和"用水者"之间的竞争，使得梯级水库群调度不再是简单的、传统局部水资源分配问题，而是时空尺度更大的、全局的水-能-粮食耦合问题。因此，将库群与河网、电网耦合起来开展调度运行问题研究将是未来优先发展方向，也是国际前沿。随着我国各大流域上梯级水电站水库群的大规模开发建设，开展水库调度风险管理工作就显得尤为重要，并且这也将成为各大流域综合管理的必然发展趋势。库群–河网–电网系统是一个综合多学科多知识的复杂系统工程，涉及大规模梯级水库群调度的不确定因素量化、综合考虑多利益主体需求的梯级水库群调度决策、梯级水库群调度决策风险分析及规避等一系列问题。库群–河网–电网复杂系统的量能质耦合理论对于完善水库调度的风险管理理论体系，提高水资源的整体利用效益，促进社会、经济、生态环境的可持续发展具有重要意义。

（1）大规模梯级水库群调度涉及的不确定因素量化。

水资源系统中不仅存在随机性、模糊性，而且还有其他诸如灰色性、未确知性等不确定性，所以它是一个非常复杂的不确定性系统。水资源系统中正是由于这些不确定性因素的普遍存在，使得水资源在规划、设计、开发、利用以及获得相应经济效益的同时，不可避免地要面临各种类型的风险，如洪涝旱灾、水污染、生态环境破坏、能源安全破坏、发电和供水等兴利效益受损。梯级水电站群调度受水文、水力不确定性以及工程、管理状态的不确定性的影响，不可避免地存在欠蓄、欠发、最高水位与最大下泄流量越限等风险。且这些不确定性因素对调度决策的影响较大，可能导致实际调度过程与在确定条件下制定的调度方案相差很大，不利于梯级水电枢纽的安全稳定运行和综合兴利效益的发挥。不确定因素量化是风险分析的首要一步，剖析出各种不确定性因素对整

个系统的影响对风险分析工作具有决定性的意义。

大规模梯级水库群调度涉及的不确定因素量化存在的主要问题是传统方法难以进行多个不确定因素量化以满足风险估计的需要。如何正确和准确的获得其量化形式（主观量化、客观量化和主客观结合量化），对风险估计具有重要意义。然而现阶段多数研究成果仅考虑某一类型的风险要素造成的影响，如在长江中上游供水调度时，利用随机模拟技术建立了水量调度风险分析模型，只给出了来水不确定性的定量描述。但这对于水库调度这个涉及水文、水力、工程、人为管理、社会等多种不确定性的复杂系统来说不免显得有些片面和不符合实际。水库调度风险的大小可以说是各种不确定因素相互作用的综合表征，缺少对任何一个因素的影响分析得出的结果都可能存在偏差。目前将各种风险要素综合考虑分析的相对较少，其中一个很重要的原因就是在考虑多个风险要素的综合影响时，必然会遇到多元联合分布的处理难题，而对于水库群调度来说，水文、水力等多种不确定因素往往属于不同类型不确定性，并且分布形式各异，这无疑增加了多元联合分布的处理难度。

（2）综合考虑多利益主体需求的梯级水库群调度决策方法。

在能源短缺、节能减排的大背景下，我国流域水电能源开发的力度增强，步伐加快，大型流域水库群规模越来越大，其联合运行调度问题也越来越复杂。梯级水库群是一个大型水利枢纽系统，调度决策通常需要考虑多个利益，如防洪、发电、航运、灌溉、供水、生态、能源安全等，且各个目标之间往往相互制约、相互竞争，甚至是不可共度的，而各个调度部门又希望本部门能够获得较好的利益，承担较少的风险，因此水电站水库群的联合调度本质上是一个具有复杂约束条件的多目标优化决策问题。一方面梯级水库上下游之间存在复杂的水力和电力联系约束复杂，以及受入库径流的不确定性的影响，水库群优化调度的理论研究与实际应用存在一定的差距；另一方面，随着人类生活水平以及认识的提高，对大型水利枢纽的综合利用需求也日益增强，而不同调度目标之间又存在一定的冲突关系。例如以三峡水库为核心的长江干支流水库群的联合调度虽有助于提高长江中下游的防洪能力、库群发电效益，改善供水、航运等条件，具有可观的经济效益，但由于三峡上游干支流众多，洪水遭遇情况及水力关系复杂且难以确定，而现有预报水平又非常有限，这就可能存在联合调度方案不但难以达到预期的目标，反而给库群造成一定损失的可能性，也可能对环境生态造成一定的影响。

传统的水库优化调度理论与方法应用于新时期水库群优化调度问题求解时存在一定的局限性，无法适应水库群多目标调度，转化过程中对权重的依赖性较强，缺乏专家知识的决策支持；缺乏整体寻优的有效机制，通过每次计算只能得到一个水库实际调度方案，若要得到水库调度的一组方案集则需进行多次重复计算，计算效率低下，不利于实际中的工程应用。采用人工智能方法求解水库调度的多目标优化决策问题是一种新的有效途径，同时也将是综合考虑多利益主体需求的梯级水库群调度决策方法的发展方向之一。但是，在实际的调度过程中，由于梯级水库的规模庞大，相互之间的联系比较复杂，含有多重约束条件且调度问题常呈现高度的非线性，因此，在采用这种方法求解水库调度的多目标优化决策问题时仍存在诸多困难，如算法易陷入局部最优或局部非劣前沿、难以处理调度过程中的复杂约束问题、收敛速度较慢等问题，这些问题都有待进一步探讨研究。

梯级水库联合调度过程中，由于受到众多不确定性因素的影响，难以避免的会出现实际调度结果不能达到理想调度目标的可能性，因此考虑不确定风险因素对调度结果的影响，是综合考虑多利益主体需求的梯级水库群调度的重要趋势，其面临如下几个问题。

流域梯级水库群优化调度模式从传统仅仅针对单一优化目标转变为同时考虑多个利益主体协同优化。然而，由于优化理论与技术的制约，此类研究往往采用目标转化或者拟合的方式对问题进行了不同程度的简化，难以刻画出不同目标间的亲和与制约关系，缺乏工程实用性。随着长江上游梯级水库群的建成和投运，流域梯级骨干性大型水利枢纽多目标运用与综合效益最优的需求越来越迫切，而传统侧重于孤立电站单一目标最优的调度模式与优化方法显然无法适应调度模式的转变，亟须依据新的工程需求做进一步的理论探索。

传统优化方法所采用的"点到点"寻优机制无法满足多目标优化所需的"矢量对比"。随着计算机软、硬件及人工智能技术的发展，将计算机及人工智能技术相结合，同时可以引入新的理论，成为水库优化调度目前研究的一个热点和今后的发展趋势。一方面，随着计算机硬件技术的迅猛发展，其运算速度越来越快，研究准确、快速的水电站水库优化调度算法，以提高解决问题的能力；另一方面，利用计算机与人工智能技术的结合，开发设计出人机界面友好的群决策支持系统，是水库调度决策技术今后的发展方向。

构建分布式公众参与平台。梯级水库群调度系统涉及国计民生的各方面及相互矛盾、存在利益冲突的团体。单纯仅基于最优方案，无合理协调各方利益分配的方法，其效果不佳或得不到贯彻。因此，综合考虑多利益主体需求的梯级水库群调度决策方法需要群决策理论、协商对策理论及分布式公众参与平台的支持，从"策略导向"的个人决策模式演化为"决策过程导向"的个人或群体决策模式，并与决策机构的体制、管理模式等相协调，反映作为约束处理的各目标间的利益转换关系，方可为利害冲突的有关各方接受；同时也需分析模型生成的各方案的各方面影响，并根据评价准则对方案进行分类比较、排序和择优。此外，通过公众参与方法收集的信息将被利用于决策的不同阶段，如比较选择方案和辅助决策等。

（3）梯级水库群调度决策风险分析及规避方法。

梯级水库群调度过程中存在着水文、水力、人为管理、工程状况、调度模型等众多的不确定性因素，是一个非常复杂的多维非线性系统。风险经常伴随着不确定性因素，正是由于水库本身的复杂性及众多不确定性因素的广泛存在，使得水库在进行调度、开发利用的过程中不可避免地面临各种各样的风险，从而给调度决策带来了困难。因此，研究水库调度的风险分析方法，通过对水库调度的风险分析进而对水库调度决策进行指导具有十分重要的意义。在西南地区水库群调度过程中存在着诸多不可预见因素，这些不可预见因素的存在必然会对水库的运行调度带来风险，主要包括：来水风险、决策放水风险、发电效益风险，而来水风险起决定性作用。风险决策分析的目的就是采用相关方法对产生风险的各种可能的误差进行分析和评估，找出风险效益匹配或风险规避最合适的决策方案。梯级水库群调度决策风险分析及规避有以下待研究的问题。

复杂水库调度系统风险的快速估计方法。水库调度涉及多种不确定性和多个目标的特点决定了其调度风险评价的指标体系也必然要涵盖各个主要方面，随着我国对西南流域水电的不断开发，进行梯级水库群联合调度时要考虑洪水起涨、退水规律、水文预报等不确定因素。对于这类复杂系统风险的估计存在三个主要问题：一是多种不确定因素作为系统输入条件的量化处理，二是针对系统本身模型的精确构建，三是系统输出的风险评价指标的量化处理。蒙特卡洛方法由于其本身的多种优越特性，一直是这类系统风险估计时应用相对较多且普遍的方法，但对于水库调度系统一般模型结构庞大，计算耗时，而且由于洪水等极值事件的存在，使得多数风险评价指标的计算实质上是一些小概率事件，当利用蒙特卡洛方法进行求解时就需要大量的模拟计算，这无疑又会增加水库调度风险估计的困难。所以，寻求复杂水库工程调度风险估计的快速算法已成为当前迫在眉睫的重要任务。

基于风险分析的水库调度随机多目标决策。就水库实际调度而言，由于水库系统面临多种不确定性因素，且具有复杂性、多样性等特点，在水库调度的多目标决策过程中，很少将多目标决策和风险分析结合进行研究。对于水库调度决策者来说，一般既希望得到最大的效益，又不愿担负太大的风险。传统以径流为主要不确定性因素的随机多目标决策优化主要有显随机和隐随机两种处理方式，前者以径流过程的随机描述为基础，直接通过优化计算得出优化的调度运行结果，而后者是通过对大量确定性径流过程的优化计算成果的统计分析来反映径流随机性的，得出的是优化调度运行规则或函数。在显随机多目标决策的求解过程中，多数是将随机目标函数转化为确定性目标函数，然后再利用确定性多目标决策方法进行求解。但是很少有人将其转化为基于一定目标水平值的风险问题，以寻求在不能满足给定目标的风险最小化条件下的优化调度方案。这是梯级水库群调度决策风险分析的一个重要研究趋势。

基于风险与效益协调优化的风险分析方法。现有风险分析方法多数仍在研究一定时空条件下尤其是固定目标条件下非期望事件发生的概率和所造成的损失，而且多数是在一维空间内进行分析的。而对于涉及多个目标和多种不确定性因素的风险分析，这显然是不能满足实际需要的。一种原因是水库调度风险分析考虑多种类型的风险，同时又要考虑多个目标，所以风险应该在多维空间下进行分析探讨；另一种原因是由于不确定性因素的存在，多考虑各目标在一定效益水平下的多目标决策，而效益水平就成为除调度运行方案决策向量以外需要决策者同时确定的另一个多维向量。所以，研究不确定性条件下基于风险与效益协调优化的水库调度优化问题是未来研究的发展趋势。

因此，针对水库的实际特点，结合一些新的理论和研究方法，开展梯级水库群调度决策风险分析及规避方法研究，寻求合理的风险描述和分析方法，建立水库调度的多目标风险分析决策模型，为决策者提供符合实际、切实可行的调度决策，对于丰富和完善水库调度风险管理理论体系，提高水库的科学管理水平，获取水资源利用的最佳效益，促进流域和地区的可持续发展，具有重大的科学意义和广阔的应用前景。

参考文献

［1］ 李志明．中国的水力资源及开发前景［J］．中国经贸导刊，2005（23）：34．

［2］ 韩宇平，阮本清．中国区域发展的水资源压力及空间分布［J］．四川师范学院学报（自然科学版），2002，23（3）：219－224．

［3］ 中华人民共和国水利部．中国水资源公报［M］．北京：中国水利水电出版社，2014．

［4］ 水利部国际合作与科技司．水资源及水环境承载能力［M］．北京：中国水利水电出版社，2002．

［5］ Zeng M，Ouyang S，Shi H，et al. Overall review of distributed energy development in China：Status quo，barriers and solutions［J］. Renewable & Sustainable Energy Reviews，2015，50：1226－1238.

［6］ Chang X，Liu X，Zhou W. Hydropower in China at present and its further development［J］. Energy，2010，35（11）：4400－4406.

［7］ Little J D C. The Use of Storage Water in a Hydroelectric System［J］. Journal of the Operations Research Society of America，1955，3（2）：187－197.

［8］ Labadie J W. Optimal operation of multi－reservoir systems：State－of－the－art review［J］. Journal of Water Resources Planning and Management，2004，130（2）：93－111.

［9］ Yeh W. Reservoir management and operations models：a state－of－the－art review［J］. Water Resources Research，1985，21（12）：1797－1818.

［10］ Simonovic S P. Reservoir systems－analysis－closing gap between theory and practice［J］. Journal of Water Resources Planning and Management，1992，118（3）：262－280.

［11］ Cheng C，Shen J，Wu X. Short－term scheduling for large－scale cascaded hydropower systems with multivibration zones of high head［J］. Journal of Water Resources Planning and Management，2012，138（3）：257－267.

［12］ Madani K，Hooshyar M. A game theory－reinforcement learning（GT－RL）method to develop optimal operation policies for multi－operator reservoir systems［J］. Journal of Hydrology，2014，519：732－742.

［13］ Arroyo J M，Conejo A J. Optimal response of a power generator to energy，AGC，and reserve pool－based markets［J］. IEEE Transactions on Power Systems，2002，17（2）：404－410.

［14］ Hiew，K. Optimization algorithms for large scale multi－reservoir hydropower systems［D］. PhD dissertation，Dept. of Civil Engineering，Colorado State Univ.，Ft. Collins，Colo. 1987.

［15］ M. R. Norouzi，A. Ahmadi，A. E. Nezhad，et al. Mixed integer programming of multi－objective security－constrained hydro/thermal unit commitment［J］. Renewable & Sustainable. Energy Reviews.，2014，29（7）：911－923.

［16］ Frdericks J，Labadie J，Altenhofen J. Decision support system for conjunctive stream－aquifer management［J］. Water Resources Planning and Management. 1998，124（2）：69－78.

［17］ 袁晓辉，袁艳斌，王金文，等．水火电力系统短期发电计划优化方法综述［J］．中国电力，2009，35（9）：33－38．

［18］ 覃晖，周建中．流域梯级电站群多目标优化调度与多属性风险决策［D］．武汉：华中科技大学，2011．

［19］ 郭生练，陈炯宏，刘攀，等．水库群联合优化调度研究进展与展望［J］．水科学进展，2010，21（4）：496－503．

[20] K P Wong，Y W Wong. Short – term hydrothermal generation：part I simulated annealing approach [J]. IEEE Proceeding – Generation，Transmission and Distribution，1994，141（6）：497 – 501.

[21] Raman H. ，Chandramouli V. Deriving a general operating policy for reservoirs using neural network [J]. Water Resources Planning and Management，1996，122（5）：342 – 347.

[22] I K Yu，Y H Song. A novel short – term generation scheduling technique of thermal units using ant colony search algroiths [J]. Electrical Power and Energy System，2001，23（4）：471 – 479.

[23] 李安强，王丽萍，蔺伟民，等 . 免疫粒子群算法在梯级电站短期优化调度中的应用 [J]. 水利学报，2008，39（4）：426 – 432.

[24] 王森，程春田，武新宇，等 . 梯级水电站群长期发电优化调度多核并行随机动态规划方法 [J]. 中国科学：技术科学 2014，44（2），209 – 218.

[25] 周东清，彭世玉，程春田，等 . 梯级水电站群长期优化调度云计算随机动态规划算法 [J]. 中国电机工程学报 2017，37（12），3437 – 3448.

[26] 王雪敏，周建中 . 面向生态和航运的梯级水电站多目标优化调度研究 [D]. 武汉：华中科技大学，2015.

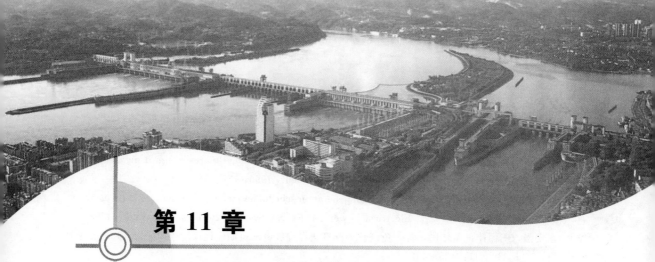

第 11 章

水力发电系统耦联动力安全理论发展趋势研究

11.1　水力发电系统耦联动力安全理论发展趋势研究进展

我国是世界水电第一大国，水电的开发取得了瞩目的成绩，建设规模和装备水平也不断迈向新高度，形成了以巨型水力发电系统为核心的大规模水电站群。从单机容量为30万 kW 级的刘家峡、龙羊峡、岩滩水电站，单机容量为 40 万 kW 级的李家峡水电站，单机容量为 55 万 kW 级的二滩水电站，发展到单机容量为 70 万 kW 级的三峡、龙滩、小湾、拉西瓦水电站，最近投入运行或在建的溪洛渡、向家坝、白鹤滩、乌东德等水电站单机容量达到 80 万～100 万 kW，如此巨型机组构成的水力发电系统将面临人类水电史上前所未有的挑战。这些巨型水电站标志着我国水轮发电机组进入大型或特大型的时代，水力发电系统的稳定安全运行也将面临前所未有的挑战。据三峡工程开发总公司技术委员会对国内约 50 台大型水轮机组的调研，这些机组均不同程度的存在振动和稳定性问题，有的甚至引起厂房结构发生强烈的振动，成为电网运行、电厂安全生产的严重隐患。特别是 2009 年 8 月 17 日，俄罗斯最大水电站——萨扬-舒申斯克水电站由于水力系统运行失稳诱发的机毁人亡惨案，其教训极其深刻。

大力发展风能、太阳能等清洁能源是国家能源战略发展的方向。风电场和太阳能发电场由于受当地气象条件的影响和限制，发电出力极不稳定，具有间歇性和随机性。采用水-风-光互补方式开发，有利于高效利用清洁能源，改善上网电能的品质。但是大规模的水-风-光互补方式开发，会改变水电站的运行方式，增加调峰、调频的频次，增加了水电站运行的安全风险。

在沿海地区，为了优化电力能源结构，减少火电的比例，需加速对海上风电和核电的开发。大规模海上风电和核电并网将给电力系统调峰、调频、调相运行和事故备用带来极大压力。抽水蓄能电站作为风电场和核电站的配套调节电站，与风电、核电配合运行，并作为核电站的事故备用电源，是促进风电、核电等清洁能源发展，提高核电站运行安全的重要保障。然而，抽水蓄能电站大型可逆式水力机械及其系统由于具有双向可逆、运行区域跨度大、过渡过程复杂、工况转换频繁等特点，国内外对抽水蓄能系统的稳定性理论问题均缺少研究和相应的技术，机组运行稳定性难以保证，导致工程运行中并网不成功、抬机，甚至扫膛等事故屡见不鲜，成为抽水蓄能系统面临的重大科学技术难题。例如，广东惠州、山西西龙池等抽水蓄能电站由于强烈的压力脉动，机组轴系剧烈振动，导致发电机转子与定子发生擦碰扫膛、机组爆炸的严重安全事故。

水电站由水轮发电机组和电站厂房结构组成，在电站的运行过程中主要存在水力、机械及电磁三方面的激励源，在其单独或耦合作用下机组和厂房的动力安全问题十分普遍且突出。水轮发电机组及厂房结构振动研究涉及水利工程、机械工程、结构工程、电气工程、控制工程等多种学科及其相互之间的交叉融合。但从理论和技术层面，大型或巨型水电站水力系统稳定性及其与厂房结构耦合的动力安全问题一直未得到好的解决，相关基础理论研究远落后于工程技术发展的需要，运行中出现的厂房振动和机组稳定性问题屡见不鲜，学术界对运行中所反映出来的许多力学现象尚难以从科学层面做出合理的解释，工程界对这些现象的处理方式也常具有盲目性，相关问题呈现出越来越突出的趋势，成为制约我国大型水电装备技术发展和安全稳定运行的瓶颈。因此，完善巨型水电站群水力发电系统（包括抽水蓄能系统）的稳定性和耦合动力安全理论，建立稳定可靠的安全评价方法和风险防范机制，对于有效防范能源事故风险，确保国家电力系统安全、国家能源系统安全和社会稳定具有重要意义。

下面从 6 个主要方面简述水力发电系统运行安全相关研究进展和趋势。

11.1.1　水轮发电机组的空化与磨蚀研究进展和趋势

水轮机的空化空蚀、泥沙磨损磨蚀一直是困扰水轮机安全的主要因素，也是理论研究的热点。就空化而言，由于空泡溃灭产生的压力脉冲常导致水力机械过流部件特别是叶片表面出现大量的材料剥蚀现象。大尺度空穴的生长、溃灭等非定常过程还会引起水泵、水轮机的非稳定加载，导致叶片的疲劳破坏；另外，在叶片翼型吸力面上的附着型空化在生长到一定尺寸之后出现大尺度的断裂、脱落，并在叶片翼型尾缘附近形成云状空泡团，其溃灭诱发的机组振动、噪声和压力脉动十分强烈，尤其当空化诱导的压力脉动频率与结构在动水中的固有频率一致时，将产生剧烈空化流激振振动，甚至会导致叶片断裂、机组振动甚至失稳等严重的灾难性后果。对于空化的破坏机理，多年来国内外学者进行了大量理论探索和试验研究，取得了长足的进展。为了进一步提高大型水轮发电机组运行的安全性，还需更系统研究水力机械内部空化流动的数值模拟和试验技术，研究水力机械内部非定常空化流动特性、空化引起的水轮发电机组振动特性、研究水力机械内部空蚀发展及其抑制方法。对于含沙水流问题，磨损与空蚀的相互作用显得更为突出，泥沙对空蚀的影响与泥沙粒径密切相关，对于大于临界粒径泥沙的含沙水流，泥沙恶化空蚀破坏，而小于临界粒径泥沙的含沙水流，泥沙具有减缓空蚀破坏的作用。关于水轮发电机组的空蚀与磨蚀，还有许多问题的机理没有彻底搞清楚，需要进行深入的研究。这些问题包括：①叶轮内部非定常空化流的动力特性与空蚀发生发展机理问题；②空化模型以及空化演化动态细节的数值模拟与可视化技术问题；③空化诱导振动和噪声的机理和传播规律及其动力学相似准则问题；④旋转叶轮内部非定常空化多相湍流模型及精细数值模拟方法；⑤不同含沙水流特性作用下的空蚀行为和空蚀预测；⑥水力机械在空化条件下的安全性评价准则。

11.1.2　水力发电系统瞬态动力学及机组运行控制策略研究进展和趋势

随着白鹤滩、乌东德等百万千瓦机组电站的建设，国内机组制造厂家在巨型水轮机设计制造水平有大幅提高。随着水轮机组容量的增大，机组运行稳定性越来越受到重视，机组运行过程中不同工况内部的不稳定流动和压力脉动规律及压力脉动产生的振动问题是大型水轮机设计优化方面的研究热点。随着机组容量的加大，水轮机组及发电机的各部分结构强度及在瞬态流动中的动力响应逐渐成为影响机组稳定运行的关键。具有超高水头超长尺度的巨型水力系统瞬态动力学是水力发电系统安全运行面临的重大技术难题。与一般系统相比，其特点是瞬态过程中巨大的水流惯性和动力效应将导致机组调保参数与控制目标之间、运行稳定性与调节品质之间表现出巨大的差异，将极大加剧机组稳定运行的调节控制难度，且现有调节控制理论可能将不再适用，相关的研究尚处于起步阶段。

从系统平压控制的基本原理看，调压室的设置仍然是巨型水力系统平压措施的唯一选择，其设置条件一般仍可按三种调节类型区分：基于机组调保参数的调压室设置条件、基于机组运行稳定性的调压室设置条件、基于机组调节品质的调压室设置条件。但对于具有巨型水力系统的水电站而言，无论按哪一种条件设置调压室或是综合考虑设置调压室，均需突破水击压力波与调压室涌浪的非线性叠加以及机组间水力干扰的叠加问题，即需要考虑水力系统的耦合作用效应。从理论层面，需建立包括引水系统模型、调压系统模型、机电系统和调速系统模型在内的完整发电系统数学模型，并准确考虑各系统间的耦合动力学效应的输运关系，获取描述系统耦合动力学特性的高阶传递函数，这在理论上是非常困难的，是当前该学科方向研究的重点。当前的主要研究趋势可总结为5个方面：①巨型水力系统中水击波的传播理论及与调压室涌波的相互作用机理以及相应的多维、多系统耦合求解理论和方法；②在机组频率、功率、开度等不同调节模式下，多机组系统动力稳定性理论及调节品质的控制策略；③极端水力条件下，巨型水力系统灾变的诱发机理及灾变动力学在系统中的演化传播特性；④瞬态过程考虑摩擦耦合的非恒定摩阻模型及其相应的瞬态流动演化机理、间断式气液两相水击波动机理；⑤巨型水力系统灾变的预警与抑制控制策略。

11.1.3　水轮发电机组-厂房结构耦联振动研究进展和趋势

水轮发电机组与厂房结构在水力-机械-电磁各类振源作用下的振动特性分析与评价，旨在实现水电站机组和厂房结构稳定、高效及可靠的运行，且经数十年发展，呈现出前所未有的快速发展趋势，在理论分析、数值模拟以及试验验证方面均获得了显著的进展，为水电站安全稳定运行提供了有力支撑。水轮发电机组及厂房结构振动领域的发展趋势大体上可以概括为由局部到整体、由常规到过渡两个方面，即：研究对象从单独的机组轴系振动或厂房振动向机组-厂房耦联振动迈进；研究内容从探索系统在稳态运行条件下的响应规律向过渡过程工况下电站整体结构的振动特性深化。近年来，相关领域研究进展主要表现在如下几个方面。

（1）水轮发电机组轴系动态特性分析与水力振源模型构建仍是重点和难点。

水轮发电机组属于典型的旋转机械系统，其振动研究隶属于转子动力学范畴，除水轮机水力振动的复杂性之外，轴系统的振动有共通之处。我国转子动力学的研究早期的主要研究对象之一是汽轮发电机组，其特点是卧式、高转速，最显著特征是非线性振动和涡动失稳，轴系振动事故的严重性突出。我国在转子系统模型构建、轴承体系支撑、临界转速计算、振动反应分析及稳定性研究等相关领域的学术水平达到了国际前沿。目前，多盘转子动力学设计研究、高维非线性转子动力学的降维研究、转子瞬态动力学特性研究以及转子振动噪声和参数识别是当前国内外转子动力学的研究热点。水轮发电机组轴系主要承受机械、电磁和水力等外激励作用。机械和电磁振源对水轮发电机组及汽轮机组的影响存在相似性。因此，从这两方面考虑，汽轮机组在相关方面的研究可为水轮发电机组的振动分析提供有益借鉴。但是，水轮发电机组与汽轮机组在布置形式（水轮发电机组多为立式、汽轮机组为卧式）及转速（水轮发电机组≤750r/min、汽轮机组≥2000r/min）存在差异。同时，水轮发电机组支承形式为轴承座-机架-厂房机墩串联，相对复杂；汽轮机组为轴承座-基础，结构相对简单。除此之外，汽轮机组常见的故障如轴系不对中、碰磨、裂纹和油膜振荡等很少在水轮发电机组中出现。近年来，随着水轮机组容量、转速、水头等参数的急剧增大，机组振动实例的增多，如岩滩电站机组的剧烈振动便诱发了主厂房楼板振动，甚至导致了辅机误动作而搬迁；红石水电站厂房立柱则因机组诱发的振动造成疲劳破坏而出现裂缝，李家峡和万家寨电站机组也发现异常的剧烈振动。因此，对于水轮发电机组振动的研究越来越被重视。

抽水蓄能电站因高水头、大容量、高转速、变转速、双向运行及工况变换频繁等与常规水电站截然不同的复杂特性，也使得可逆式水轮发电机组厂房结构承受的机械离心力、电磁不平衡力以及流道压力脉动产生的振动激励均更为突出，相应地振动反应也更加显著。如张河湾抽水蓄能机组自投产以来，一直存在强烈的振动和巨大的噪声，并因此导致设备端子、板卡、螺栓松动，振动部件磨损、疲劳，影响设备安全稳定运行；天荒坪抽水蓄能电站1号机运行初期，各导轴承摆度及机架振动都较大，尤以水导轴承处为最大，甚至出现转动油盆与固定部件碰磨溅射火花的现象，测录值也严重超过合同及规范要求。

关于水轮发电机组轴系振动的研究，目前多以有限单元法为主，关注共振复核和大轴摆度计算，考虑的因素已较为全面。随着研究的深入，人们逐渐发现承担立式机组横向及纵向支撑的导轴承和推力轴承，其油膜动力特性呈现出与卧式汽轮机组明显不同的时变差异性。特别是用于求解轴承荷载方向恒定竖直向下的汽轮卧式机组推力轴承对转子横向作用的坐标变换法，在面对荷载大小与方向随时间时刻变化的立式水轮发电机组时已不再适用，加深了水轮发电机组轴系统的振动分析复杂性。为此，我国学者在充分考虑与两种轴承动特性系数密切相关的如转子偏心距、偏位角以及倾斜参数、轴向扰动等因素基础上，摒弃孤立研究各个轴承的原有思想，采用有限元法实现了两种轴承在横向与纵向对机组振动影响的耦合分析，取得了较好的效果，但就如何体现导轴承与推力轴承在机组运行过程中呈现的相互作用机制，及其对轴系弯扭耦合、弯扭纵耦合振动特性的影响仍有待进一步研究。除机械和电磁激励外，由传动介质水形成的水力振动是机组最主要的振源，由于机组周围蜗壳、尾水管流道形状和转轮转动现象的复杂，使得水力振源最难以把握。由水力激励引起的机组稳定性问题、效率和空化空蚀并称为水力发电的三大关键问题。随着转轮叶片设计理论的完善和 CFD 的日趋成熟，水轮机效率已达到很高水平，空化空蚀性能也得到了显著改善。目前人们更为关注的是不同形式、不同类别的水轮机（混流、轴流、贯流、可逆式等）出现的卡门涡、叶道涡、尾水管涡带压力脉动、动静干涉、水力共振和瞬态过程非稳态流动等在内的运行不稳定现象。其中，又以低负荷工况下的尾水管涡带的影响最为突出和显著。

目前来看，对于该复杂、近似随机的荷载处理方式通常是简化或忽略，或通过反应谱分析来考虑，但此方法所需的功率谱函数却只能根据试验或借用运行机组的实测结果。现场实测是获取水力荷载数值的一种有效方法，但据此推求的结果可能仅仅适用于该特定机组，无法在其他机组上应用。虽然以 CFD 为代表的数值模拟方法为水力机械内部流场动态特性分析与预测研究提供了新的手段，但流体运动的复杂性与边界条件、物性参数等能否准确定义均为 CFD 的计算结果带来了不确定性，其预测结果离工程实用还有一定距离。相比于机械和电磁等较为明确的荷载数学表述形式，目前尚无相关水力荷载公式的适宜表达。因此，如何建立能够较为准确反映水轮机涡带压力脉动特性的水力激励模型，是未来进一步探讨机组轴系振动动态特性及稳定性道路上急需解决的关键性问题。

水轮发电机组振动理论模型的建立目前以有限单元法为主，较少采用传递矩阵等方法，其核心仍然是对轴承油膜和厂房结构动特性的精确模拟、对轴系稳定性的非线性解析和对激励荷载的准确模拟，并应考虑横纵扭的多向相互作用。同时，完全依靠数值建模是不全面的，需要从现场实测中识别反演振动的参数和荷载，对模型加以完善。

（2）厂房结构振动研究已基本形成从动力响应分析至振动标准体系建立的格局。

我国幅员辽阔，山川地形地貌条件复杂，水电站厂房的形式多种多样。近十几年来，随着机组容量、转速和水头等参数集体激增，我国已投产的大型电站（如岩滩、张河湾和蒲石河等）厂房振动的实例不断出现。例如，岩滩机组运行在一定负荷时发电机层及副厂房出现剧烈的振动，中控室内有明显感觉，且沉闷的共鸣声干扰了运行人员的正常工作，影响了监盘人员的注意力。机旁表盘柜由于振动曾发生保护回路压板松动掉落而引起误动作，导致机组停机的事故。红石水电站曾因机组振动诱发厂房振动，造成厂房上下游立柱在发电机层以上 2m 左右的断面上出现周边裂缝，主副厂房的门窗及墙壁孔洞周边也均有裂缝出现。张河湾抽水蓄能电站投入运行以来，一直存在强烈的振动，影响设备安全稳定运行，参与现场体验和调查的专家一致认为：张河湾电站厂房振动、噪声强烈程度比较少见，对设备安全存在很大的隐患，尤其是中控室内工作环境较差。自 20 世纪 50 年代起，我国拉开了以水电站机墩和蜗壳钢筋混凝土结构为研究主体，以结构静力和动力计算为分析目标的水电站动力特性研究序幕。随着电子计算机性能的迅速发展及大型有限元结构分析软件系统的成功开发，结合大量实际工程的模型试验、有限元计算及现场测试之间的相互对比后，在 20 世纪 90 年代初期逐步形成了以有限元计算这一有效、快捷而又经济的工具来模拟水电站厂房结构的格局。目前，对于厂房振动的研究已逐渐引起业内学者重视，特别是关于结构在振源激励下的共振动复核及动力

响应分析工作，已成为一种普遍要求和共识。

我国相关领域专家学者根据多年的科学研究及工程实践积累，在振源机理探讨的基础上，借助国内外大量的机组和厂房在水力、机械和电磁等激励下振动实例剖析，通过振动理论与数值分析，分析了各类振动产生原因，给出了详细具体的处理方案，有效解决了厂房出现的各类振动问题。目前来看，在面对：①不同大坝类型，如坝后式〔三峡、炳灵（厂内溢流式）、李家峡（双排机）等〕、河床式（沙坪等）、引水式（阿莱瓦等）；②不同厂房类型，如地面厂房（红石、丰满等）、常规水电站地下厂房（小湾、锦屏一级等）、抽水蓄能电站地下厂房（蒲石河、西龙池等）；③不同水轮机形式，如混流式（三峡等）、轴流定桨式（红石等）、轴流转桨式（尼尔基等）、水斗式（吉沙等）、贯流式（炳灵等）；④不同机组分缝方式，如两机一缝（张河湾等）、一机一缝（蒲石河等）；⑤不同厂房建筑形式，如钢管混凝土立柱和板墙式机墩（洪家渡）、大坝-主副厂房连接（龙开口）；⑥不同蜗壳埋设方式，如保压（糯扎渡）、垫层（大朝山）、直埋（景洪）、垫层＋直埋（溪洛渡）、薄垫层（拉西瓦）这些情况各异的厂房振动的研究方面，我国已积累了极为丰富的经验，成功探索并开发了一系列面向不同需求的水电站厂房单元选型，动、静边界条件计算以及参数合理选择的系统建模方法。在此基础上，开展了系统性的固有振动特性分析、共振复核、动力反应分析、流道脉动水压力振动反应分析、抗震复核、动态优化和刚强度分析等内容。

除厂房动态响应讨论外，在设计阶段根据厂房结构特性和机组振源特性进行抗振动设计，调控其自由振动特性以避开可能的共振区，调控其结构刚度和质量以控制其强迫振动强度，同样是十分有意义的工作。为此，我国学者从厂房结构形式和尺寸改变角度出发，研究论证了抗振动优化设计的途径和方法，从调控设计层面根据厂房结构特性和机组振源特性进行抗振动力设计，给出了一些对厂房设计具有指导意义的建议。结合工程实例，针对建筑结构、动力设备和电气设备基础、工作人员工作场所等方面的不同要求对水电站厂房振动控制标准进行了归纳整理分析和讨论。并针对水电站的工作特点和运行要求，对标准的拟订提出了建议值，也对水电站厂房设计规范中有关动力设计方面的规定进行了论证分析，对水电站厂房振动控制标准的制订提出了建议的技术路线和参考数值，为不同工程选择提供了有益参考。

目前，我国在水电站厂房结构振动研究方面已基本形成了从厂房模型构建、共振复核和振动反应分析、抗振优化设计直至振动标准建立的完备体系和格局。未来侧重点应围绕上述各部分内容的优化及精细化处理而展开。

（3）水轮发电机组与厂房结构耦联动力特性研究。

水电站机组与厂房结构的耦联动力特性是一个非常复杂且涉及面很广的课题，研究对象是由水轮发电机主轴、轴承、机架和混凝土厂房结构组成的复杂系统，还应考虑水力、机械、电磁等与上述系统之间的相互作用。厂房振动的主要荷载源于机组的振动，反过来厂房振动则通过机墩基础结构传递给机组。因此，机组和厂房结构应是一个严格的耦合体系。在以往多侧重以拟静力法、谐响应法及动力时程计算法为主的厂房振动反应分析上，鲜有考虑机组的耦合作用。为此，通过探索立式水轮发电机组轴系水平总体支承刚度在油膜-轴承座-机架-混凝土基础传力路径上的合成规律，以动力特性系数时变的导轴承作为机组与厂房之间的联系桥梁，建立了系数固定-刚性基础、系数变化-刚性基础以及系数变化-实际轴承座-机架-混凝土机墩基础等不同导轴承支撑与厂房机墩连接的有限元模型，初步实现了机组轴系-厂房三维耦联模型的构建。在此基础上，考虑机组运行时随时间改变的径向机械不平衡力、旋转不平衡力、不平衡磁拉力以及包括周期和随机非周期水流压力脉动在内的水力不平衡力，通过分析机组动荷载在轴承-轴承座-机架（定子、顶盖）-钢筋混凝土结构中的传递规律，结合机组轴系施加于厂房结构荷载反作用力的分配、传递和模拟方法研究，提出了单独弹簧单元机架支臂-线性油膜厂房结构、双线性刚度杆单元-线性油膜厂房结构以及双线性刚度杆单元机架支臂-非线性油膜厂房结构等不同的机架支臂和导轴承模拟方法，并探讨了机组与厂房的相互作用机理以及机组动荷载对于水电站厂房的合理作用方式。此外，蜗壳是水轮机流道结构的重要组成部分，流道结构除承受巨大的内压水头外，还与外围钢筋混凝土结构共同组成机组的下部支撑体系，承受径向不平衡力和竖向荷载，同时还承受较大的切向水力不平衡推力。大量关于蜗壳保压、垫层、直埋、垫层＋直埋或薄垫层等处理方式的研究结果表明：一方面，不同埋设方式对厂房刚度、流道金属结构的刚强度特性、疲劳特性及其在脉动水压力作用下的振动反应有比较明显的作用；另一方面，其对蜗壳座环结构的整体柔度会产生影响，进而会对机组的支撑系统刚度和运行稳定性产生影响，具体体现在机组轴系统的临界转速和大轴摆度等振动稳定性指标上。通过多年的持续研究和工程实践，蜗壳不同埋设方式的设计研究及其对机组和厂房稳定性的研究取得了一致性的共识，并在巨型工程上得到成功的实践检验。

虽然机组-厂房耦联振动研究在处理机组厂房结构和厂房混凝土结构的连接、传力、荷载的模拟和参数确定等关键环节方面已积累了一些经验，完成了用于分析机组-厂房耦联振动研究的基本框架，但作为对结构振动特性有可能造成较大影响的蜗壳埋设方式尚未与该体系建立足够的紧密联系，未来要重点加强相关方面的讨论，从而形成更为全面的整体分析格局。

（4）过渡过程对机组及厂房结构振动的影响研究。

瞬态过程研究在考虑压力引水系统和尾水系统水击及其与机组瞬态流动作用方面，取得了很好的进展，但在动态耦联水力机械与管道水击的理论研究方面，迄今未见有成果报道。因此，将管道系统的瞬变流计算和水轮机的三维瞬态计算相结合，对全系统的瞬变过程进行计算模拟是水力发电系统动态过程研究的重要方向。大量振动事故表明，水电站机组和厂房结构的剧烈振动及由此带来的事故多发生于系统由一种工况转换到另一种工况的变动过程，即过渡过程之中。一般认为，过渡过程为瞬变过程，其对机组和厂房结构振动的影响只是暂时的，故以往针对机组和厂房振动的讨论基本集中于稳态分析层面，尚未将过渡过程的影响纳入考虑范畴。然而，根据某水电站振动实测结果显示，过渡过程虽然持续时间短暂，但机组和厂房一些部位在该瞬态过程下的振动响应幅值可达其在稳态条件下的数倍乃至十余倍。

水轮机转轮流道是由体型复杂的空间翼型叶片以及上冠、下环等组成的具有空间弯曲、非均匀、非对称截面变化的复杂通道，水流受蜗壳引导通过静、动导叶进入流道并在流道中通过与叶片的相互作用完成能量交换。在能量交换的过程中，流态沿流道区间快速变迁，在空间及时间上形成分布极不均匀、各向异性、强切变、非定常的复杂流动，会诱发转轮的流激振动；另外，由于流动状态在流道中发生剧变，空间流场与转轮结构将产生流体-结构相互作用，也将诱发转轮结构的振动；再者，空化非定常流也将诱发结构的振动。这些因素对水轮机机组的振动，无论是单一因素的振动分析，还是多因素的数值模拟，在理论和技术方面均表现出相当的难度，而在流体-结构相互作用框架下的耦合分析，就更具有挑战性，然而迄今为止，国内外对相关问题的研究报道仍然十分鲜见。

（5）机组间耦联振动与机组-泄流耦合振动研究。

水电站水力系统-机电设备-厂房结构耦联体系在水力、机械、电磁各种荷载作用下会产生多种多样的耦联振动，特别是系统耦联共振对水电站安全运行的危害最大。目前水电站厂房结构形式也是多种多样，例如双排机布置、引水隧洞或尾水隧洞一洞多机布置、泄洪结构与厂房层叠布置等。水电站厂房形式不同引发了机组间耦联振动、机组-泄流耦合振动等。现有的研究表明：双排机的任何一台机组处于共振区都会诱发另一台机组发生共振，机组间耦联振动明显；双排机都处于稳定运行区时，机组间耦联作用不明显。通过优化发电泄流重叠布置水电站结构设计可在一定程度上改善机组振动。但是对于机组之间、机组与泄流之间耦合作用机制研究匮乏。

水轮发电机组与厂房结构耦联体系受水力-机械-电磁荷载多种激励源的联合作用，其动力特性具有时变性，振动产生的动力学效应在系统间的输运过程也表现出强烈的非线性、多尺度、多系统耦联的特性，对具有这种振动特性的系统及其产生的稳定性问题实施主动的控制是困难的。根据当前的主要研究进展，其发展趋势体现在 4 个方面：①流体-结构相互作用框架下多源激励的振动分析，尤其是水轮机组的流固耦合效应、转子与间隙的耦合动力学效应、水力瞬变激振问题；②复杂水力脉动荷载时频特性和分布规律问题，振源抑制与传递路径综合控制，特别是低激振力流道与间隙设计理论发展；③极端动力作用下（例如水力瞬态和电网瞬态耦合作用下的瞬态扭矩放大效应诱发的机电耦合作用），机组轴系及其厂房结构的耦合振动及其稳定性、动力灾变的理论和方法；④多机组段间、机组-泄流的耦合作用机制和优化调控方法。

11.1.4 水力发电系统在线状态监测、故障诊断与安全预测研究进展和趋势

水电站机组和厂房结构振动振源是水力、机械、电磁等多振源交织在一起，水轮发电机组发生故障停机和厂房结构损伤是困扰大型水电站安全运行的重大技术问题，快速确定主振源是水电站运行安全预警和病害治理的前提。根据水电站水压脉动、厂房和机组振动的联合监测，进行多类型传感器混合组网及传感器空间优化布置，研究水电站结构和机组振动振源定量识别技术。基于有限测点的水力脉动、机组和厂房结构振动同步的监测数据，提出了快速预测机组和厂房结构振动智能模型，融合主振源的识别，利用位移及应变模态进行厂房结构损伤和机组故障的智能诊断。建立了综合考虑机组、结构、水流状态等的动态预警指标体系，实现水电站机组和厂房结构运行安全的实时动态预警。改变传统的水力发电系统运行区划分是基于水轮机本身的特性，没有考虑整个水力系统和厂房结构的耦联作用及安装差异，以水轮机实际运行的压力脉动和结构动应力为主要依据，兼顾机组振动、摆度、空化、磨损等因素，创新了水力发电系统运行区划

分的原则和方法，是水力发电系统在线状态监测、故障诊断与安全预测的重要发展方向。

另外，对振动故障诊断和治理方面的研究，虽然依靠智能算法等取得了很好的学术成果和实践经验，但由于机组系统的复杂性和振动信号噪声干扰等因素影响，信号分析、参数识别和反演、故障诊断和振动治理仍然是今后研究的重点和难点。我国在振动实测和数据库、专家系统等的建立方面重视程度不够。同时，结合若干工程现场试验，进一步开展了参数和荷载识别、振动传递路径识别、振动故障诊断、隔振减振设计等工作。

当前水力发电系统在线监测与故障诊断多采用基于专家系统、模糊理论、数学模型和神经网络等不同方法的诊断技术，鉴于不同理论方法的局限性以及水力发电系统自身的复杂性，当前研究工作主要限于早期故障诊断，微弱故障和复合故障的信号处理，故障部位、类型和程度的定量分析，子系统主要风险因子识别。这些理论和方法对系统故障发展趋势和深度演化机理均缺少有效准确预测。

针对存在的理论和技术问题，需要进行深入研究的问题有：①水力-机电-厂房结构多物理量耦联监测技术，多类型传感器混合组网及传感器空间优化布置；②在多噪声环境情况下，弱信号的测量及信息特征的提取技术，水电站振源、损伤和故障的高精度诊断理论和识别方法；③水轮发电机组与厂房结构耦联动力响应的智能预测预警方法；④基于水力发电全系统动态性能的电站运行区划分的新方法和系统安全保障新技术。

11.1.5　水电站运行综合优化和智能化运行研究进展和趋势

功率平衡是电力系统稳定运行的基础。系统一旦因故障或强烈扰动而发生功率严重失衡，且缺乏有效的补偿调节机制，将有可能失去稳定性甚至崩溃。早在 20 世纪 30 年代，人们就发现在一定条件下电力系统会发生自激振荡现象，其发生的条件不仅与电力系统自身特性相关，而且与系统负荷的变化投切等操作紧密关联。当电力系统发生自激振荡时，在系统中并列运行的发电机组由于调节控制系统动作的滞后或因系统的惯性作用仍处在同步的运行状态，这时电力系统与发电系统将处在次同步状态。处于次同步状态的发电机电枢中将产生与电力系统次同步频率相同的异步电流分量，与转子励磁系统作用后产生附加电磁力矩作用在轴系上，诱发机组轴系发生次同步振荡（SSO）。根据 IEEE 的研究，机组轴系与电网耦合振动分为三类：频率小于 2Hz 的称为次同步谐振（SSR）；频率小于工频但大于 2Hz 的称为次同步振荡（SSO）；频率大于工频的则称为超同步振荡。

当前我国电力、电网输电技术正以互联大电网的规模快速发展，新能源电源也将由于节能减排的需要而得到大力发展。以大容量机组为特征的一批大型水电站群已在西南部地区快速发展，同时大容量机组的抽水蓄能电站也蓬勃发展，标志着我国水电大机组时代的全面到来。十分显然，随着单机容量的大幅提高，现代大型水轮发电机组包括转轮在内的轴系及其厂房结构系统已变得十分复杂，已很难用传统的几个自由度的集中质量模型加以描述。机组轴系在动水流固耦合作用下，固有频率的带宽明显包含了众多的频率分量，并向频谱的低频端延伸。这就意味着，大型水轮发电机组完全有可能由于某些自振频率被电力系统振荡覆盖而诱发轴系的 SSO 振荡，甚至由于 SSR 而发生极端机电耦合振动问题。然而，当前尚缺乏相关的 SSO 或 SSR 理论和方法可供水力发电系统机电耦联振荡问题的研究使用。

综合考虑水力发电系统（包括抽水蓄能系统）"水力-机电-结构"全耦联动力特性、多水头下的机组运行分区、与电网的多系统耦联等需求，建立了考虑运行决策时间步长的机组运行状态时间转换准则和预见启停策略。综合考虑机组运行效率和区别、机组间运行相互影响、出线和供电区域及电力负荷需求特征，提出了水电站运行的机组优化组合策略。耦合策略研发了考虑耗水（耗能）成本、启停成本和调节成本的水电站多目标优化运行模型，形成了综合考虑机组运行效率、耦合系统稳定性、组合及启停过程的水电站运行优化的决策技术是发展的重要方向。未来，随着多个千万千瓦级风-光-水多能互补系统的建成，规模化风-光能源接入将显著改变梯级水电站群运行决策的输入条件，显著提高决策复杂度和难度，目前，尚缺乏科学合理的风-光-水多能互补系统优化运行调控决策模型和技术支撑实际决策需求。

针对存在的理论和技术问题，需要进行深入研究的问题有：①水力发电系统（包括抽水蓄能系统）与电网的耦联机理研究；②水机电控制系统耦联机制及瞬态动力学与故障机理研究；③系统灾变动力学及抑制控制策略研究；④研究综合考虑运行效率、耦联系统稳定性、机组组合及瞬态过程的水电站运行综合优化技术和智能化运行系统；⑤风-光-水-储互补系统多尺度优化运行调控理论和决策技术研究。

11.2　水力发电系统耦联动力安全理论发展趋势研究关键科学问题

巨型水电站水力发电系统属多系统耦联的复杂非线性系统，各子系统的动力学行为及其在系统间的耦合、输运、演化关系是系统安全的核心科学问题。具体可凝练为：①非定常多相流动的空蚀空化及磨蚀问题；②水力发电系统瞬态动力学与控制理论问题；③水轮发电机组与厂房结构耦联振动机理与预测理论问题；④水力发电系统故障诊断与安全保障问题；⑤多特性能源的互响应机制与耦合优化利用问题。

11.2.1　非定常多相流动的空蚀空化及磨蚀问题

针对旋转叶轮内的各种极端工况和运行环境，研究非定常多相流动紊流特性和紊流模型，并使其能反映多相流密度变化的影响。通过准确模拟叶轮内非定常流动过程紊流特性和空泡动力过程，进一步揭示非定常流动过程空泡发展和溃灭的时空演化过程以及瞬态三维结构变化规律；寻找抑制空化空蚀的主动控制策略。研究固体粒子运动轨迹，粒子之间相互影响、碰撞及对水力机械主要过流部件磨损的机理，揭示出水力机械的运行工况及沙粒的粒径、浓度、密度等对水力机械主要过流部件及整体外部特性的影响规律。在此基础上进一步探讨水沙两相流情况下水力机械的磨损与空蚀相互促进、相互影响的机理。

11.2.2　水力发电系统瞬态动力学与控制理论问题

研究揭示机组内部三维瞬态流动和管道瞬变流及明满交替流之间的耦合作用机制，

不同工况下水轮机尾水管涡、叶道涡、静动干涉、引（尾）水系统、间隙流等诱发的水力脉动荷载时频分布规律，阐明机组运行稳定性和水力共振的水力根源，理论上建立包括引水系统、调压系统、机电系统和调速系统方程等在内的完整的水力发电系统数学模型，揭示各系统间的耦合动力学效应在系统间的输运规律，解决耦合水击波的传播规律以及与调压室涌浪的非线性叠加问题；获取描述系统耦合关系的高阶传递函数，揭示机组间、系统间的水力干扰机制。根据水力发电系统水流惯性巨大、系统稳定性差、波动衰减慢等特点，解决水轮机不同调节模式下系统稳定性调节及品质调节的控制策略的理论模型及基于高阶传递函数的稳定控制问题。研究水力发电系统在水机电控制耦联状态下的瞬态输运机制，揭示在极端水力条件下系统灾变动力效应在系统中的输运规律及可控性条件。核心是水力瞬态流机理及其对机组安全稳定的影响，包括管道系统的水力瞬态流问题引发的机组控制问题。

11.2.3　水轮发电机组与厂房结构耦联振动机理与预测理论问题

水轮发电机组与厂房结构耦联振动具有强非线性、强耦合、多尺度等特性。研究揭示多激源诱发水轮发电机组与厂房结构耦联振动发生机制、演化和动力失稳机制，特别是在过渡工况下的瞬态振动响应机制，建立描述耦合大系统非线性特性和行为的数学模型，核心在于暂态水力激励源模型和机组-厂房耦联动力学模型构建。

11.2.4　水力发电系统故障诊断与安全保障问题

水力-机电-厂房结构多物理量耦联监测和多传感器数据融合故障检测与识别方法，以及微弱故障到典型故障余量的表征和危害程度预测方法，多故障源信号叠加机理和群故障源分离方法，如何直观化、概率化、自动识别群体故障源。水力发电系统的多因素动态风险分析与动力学演化机制研究，灾害下功能失效动态演化机理，系统在不同阶段下风险管理策略。建立水轮发电机组与厂房结构耦联动力响应的智能预测预警方法；基于水力发电全系统动态性能的电站运行区划分的新方法和系统安全保障新技术。

11.2.5　多特性能源与电网互响应机制与耦合优化问题

风、光、水等能源在不同时间尺度上的特征及其影响因素不同，不同特性能源系统按照一定规模比例组合后，除自身因规模效应形成自互补特性外，其相互之间也存在影响和响应，科学识别多特性能源的互响应机制是合理确定能源规模组合和高效利用能源的基础。在水力发电系统与电网的耦联机制和系统灾变动力学特性研究基础上，还需紧扣能源在不同时间尺度的特征及其关联互补特性，制定科学的多时间尺度耦合优化利用方案来实现能源的最高效利用。因此，揭示不同特性能源特性及其互响应机制，构建风-光-水-储多能系统组合决策和优化运行调控理论和方法是需要解决的关键科学问题。

11.3　水力发电系统耦联动力安全理论发展趋势研究优先发展方向

（1）水轮发电机组的空化空蚀机理与泥沙磨蚀的研究。

1）旋转叶轮内在各种极端非定常流动工况和运行环境下空化特性和预测理论。

2）不同含沙水流特性作用下的空蚀磨蚀行为和空蚀磨蚀预测。

（2）巨型水力系统瞬态动力学及机组稳定运行控制策略研究。

1）水力系统瞬态动力学的非线性叠加效应和三维多相瞬变流分析试验技术。

2）不同工况下水轮机尾水管涡、叶道涡、静动干涉、引（尾）水系统、间隙流等诱发的水力脉动荷载时频分布规律。

3）巨大水流惯性极端瞬态灾变下机组稳定性和品质控制策略。

（3）水轮发电机组与厂房结构耦合振动研究。

1）水力发电系统瞬变流压力脉动的理论数学模型。

2）水轮发电机组轴系非线性动力模型精确构建、失稳判据和优化设计。

3）不同形式厂房结构的精确建模、振动评价标准及抗振优化设计。

4）水力-机电-厂房结构瞬态动力耦联作用机理、振动传递与响应演化特性。

5）水力系统低频激振源的抑制、隔振和主被动控制减振技术。

6）机组间耦联振动与机组-泄流耦合振动。

（4）水力发电系统在线状态监测、故障诊断与安全预测研究。

1）水力-机电-厂房结构多物理量耦联监测技术。

2）多振源和群故障源信号识别分离理论和技术。

3）水轮发电机组与厂房结构耦联动力响应的智能预测预警方法。

4）基于水力发电全系统动态性能的电站运行区划分的新方法和系统安全保障新技术。

（5）水电站运行综合优化和智能化运行技术。

1）水力发电系统与电网的耦联机制和系统灾变动力学特性。

2）梯级发电系统的稳定性机制和调控策略。

3）研究综合考虑运行效率、耦联系统稳定性、机组组合及瞬态过程的水电站运行综合优化技术和智能化运行系统。

4）风-光-水-储互补系统多尺度优化运行调控理论和决策技术。

参考文献

［1］ Muszynska A. Rotordynamics［M］. Boca Raton：Taylor & Francis Group，2005.

［2］ Rao J S. History of rotating machinery dynamics［M］. Dordrecht：Springer，2011.

［3］ 黎建康. 岩滩电厂机组异常振动试验分析［J］. 广西电力技术，1996（3）：10－16.

［4］ 马震岳，沈成能，王溢波，等. 红石水电站厂房的机组诱发振动及抗振加固研究［J］. 水力发电学报，2002（1）：28－36.

［5］ 何少润. 天荒坪电站一号机振动问题初析［J］. 水力发电学报，2000（2）：95－107.

［6］ 马震岳，董毓新. 水轮发电机组动力学［M］. 大连：大连理工大学出版社，2003.

［7］ 周建中，张勇传，李超顺. 水轮发电机组动力学问题及故障诊断原理与方法［M］. 武汉：华中科技大学出版社，2013.

［8］ Wu Y，Li S，Liu S，et al. Vibration of hydraulic machinery［M］. Berlin：Springer，2013.

［9］ Ohashi H. Vibration and oscillation of hydraulic machinery［M］. New York：Routledge，2016.

［10］ Feng F，Chu F. Influence of pre-load coefficient of TPJBs on shaft lateral vibration［J］. Tribology International, 2002, 35 (1): 65 - 71.

[11] Peng Y, Chen X, Zhang K, et al. Numerical research on water guide bearing of hydro – generator unit using finite volume method [J]. Journal of Hydrodynamics, 2007, 19 (5): 635 - 642.

[12] Si X, Lu W, Chu F. Lateral vibration of hydroelectric generating set with different supporting condition of thrust pad [J]. Shock and Vibration, 2011, 18 (1): 317 - 331.

[13] 杨晓明, 马震岳, 黄军义. 导轴承与推力轴承耦合作用下水轮发电机组的横向振动研究 [J]. 水力发电学报, 2007, 26 (6): 132 - 136.

[14] 宋志强, 陈婧, 马震岳. 水轮发电机组轴系横纵耦合振动研究 [J]. 水力发电学报, 2010, 29 (6): 149 - 155.

[15] 王东, 张思青, 马国华, 等. 水轮机卡门涡研究进展 [J]. 水电自动化与大坝监测, 2013, 37 (4): 13 - 16.

[16] 阮辉, 廖伟丽, 宫海鹏, 等. 高比转速混流式水轮机叶道涡工况下转轮的动力特性分析 [J]. 水力发电学报, 2015, 34 (11): 25 - 31.

[17] Yang J, Zhou L, Wang Z. The numerical simulation of draft tube cavitation in Francis turbine at off – design conditions [J]. Engineering Computations, 2016, 33 (1): 139 - 155.

[18] 袁寿其, 方玉建, 袁建平, 等. 我国已建抽水蓄能电站机组振动问题综述 [J]. 水力发电学报, 2015, 34 (11): 1 - 15.

[19] 黄剑峰, 张立翔, 杨松, 等. 水轮机槽道内导叶动态绕流水力特性大涡模拟分析 [J]. 农业工程学报, 2017, 33 (4): 125 - 130.

[20] 李仁年, 蒋雷, 李琪飞, 等. 水泵水轮机增负荷过程尾水管内流场分析 [J]. 排灌机械工程学报, 2015, 33 (1): 50 - 54.

[21] 桂中华, 常玉红, 柴小龙, 等. 混流式水轮机压力脉动与振动稳定性研究进展 [J]. 大电机技术, 2014 (6): 61 - 65.

[22] 汪丽川. 浅析岩滩电厂厂房振动现象 [J]. 广西电力技术, 1996 (1): 26 - 30.

[23] 马震岳, 王溢波, 董毓新, 等. 红石水电站机组振动及诱发厂坝振动分析 [J]. 水力发电, 2000 (9): 52 - 54.

[24] 练继建, 王海军, 秦亮. 水电站厂房结构研究 [M]. 北京: 中国水利水电出版社, 2007.

[25] 张存慧, 马震岳, 周述达, 等. 大型水电站厂房结构流固耦合分析 [J]. 水力发电学报, 2012, 31 (6): 192 - 197.

[26] 练继建, 胡志刚, 秦亮, 等. 大型水电站地下厂房机组厂房结构动力特性研究 [J]. 水力发电学报, 2004, 23 (2): 49 - 54.

[27] 周艳国, 何涛, 何直, 等. 广州抽水蓄能电站 A 厂厂房结构动力特性试验研究 [J]. 水电与抽水蓄能, 2017, 3 (4): 38 - 44.

[28] 傅丹, 胡蕾, 伍鹤皋. 考虑人体受振因素的水电站厂房振动分析及评价 [J]. 水力发电, 2017, 43 (6): 47 - 52.

[29] Ma Z, Song Z. Nonlinear dynamic characteristic analysis of the shaft system in water turbine generator set [J]. Chinese Journal of Mechanical Engineering, 2009, 22 (1): 124 - 131.

[30] 欧阳金惠, 陈厚群, 张超然. 大型水电站蜗壳埋设方式对厂房振动的影响分析 [J]. 水力发电学报, 2012, 31 (4): 162 - 166.

[31] 张启灵, 伍鹤皋. 水电站垫层蜗壳结构研究和应用的现状和发展 [J]. 水利学报, 2012, 43 (7): 869 - 876.

[32] 傅丹, 伍鹤皋, 胡蕾, 等. 水电站垫层蜗壳座环传力机理研究 [J]. 水力发电学报, 2014, 33

(4)：196 - 201.

[33] 陈婧，张运良，马震岳，等．不同埋设方式下巨型水轮机蜗壳结构动力特性研究 [J]．大连理工大学学报，2007，47（4）：593 - 597.

[34] 沈组诒，黄宪培．通过长输电线与电网并列运行水轮机的控制 [J]．水力发电学报，1989，（3）：77 - 86.

[35] 程远楚．水轮发电机组智能控制策略与调速励磁协调控制的研究 [D]．武汉：华中科技大学，2002.

[36] 赵桂连．水电站水机电联合过渡过程研究 [D]．武汉：武汉大学，2004.

[37] 曾云，张立翔，郭亚昆，等．共享管段的水力解耦及非线性水轮机模型 [J]．中国电机工程学报，2012，32（14）：103 - 108.

[38] 曾云，张立翔，张成立，等．水轮发电机组轴系横向振动的大扰动瞬态模型 [J]．固体力学学报，2013，33（增刊1）：137 - 142.

[39] Zeng Y, Guo Y, Zhang L, et al. Nonlinear hydro turbine model having a surge tank [J]. Mathematical and Computer Modelling of Dynamical Systems, 2013, 19 (1)：12 - 28.

[40] Zeng Y, Zhang L, Guo Y, et al. The generalized Hamiltonian model for the shafting transient analysis of the hydro turbine generating sets [J]. Nonlinear Dynamics, 2014, 76 (4)：1921 - 1933.

[41] 周昆雄，张立翔，曾云．机-电耦联条件下水力发电系统瞬态分析 [J]．水利学报，2015，46（9）：1118 - 1127.

[42] 周昆雄，张立翔，曾云．长隧洞水力发电系统水机电耦联瞬态分析 [J]．水力发电学报，2016，35（3）：81 - 90.

[43] 张林彬．长引水隧洞水电站厂房动力特性研究 [D]．天津：天津大学，2014.

[44] 郑源，张健，周建旭，等．水轮发电机组过渡过程 [M]．北京：北京大学出版社，2008.

[45] Wu Q, Zhang L, Ma Z. A model establishment and numerical simulation of dynamic coupled hydraulic - mechanical - electric - structural system for hydropower station [J]. Nonlinear Dynamics, 2017, 87 (1)：459 - 474.

[46] 李超顺，周建中，安学利，等．基于加权模糊核聚类的发电机组振动故障诊断，中国电机工程学报，2008，28（35）：79 - 83.

[47] 赵熙临，周建中，付波，等．基于信息融合技术的电网故障诊断方法 [J]．华中科技大学学报（自然科学版），2009，37（3）：98 - 101.

第 12 章

重大水利工程修复加固理论与技术发展趋势研究

　　我国是世界水库大坝、堤防、调水工程最多的国家，截至 2016 年，已建各类水库大坝 9.8 万多座，85％的水库大坝和其他重要水利工程运行超过 30 年，约 1/3 水库大坝运行超过 50 年。重大水利工程长期安全问题逐步显现，主要表现为稳定安全余度降低，渗漏量增大，防洪标准不足，以及工程结构的开裂、冻融、溶蚀、碳化等裂化、老化问题突出等。重大水利工程的安全评估和修复加固是长期面临的重大问题，其中高坝大库因为一旦发生事故影响范围大等更是关注的重点。自 2000 年以来，政府投入了大量资金对 5.6 万座水库大坝进行了除险加固，大坝工程整体安全状况得到显著改善，与之相随，我国的修复加固技术也得到了发展和提高，不少方面取得了突出的进展。我国未来还要继续建设重大水利水电工程，尤其是要建设特高坝工程，因此需要继续加大力量深入研究和发展修复加固理论和关键技术及装备。

12.1　重大水利工程修复加固理论与技术发展趋势研究进展

　　大量水利工程病害类型及修复加固技术统计表明，水利工程病害可能是单一类型的，也可能是多病害综合型的。工程类型、地基条件、结构断面、施工和运行条件的不同，其病害机理也不尽相同，通常需要研究病害产生的机理及其发生、发展过程，在此基础上对病害程度及工程结构现有的状态如强度、稳定、渗流、抗震性态等进行全面分析以评估工程当前安全状况，根据研究分析，有针对性地制定修复加固方案，确定采用的修复加固技术，以确保修复加固工程达到既定目标。这其中涉及安全监测和安全评估、病害诊断和检测及修补加固技术等。

12.1.1　安全监测技术进展

　　当前安全监测技术在向数字化、智能化、空天地一体化方向发展，走向了在线与离线、接触与非接触、监测与预测等密切结合发展道路，成为把握工程性态、评价安全状况的重要基础。

研发了分布式光纤技术、三维激光扫描技术、遥感遥测技术、无人机技术等新的手段，发展了界面土压力计、伺服加速度计式测斜仪、水管式沉降仪、斜坡测斜仪、钻孔三向变位装置、监测数据多点采集和处理系统、坝基原位监测仪器埋设技术、强震监测仪器研发与台网布置等已有技术。应用弹塑性力学、断裂力学、损伤力学、能量理论等现代力学理论对原有的分析模型和公式进行了改进，采用混沌、小波分析、神经网络等现代数学方法从复杂数据中寻找规律。相关仪器、设备和系统等已应用于土石坝、混凝土坝、边坡工程、调水工程等。

安全监测数据分析技术也有新的发展。安全监测资料分析专家系统、监测资料分析与有限元等分析日益密切结合并用于工程智能化管理是新的发展趋势，如混凝土坝中溪洛渡拱坝工程的智能化建设、土石坝中糯扎渡心墙坝的数字化建设、小浪底安全监测资料分析的专家系统等，都是非常重要的工程实例，是基于监测资料分析预测性态并指导工程建设和管理的新的发展。监测资料模型分析是安全评价的一个方面，其中，监测资料数学模型的时效分量的识别是判断工程安全状况的关键。一般分析模型可把监测量受环境的影响主要分为水位分量、温度分量及时效分量三个独立的部分，其中时效分量为所有不可恢复量，影响因素非常复杂。重大工程实际发生的典型病害，如土石坝纵向裂缝、混凝土坝冻胀上抬、船闸闸室开合度异常等，都需要构建新的时效分量模型，需要根据实际监测资料构造新的因子进行建模，提高和改进模型的拟合性能和预报性能，并将其应用于安全评估和性态预测，对未来变化量值进行预报等，在小浪底心墙坝、丰满混凝土重力坝、布西面板堆石坝等实际工程应用中取得了良好的成效。

12.1.2　工程安全评价技术进展

工程安全评价主要分为稳定、应力等分析的准则法和整体综合评价法。准则法具有评价内容明确、评价方法可操作性强的优点，从工程质量、抗洪能力、结构稳定、渗流稳定、抗震安全、金属结构安全以及大坝运行管理等方面，依据国家现行有关规范和大坝安全分类标准等规定进行评价，一般适合用于评价单一方面，但很难准确反映影响工程安全的各种不确定因素。整体综合评价法有综合评分法、基于比较的相对安全度法、物理模型试验法等，统筹通过各种算法来定量考虑各类病害影响因素的影响程度和权重等，分析给出工程安全的评价结论。

安全监测数据分析、数值模拟、物理模型试验是对工程进行安全评价的最重要手段。数值模拟方法主要有材料力学法、有限元法、边界元、离散元、无单元法、不连续变形分析（Discontinuous Deformation Analysis，DDA）等，数值模拟与安全监测的结合并进行反演、反分析和预测分析是未来发展的重点。

对土石坝工程，可用数值模拟施工、蓄水及运行条件，采用变形和渗流耦合的有限元计算程序仿真坝体填筑、蓄水、运行的全过程，可得出不同时期坝体内部孔隙压力、变形、应力等随时间的变化规律。当前对土石坝竣工后的长期变形特性及其模拟研究还比较困难，由于水库水位变化影响坝体荷载、心墙固结过程延滞等，其长期变形不是单独的流变问题，还存在湿陷等问题，在土石坝工程中还是需要进一步研究的课题，当前的计算分析还难以精准，技术水平还不能完全满足工程安全评估的需要，需要结合观测资料不断反演，提升精度，以求揭示真实性态。土石坝的物理模型试验仍在发展，尤其是利用离心机技术对关键部位的性态进行评估分析仍是重要的手段之一。

对混凝土坝工程，安全评估主要依靠安全监测资料分析和数值计算，特殊情况也有进行物理模型试验的，如当坝肩稳定比较复杂或者对抗震安全进行评估时，需要进行超载或降强物理模型试验。对已运行多年、存在各种病害的混凝土坝工程进行安全评估，一般情况下，坝体和基础的应力和稳定通常是分开进行分析的，采用超载法对整坝模型进行整体安全度计算时，往往也忽略了大坝施工过程、运行历史对坝体和基础应力状态的影响，忽略了横缝等坝体构造以及裂缝等坝体缺陷对整体安全度的影响，因此很难反映大坝的真实安全状况。数值分析发展非常快，结合检测、监测数据，通过反分析、反演分析，已可以对全要素、全过程进行模拟，可以通过与已建工程进行类比分析得到相对安全度，并给出较为准确的性态预测，如小湾拱坝、锦屏一级拱坝、大岗山拱坝三个月的坝体位移预测误差已可控制在 5% 以内。

采用基于全坝有限元全过程仿真和超载法（或降强法）来评估整体安全度的相对安全度评估方法，通过反分析确定参数，对混凝土坝工程建设、运行、老化、加固等全坝全过程进行仿真分析，可实现应力分析和稳定分析方法的统一，拉、压、剪等各种破坏形式分析的统一，坝体分析和基础分析的统一以及设计、施工、运行各阶段评估方法的统一，使结果尽可能反映大坝真实的应力状态和安全状况。

12.1.3　水利工程质量检测与健康诊断技术

近十年来，在材料检测、混凝土结构工程检测、金属结构和机电工程检测、岩土工程检测、建筑物安全评价与鉴定等方面，新材料、新技术、新工艺不断涌现，检测规范、标准不断更新，仪器设备也朝着智能化方向发展，使得检测技术水平和质量全面提高。探地雷达、智能超声仪、基桩动测仪、冲击回波仪、全自动万能试验机等得到广泛应用，回弹法、超声法、CT 扫描、数字图像识别与处理等一系列无损检测方法的开发，使得质量检测向自动化、信息化与无损化发展。

在工程健康诊断方面，开发了基于机器学习和模态参数识别理论技术、智能化故障诊断技术、声波、压电阻抗技术等，同时提出了模型修正法、对比法、神经网络法、体系可靠度法、专家系统法等诊断方法，研发了光纤光栅应变和温度传感器与压电薄膜应变和裂缝监测传感器、无线传感器网络与无线传输技术、碳纤维智能传感器与纤维增强-光纤光栅应变传感器、智能混凝土与智能混凝土标准应变传感器等智能感知材料、传感器与健康监测系统。

12.1.4　修补加固技术

我国在补强、加固和加高方面积累了很多行之有效的方法和经验。在施工期、运行期对大坝各种缺陷的及时、彻底地补强、加固可以有效避免重大病险，有效延长工程的使用寿命。根据土石坝工程病险的不同部位、病害成因及产生机理，把土石坝加固技术分为六类，即：防洪加固、防渗排渗加固、滑坡加固、裂缝加固、防液化加固和其他病害与破坏的加固。混凝土坝工程比较普遍的问题是渗漏、裂缝、老化、冻胀、冻融及强度、稳定余度不足。对大坝进行全面修补加固治理一般都需要探索在不同的条件下对大坝进行防渗、加高、加厚和缺陷处理。除险加固方案包括正常运行下的水下施工、局部干场施工和放空水库施工。施工方案常包括加高加厚、水泥灌浆、化学灌浆、排水、预应力锚固、锯缝等。

修补材料、设备和技术等方面取得了重要进展，开发了水泥护面修补材料、纤维增强水泥基复合材料、化学综合处理技术、化学灌浆、碳纤维材料、纤维增强复合材料、聚合物水泥砂浆等新型修补加固材料及相应的设备和工艺，缺陷处理水平大幅度提高。

水下渗漏检测和水下修补加固技术仍远远落后于欧美国家。异常渗漏是高坝安全运行面临的常见病害，已开发的基于地球物理检测、声呐渗流检测、探地雷达检测等的渗漏检测技术，在深水复杂环境应用的适应性和准确性有待进一步完善，当前实际工程应用受到一定限制。深水坝前淤积是水下结构检测、保养维护及闸门检修和启闭的重要影响因素。国内外现有清淤和疏浚装备和技术主要适用于宽阔水域泥沙或小粒径骨料清理，对作业环境狭窄的坝前闸门、流道口等区域的复杂淤积物难以有效清理。我国已陆续开发了水下不分散混凝土、水下灌浆、水下聚合物、钢板桩围堰、水下浮体门、水下机器人等水下专用修补材料、检测和施工设备等，基本解决了水深 60m 之内水利工程的水下修补加固问题，100m 及以上深水的水下检测和修补加固能力还远不能满足工程需求，也远远落后于国际先进水平，需要进一步加大投入，集成创新予以突破。

12.2　重大水利工程修复加固理论与技术发展趋势研究关键科学问题

12.2.1　整体真实安全度评估理论与方法

工程安全的不确定性包括随机性、模糊性和未认知性，其中随机性和模糊性可通过可靠度、概率分析及经验系数等方法予以考虑，而工程安全的未认知因素，需要基于已有工程经验进行反复研究，寻求突破。各种缺陷和老化对大坝工程的安全性的影响属于未认知性的因素，需要进一步研究并完善安全评估理论与方法，重点包括带缺陷大坝工程的承载能力和损伤破坏机理，老化、群裂缝和结构面等缺陷对大坝安全影响的评估方法。

现有规程规范是基于均质无缺陷大坝的设计及计算，工程长期运行中需要评估整体真实安全度。丰满大坝从稳定、应力、渗漏、抗震能力复合等方面符合规范要求，但从整体真实承载能力看则存在重大隐患，拆除重建有其科学性。

12.2.2　全寿命过程仿真理论与状态预测方法

我国工程安全风险管理研究尚处于起步阶段，基于风险分析技术的工程安全评价、应急管理体系尚未建立，需要进一步开展不同类型水工程的破坏模式与破坏机理、风险评价方法与风险等级确定技术研究，提出重大水利工程风险控制方法和应对不同风险的应急处置方法。工程安全评估的关键在于是否可对工程状态进行预测。已有模型和方法不完善、不全面，因而导致状态预测不准确，需要进一步研究完善基于多源实时信息动态反馈的大坝全寿命过程仿真理论和性态预测方法。

12.2.3　考虑高压水等复杂环境作用的材料劣化老化机制

在不同水压作用下的工程安全与否，取决于材料在各种荷载作用下的性能是否可靠。在高压水、温度变化、酸碱盐作用、碳化、冻融循环、裂缝及缝中水作用下，材料的劣化老化是客观存在并不断变化的，在拟环境作用下，探索混凝土，心墙土体，各种结构中的有机、金属及沥青等材料的宏细观性态变化及老化机制，是准确评估工程安全的关键，也是需要进一步深化探索的关键科学问题。

12.3　重大水利工程修复加固理论与技术发展趋势研究优先发展方向

12.3.1　全寿命过程真实性态仿真与整体真实安全度评估理论

（1）带缺陷大坝极限承载能力分析与破坏模式。

围绕重大水利工程全生命周期安全性，研究工程材料的耐久性和真实性能演变规律，揭示材料性能衰减与微裂纹、微缺陷的关系，提出材料老化损伤的微病害定量分析模型；建立材料微观损伤与宏观性能之间的关系；研究重大水利工程全生命周期性能结构性能演化和老化劣化模式，研究开裂等缺陷成因和带缺陷大坝在不同荷载工况的整体真实极限承载能力与损伤破坏机理，提出损伤结构的渐进破坏和失效模式。

（2）多源信息融合诊断方法与大数据环境下病险诊断专家系统。

基于全国病险水库除险加固工程信息构建水利工程病害指标体系，研究多因素病害指标与工程安全（变形安全、渗流安全、稳定安全等）的映像关系，研究工程健康诊断的多源信息集成与融合分析方法，提出基于多源信息融合的工程健康诊断模型；构建大数据环境下、基于物联网＋云平台技术的工程实时监测和病害实时诊断专家平台。

（3）风险评估方法与控制指标及预警机制。

研究重大水利工程风险孕育机制和演化规律，研究风险源识别、评估方法和控制指标体系，开发致灾风险因素智能检测与健康诊断系统，建立远程诊断及应对机制，提出事故预警、应急调度策略与控制方法。

（4）带缺陷大坝性态预测与长效安全性评估方法。

进一步优化和深化大坝的风险评估方法与控制指标及预警机制，针对大坝实际建设和运行初期阶段风险较大特点，基于实际监测成果，采用全坝全过程仿真分析方法，有效预测短期内大坝工作性态，并给出分级预警指标；研究带缺陷大坝性态预测与长效安全性评估方法。

12.3.2　大坝隐患探测技术与病害诊断方法

（1）高性能多参数智能监测技术及设备研发。

研究基于北斗卫星、GPS、合成孔径雷达（SAR）、三维激光扫描（LiDAR）等毫米精度外部变形监测技术；研发埋入式多参数传感器集成监测仪器；研发参数传感器与视频监控集成监测仪器；研发基于 GIS、GNSS 和无线传输的大坝安全数字化巡视检查技术；集成检测、探测技术以及静动态监测相结合的大坝安全监控整体解决方案。

（2）隐患快速无损探测与解析。

研究基于声波、面波、冲击回波、高密度电法、地质雷达等无损检测方法的隐患快速探测技术，研究基于结构响应模式、模态参数变化的水利工程隐患快速诊断和定量化评估方法。研发基于风险指引、贝叶斯网络、原型监测和数字模型相结合的大坝安全在线监控与评估技术。

（3）深水渗漏探测技术及设备研发。

以解决水利水电工程水下渗漏入水口的快速检测与定位为目标，研究基于声呐测量和电磁特性的水流质点三维空间与时间流速矢量分布的获取原理和方法、声呐探测系统数据采集技术、实测渗流场的三维可视化生成和展现技术、渗漏缺陷定位技术等，结合潜水查勘、高清摄像、快速示踪等技术手段，实现水下渗漏入水口的快速检测与定位，研发深水渗漏检测配套装备。

（4）渗漏多源信息融合诊断技术及评估。

研究基于数据挖掘技术的渗漏异常缺陷诊断技术。基于工程渗压、渗漏监测资料分析，研究渗漏量-库水位的数据序列关系，开发防渗体系渗漏量物理模型，反演渗漏源的几何形状和发生位置，预测渗漏量发展趋势；开发相应的渗漏量数学模型和坝体内部渗压时空分布模型，综合多源信息对防渗体系进行缺陷诊断和准确定位。对多源渗漏检测信息与渗流监测信息进行集成和融合分析，提出基于多源信息融合的大坝渗漏位置及渗漏信道的缺陷诊断方法，分析渗漏问题产生的物理成因，提出工程渗漏状况和整体渗流安全的评估方法。

12.3.3　深水疏浚与水下构筑物修复技术与装备

（1）深水大粒径高效疏浚技术及装备。

针对工作水深150m级高坝水库沉积的大粒径淤积物，考虑坝前深水淤积物的组成、粒度及分布特征，研究开发淤积物物料松动、提升技术，在疏浚深度、疏浚物粒径、生产能力等多项指标取得突破，大幅提高深水疏浚的技术和能力。研发与清淤疏堵设备配套的水平出渣方式和水上工作平台；研究淤积、淤堵物吸出水面后的快速脱水处理措施，研究不同类型淤积、淤堵物无害化和重复再利用方法。

（2）深水泄水建筑物疏堵技术与深孔自推进疏堵成套装备。

针对150m级高坝泄水建筑物结构特征，研发自推进深水疏浚机，能自主进入作业面小、多弯段的坝底泄水孔（洞）进行疏通作业；根据淤堵物种类、形态、属性、分布等特性，研究板结淤堵物破碎、抽取关键技术，实现对泄水孔（洞）内淤堵物的有效清理。

（3）深水构筑物附着物多手段协同清洗平台。

针对大坝等水下构筑物表面不同的污垢类型，研发深水构筑物附着物多手段协同清洗平台，即在100m级深水环境下采用机械刷、高压水等多种清洗手段协同清洗的装置，建立完备清洗原型系统，编制深水构筑物附着物清洗技术标准。

（4）深水水下修补加固材料和工艺设备。

研究100m级水深水下高强度、高耐久、抗冲磨的柔性表层修补系列材料和绿色环保灌浆材料；研究深水条件下混凝土裂缝的表面封堵技术及柔性表层修补材料在坝面、接缝、坝肩及基础等部位的水下安装技术；研究深水集中渗漏通道的快速封堵材料和施工工艺，重点研究基于复合增强型吸水树脂的水下胀塞快速堵漏材料，适应100m水深的水下不分散型（速凝）膏浆材料、改性低热沥青材料和水溶性聚氨酯类发泡材料等，以及深水集中渗漏通道的可控性灌浆技术、孔口封闭技术、膜袋封闭技术、水下不分散混凝土浇筑等快速封堵施工技术和装备。研究深水作用下自流型柔性封堵材料封堵接缝和表面封闭施工技术。

（5）水下构筑物和闸门修复成套技术。

研究深水条件下水利工程结构质量缺陷无损检测和缺陷评估关键技术和装备；研究封堵门、钢围堰、侧壁沉箱等进行水下构筑物和闸门修复干场施工关键技术；研究封堵结构与构筑物接触面处理、止水封闭、安装和拆卸等工艺和技术；研究潜水作业进行水下构筑物局部修补和闸门槽水下修复的水下不分散混凝土浇筑、水下切割、水下焊接等技术。

12.3.4　大坝深水检测修补潜水器与加固平台

（1）深水作业无人探测技术和智能工作平台。

研发适应 100m 水深，包含照明系统、深水实时高清影像系统、成像声呐系统、水下定位系统等的视觉系统；研究水下机器人（ROV 或 ARV）高精度水下定位关键技术；研究水下机器人（ROV 或 ARV）本体状态实时监测关键技术，开发游浮、爬行和行走运动系统，形成适应水库深水作用环境下检测和加固作业的运动系统；研发水下机器人采集信息实时传送及综合评估系统；研究深水作用下缺陷的无人探测和分析评估；研发以 ROV 或 ARV 为搭载平台，集成深水水下定位、水下检测、水下作业（包括机械手激光切割、焊接、灌浆、挖补、压实等）等功能的智能化加固作业辅助平台。

（2）深水有人作业潜水器与加固平台。

研究适用于水库大坝深水作用环境的载人潜水器，研究潜水器宽视野观察窗与基于声呐等技术的低能见度探测技术，研究深水作业条件下的配套设备和安全防护装置，构建安全的深水有人作业技术体系。

参考文献

［1］　贾金生．中国大坝建设 60 年［M］．北京：中国水利水电出版社，2013．

［2］　贾金生，赵春，郑璀莹，等．水库大坝安全研究与管理系统开发［M］．郑州：黄河水利出版社，2014．

［3］　贾金生．病险水库除险加固关键技术研究［R］．北京：中国水利水电科学研究院，2011．

［4］　杨启贵．病险水库安全诊断与除险加固新技术［J］．人民长江，2015，46（19）：30－34．

［5］　杨启贵，高大水．我国病险水库加固技术现状及展望［J］．人民长江，2011，42（12）：6－11．

［6］　谭界雄，高大水，周和清，等．水库大坝加固技术［M］．北京：中国水利水电出版社，2011．

［7］　谭界雄，杜国平，高大水，等．声呐探测白云水电站大坝渗漏点的应用研究［J］．人民长江，2012，43（1）：36－37．

［8］　钮新强，徐麟祥，廖仁强，等．株树桥混凝土面板堆石坝渗漏处理设计［J］．人民长江，2002，33（11）：1－3．

［9］　田俊生，高明忠．大坝安全监测技术研究［J］．四川水力发电，2012，31（11）：85－88．

［10］　赵志仁，徐锐．国内外大坝安全监测技术发展现状与展望［J］．水电自动化与大坝监测，2010，3（5）：52－57．

[11]　应征. 土石坝隐患瞬变电磁检测方法研究 [D]. 南昌：南昌航空大学，2011.

[12]　杨天春，付国红. 堤坝管涌隐患的电磁勘探法理论分析 [J]. 人民黄河，2011，33 (10)：14 - 17.

[13]　王书增，谭春，陈刚. 面波法在堤坝隐患勘查中的应用 [J]. 地球物理学进展，2005，20 (1)：262 - 266.

[14]　刘东坤. 基于瞬态瑞雷面波的防渗工程无损检测试验 [J]. 人民长江，2014，45 (增刊 1)：68 - 69.

[15]　余金煌，陶月赞，王铁强. 应用探地雷达法测量浅水域薄层抛石体厚度 [J]. 南水北调与水利 科技，2014，12 (5)：214 - 216.

[16]　周杨. 高密度电法在土坝浸润线探测中的应用 [J]. 郑州大学学报（工学版），2012，33 (5)：92 - 95.

[17]　李姝昱，樊二涛，白家泽，等. 探地雷达在水利工程质量检测中的应用 [J]. 水利水电技术，2014，45 (1)：143 - 147.

[18]　张平松，郭立全，胡泽安，等. 混凝土结构隐患快速勘探技术研究现状与分析 [J]. 地球物理 学进展，2014，29 (6)：2950 - 2955.

[19]　孙金龙. 水利工程质量检测中无损检测技术的实践应用 [J]. 工程技术研究，2017 (6)：75 - 76.

[20]　郑威. 浅析无损检测技术在水利工程质量检测中的应用 [J]. 江西建材，2016 (24)：132 - 133.

[21]　张富强，李龙. 水利建设工程质量检测技术应用现状与未来的发展趋势 [J]. 黑龙江科技信息，2014 (3)：157.

[22]　袁培进，吴铭江. 水利水电工程安全监测工作实践与进展 [J]. 中国水利，2008 (21)：79 - 82.

[23]　李松辉. 基于机器学习和模态参数识别理论的水工结构损伤诊断方法研究 [D]. 天津：天津大 学，2008.

[24]　高峰，李以农，王德俊，等. 用于结构健康诊断的压电阻抗技术 [J]. 振动工程学报，2000，13 (1)：98 - 103.

[25]　李伟，冯春花，李东旭. 水工混凝土结构裂纹修补加固材料的研究进展 [J]. 材料导报，2012，26 (7)：136 - 140.

[26]　田野. 利用 SUF 材料修补和加固砼框架结构的应用研究 [J]. 福建建材，2004 (3)：45 - 47.

[27]　刘文博，矫维成，王荣国，等. 新型混凝土结构加固修补材料的研究 [J]. 低温建筑技术，2004 (5)：43 - 44.

[28]　邢林生. 开拓创新努力提高水工混凝土建筑物修补加固水平 [J]. 大坝与安全，2005 (2)：19 - 20，32.

[29]　陈兴海，张平松，江晓益，等. 水库大坝渗漏地球物理检测技术方法及进展 [J]. 工程地球物理 学报，2014 (2)：160 - 165.

[30]　刘迪，李雪娇，于艳秋. 声呐渗流检测于桥水库大坝渗漏点的应用研究 [J]. 海河水利，2013 (3)：46 - 47.

[31]　刘序禄，郑炳寅. 探地雷达检测与水库安全鉴定大坝渗漏的分析 [J]. 水利科技与经济，2006，12 (2)：92 - 95.

第 13 章

总结与展望

围绕重大水利工程安全基础理论研究存在的关键科学问题，本战略研究从水工材料性能演化理论、高坝结构性能演变理论、高陡边坡安全控制理论、复杂坝基渗控安全与抗滑稳定理论、高坝建设智能监控理论、高坝泄流消能与安全防护理论、高坝抗震安全理论、跨流域调水及地下工程安全理论、梯级水库群调度运行安全理论、水力发电系统耦联动力安全理论以及重大水利工程修复加固理论与技术等 11 个方面分析总结了重大水利工程安全基础理论研究现状与发展趋势，并指出了各自的优先发展方向。

针对水利工程材料性能演化理论，对各类水工材料及其特性、材料性能的相关理论进行了总结；对严酷环境下材料劣化与结构性能演变交互机制、水工材料环境友好及其长效服役性能演化机制、基体表面与防护材料结合过程机理等关键科学问题进行了讨论，并指出水工材料性能及相关技术的重点发展方向。

针对高坝结构性能演变理论，研究了不同类型高坝的工作性能演变规律及结构安全控制措施，总结高效超大规模的大坝结构模拟与仿真方法、大坝结构性能演变机理与规律等几个高坝结构性能演变理论研究中的关键科学问题，在此基础上，对高坝材料真实性能及其演变机理、高坝真实性能及其演变机理、高坝安全分析方法与控制技术几个优先发展方向进行了讨论。

针对高陡边坡安全控制理论，总结分析了高陡边坡演化历史及结构特征、边坡开挖、爆破、支护的影响机制及其渗流、变形、稳定分析及控制技术方面的研究进展，讨论了当前研究的关键科学问题：复杂环境下高陡边坡变形与稳定性演化机制及高陡边坡渗流与变形协同控制理论。指出研究的优先发展方向为：高陡边坡锚固机理与长期性能演化特征、复杂环境下高陡边坡变形与渗流协同控制理论及全生命周期安全监测与预警技术。

针对复杂坝基渗控安全与抗滑稳定理论，讨论了基础渗控安全和抗滑稳定理论两个方面的研究进展及面临的关键科学问题，并在分析基础渗控安全和抗滑稳定理论研究特点的基础上，分别指出了各领域今后研究工作的优先发展方向。

针对高坝建设智能监控理论，总结了高坝建设过程中进度仿真与控制及质量、温度

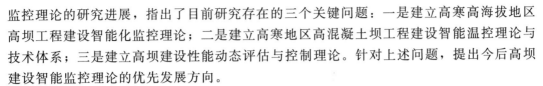

监控理论的研究进展，指出了目前研究存在的三个关键问题：一是建立高寒高海拔地区高坝工程建设智能化监控理论；二是建立高寒地区高混凝土坝工程建设智能温控理论与技术体系；三是建立高坝建设性能动态评估与控制理论。针对上述问题，提出今后高坝建设智能监控理论的优先发展方向。

针对高坝泄流消能与安全防护理论，分析了高坝泄洪消能防冲、空化与空蚀、泄洪振动、水气二相流与掺气减蚀、泄洪雾化等问题的研究进展，对目前细观水力机制研究的几类关键问题进行了讨论，并指出了高坝泄流消能与安全防护理论的几类优先发展方向及其研究内容。

针对高坝抗震安全理论，分别总结了地震动输入机制、筑坝材料动力特性及其本构模型、地震动力响应分析理论到抗震安全评价方法的研究进展，分析了上述研究领域中关键问题及今后的重点研究方向。

针对跨流域调水及地下工程安全理论，总结了深埋隧洞工程施工技术及衬砌结构设计理论的研究进展，分析了跨流域调水及地下工程安全研究中亟须克服的几个关键科学技术问题，简要阐述了深埋隧洞工程勘探、测试技术与围岩分类方法、围岩大变形及岩爆预测与防控技术、隧洞穿越活断层围岩-衬砌灾变机制与抗断技术等今后的重点研究方向。

针对梯级水库群调度运行安全理论，首先研究了梯级水库群优化调度运行及调度求解方法的发展过程，然后分析了梯级水库群调度运行安全研究的三个关键问题：全局和系统多时空尺度水库群调度、超大规模梯级水库群调度系统的维数灾问题及耦合复杂社会-经济因素的梯级水库群体调度运行优化。最后简述了今后的优先发展方向为：库群和电网耦合调度理论及库群-河网-电网复杂系统的量能质耦合理论。

针对水力发电系统耦联动力安全理论，从水轮发电机组的空化与磨蚀、水力发电系统瞬态动力学及机组运行控制策略、水轮发电机组-厂房结构耦联振动、水力发电系统在线状态监测、故障诊断与安全预测、水电站运行综合优化和智能化运行六个方面简述了水力发电系统运行安全相关研究进展和趋势。总结了水力发电系统中各子系统的动力学行为及其在系统间的耦合、输运、演化关系研究中的关键科学问题，并指出相关优先研究方向。

针对重大水利工程修复加固理论与技术，阐述了安全监测技术、工程安全评估技术、水利工程质量检测与健康诊断技术、修补加固技术的研究进展，指出水利工程修复加固理论研究的关键问题在于建立整体真实安全度评估理论与方法、全寿命过程仿真理论与状态预测方法及考虑高压水等复杂环境作用的材料劣化老化机制，在此基础上，分析总结了全寿命过程真实性态仿真与整体真实安全度评估理论、大坝隐患探测技术与病害诊断方法、深水疏浚与水下构筑物修复技术与装备及大坝深水检测修补潜水器与加固平台几个优先发展方向。

本战略研究为重大水利工程安全基础理论研究提供了统一的科学认识、强有力的技术支撑和方向引导。为了确保重大水利工程安全基础理论研究工作可以深入持续开展，取得更为丰硕的研究成果，结合水利工程学科自身特点与发展规律，提出以下两点较为具体且可实施的工作措施或政策建议。

（1）加强杰出人才培养，培育和支持研究团队建设。

当前，我国水利水电事业发展正站在一个新的起点上，水利工程建设领域研究队伍总量已较为庞大，但科技领军人才严重不足，迫切需要培养造就一批德才兼备、国际一流的科技尖子人才、科技领军人物，特别要培养造就一批中青年高级专家。随着科学技术的进步和发展，学科间的相互交叉、渗透与综合日渐增强，由于学科的局限，个体科研人员已不能适应现代科研工作的要求，科研团队建设得到越来越多的重视，团队运作模式强调集体智慧，更适应科学研究工作的需要。

（2）加强国际合作，增进学术交流。

将水利工程相关科技合作纳入政府间科技协议，提升水利工程国家科技合作的层次和水平，形成布局合理、重点突出、目标明确的水利工程国家科技合作格局。通过设立各种形式的国际科技合作专项资金或计划，加大对国际科技合作的投入，营造更加开放的国际合作环境，开辟更广阔的国际合作空间。在现有合作方式和渠道的基础上，进一步加强技术引进与输出、人才引进与培养等合作渠道的有机结合，实现合作方式的多元异构及合作主体的优势互补。